石油和化工行业"十四五"规划教材

智能制造技术
实训教程

李 彬 主编

宋 波 王宁宁 副主编

化学工业出版社

·北京·

内容简介

高等学校教材《智能制造技术实训教程》较为全面地介绍了智能制造技术全流程中的关键技术点，以及相关硬件使用及组态、指令编程及应用等，主要内容包括：智能制造技术基础知识；制造执行系统（MES）的功能、特点及操作；数据采集与监视控制（SCADA）系统的概念、系统框架及功能、数字化仿真及操作；工业机器人的原理、命令、操作及编程；HMI（人机界面）的概念、工作原理、组态流程、通信组态及功能；西门子 TIA Portal 软件操作，PLC 硬件组态，程序编写、调试与仿真；数控车床编程与操作；加工中心编程与操作；雕刻机编程与操作；AGV 运输小车设置与操作；智能制造技术综合实验平台自动化加工步骤及案例。

本教材适用于高等学校智能制造工程及机械类、近机械类专业实践教学环节，也可供机械制造专业人员参考。

图书在版编目（CIP）数据

智能制造技术实训教程 / 李彬主编；宋波，王宁宁副主编. -- 北京：化学工业出版社，2025. 4. --（石油和化工行业"十四五"规划教材）. -- ISBN 978-7-122-47393-6

Ⅰ. TH166

中国国家版本馆 CIP 数据核字第 20253PY491 号

责任编辑：李玉晖　　文字编辑：刘建平　李亚楠　温潇潇
责任校对：宋　玮　　装帧设计：关　飞

出版发行：化学工业出版社
　　　　　（北京市东城区青年湖南街 13 号　邮政编码 100011）
印　　　装：大厂回族自治县聚鑫印刷有限责任公司
787mm×1092mm　1/16　印张 13　字数 321 千字
2025 年 8 月北京第 1 版第 1 次印刷

购书咨询：010-64518888　　　售后服务：010-64518899
网　　址：http://www.cip.com.cn
凡购买本书，如有缺损质量问题，本社销售中心负责调换。

定　　价：45.00 元　　　　　　版权所有　违者必究

《智能制造技术实训教程》旨在为高等学校机械类、近机械类专业教学提供全面、系统、实用的智能制造技术学习教材。在信息化、数字化浪潮的推动下，智能制造已成为制造业转型升级的关键所在，它提升了生产效率，降低了成本，优化了资源配置，推动了制造业向智能化、绿色化、服务化方向发展。

本书内容涵盖智能制造技术的多个方面，包括智能装备、工业物联网、大数据分析、云计算、人工智能等前沿技术，以及这些技术在生产实践中的应用案例，通过深入浅出的讲解和生动形象的实例，帮助读者快速掌握智能制造技术的核心原理和操作方法，为未来的职业发展打下坚实的基础。

在编写过程中，我们注重理论与实践相结合，既注重基础理论的讲解，又强调实际应用能力的培养。丰富的实训项目和实践操作，使读者在亲身体验中感受智能制造技术的魅力，培养解决实际问题的能力。

本书的编写得到了洛阳理工学院智能制造学院相关领导的关心和支持，在此表示衷心的感谢。在本书的编写过程中，我们很荣幸得到了众多企业的关心与鼎力支持。这些企业不仅提供了丰富的实践案例和宝贵的经验，还针对课程内容提出了许多建设性的意见和建议。正是有了他们的帮助，我们得以进一步完善实践课程，使内容更加贴近实际、更具指导意义。在此，我们向参与本书编写的洛阳信成精密机械有限公司丁向阳、洛阳鸿元轴承科技有限公司周树洲、洛阳新强联回转支承有限公司郝文路、福优特（洛阳）智能装备有限公司孟庆冲表示衷心的感谢，感谢他们的无私奉献和热情支持。同时，我们也期待未来能够继续得到更多企业的关心与帮助，共同推动知识的传播与实践应用的深入发展。

本书由洛阳理工学院智能制造学院的李彬、宋波、王宁宁、叶海潮、祖大磊和洛阳智能农业装备研究院有限公司的刘超共同编写。其中，宋波编写第1、4、6章，李彬和王宁宁编写第2、3、5章，李彬和叶海潮编写第7、8章，祖大磊和刘超编写第9、10、11章，李彬负责全书的统稿。

此外，本书还关注智能制造技术的最新发展趋势，力求紧跟时代步伐，反映最新技术动态。同时，我们也鼓励读者在阅读过程中积极思考、勇于创新，为智能制造技术的发展贡献自己的力量。

智能制造技术目前仍处于发展阶段，许多新理论、新技术还在源源不断地涌现，编者也在不断学习之中，书中难免存在疏漏和不妥之处，恳请广大读者批评指正。

编　者

目录 ⇢⇢⇢

第 5 章　HMI 组态流程 / 090

第 6 章　PLC 组态流程 / 101

第 7 章　数控车床编程与操作 / 118

第 8 章　加工中心编程与操作 / 144

第 9 章　雕刻机编程与操作 / 168

第 10 章　AGV 运输小车设置与操作 / 179

第 11 章　智能制造技术综合实验平台自动化加工 / 187

绪 论

(1) 智能制造提出的背景

制造业是国民经济的基础，是决定国家发展水平的基本因素之一。从机械制造业发展的历程来看，制造业经历了手工制作、泰勒化制造、高度自动化、柔性自动化、集成化制造、并行规划设计制造等阶段。就制造自动化而言，大体上每十年上一个台阶：20 世纪 50～60 年代是单机数控，20 世纪 70 年代以后则是 CNC（数控机床）及由它们组成的自动化机械，20 世纪 80 年代出现了世界性的柔性自动化热潮，与此同时出现了计算机集成制造，但与实用化相距甚远。随着计算机的问世与发展，机械制造业大体沿两条路线发展：一是传统制造技术的发展，二是借助计算机和自动化科学的制造技术与系统的发展。20 世纪 80 年代以来，传统制造技术得到了不同程度的发展，但存在着很多问题，先进的计算机技术和制造技术向产品、工艺和系统的设计人员和管理人员提出了新的挑战，传统的设计和管理方法不能有效地解决现代制造系统中出现的问题。这就促使我们借助现代的工具和方法，利用各学科最新研究成果，通过集成传统制造技术、计算机技术与科学以及人工智能等技术发展一种新型的制造技术——智能制造技术。

(2) 智能制造的定义

智能制造（intelligent manufacturing，IM）指在生产过程中，将智能装备通过通信技术有机连接起来，实现生产过程自动化，并通过各类感知技术收集生产过程中的各种数据，通过工业以太网等通信手段，上传至工业服务器，在工业软件系统的管理下进行数据处理分析，并与企业资源管理软件相结合，提供最优化的生产方案或者定制化生产方案，最终实现智能化生产。智能制造是一种由智能机器和人类专家共同组成的人机一体化智能系统，它在制造过程中能进行智能活动，如分析、推理、判断、构思和决策等，通过人与智能机器的合作共事，去扩大、延伸和部分地取代人类专家在制造过程中的脑力劳动。它把制造自动化的概念更新，将其扩展到柔性化、高度集成化和智能化。

(3) 智能制造的过程

首先，在智能制造的整个过程中需要将智能装备（包括但不限于机器人、数控机床、自动化集成装备、3D 打印等）通过通信技术有机连接起来，实现生产过程自动化，其次，通过各类感知技术收集生产过程中的各种数据，并利用各类系统优化软件等信息化手段提供生产方案，再通过工业以太网等通信手段实现设备及数据间的互联互通，最终实现生产方案智能化。

（4）智能制造的发展历程

智能制造是伴随信息技术的不断普及而逐步发展起来的。1988 年，美国的 P. K. Wright 和 D. A. Bourne 出版了 *Manufacturing Intelligence*（《智能制造》）一书，首次提出了智能制造的概念，并指出智能制造的目的是通过集成知识工程、制造软件系统、机器人视觉和机器控制对制造技工的技能和专家知识进行建模，以使智能机器人在没有人工干预的情况下进行小批量生产。20 世纪 90 年代，随着信息技术和人工智能的发展，智能制造技术引起发达国家的关注和研究，美国、日本等国纷纷设立智能制造研究项目基金及实验基地，智能制造的研究及实践取得了长足进步。

21 世纪，尤其是 2008 年金融危机以后，发达国家认识到以往去工业化发展的弊端，制定了"重返制造业"的发展战略，同时使用大数据、云计算等一批信息技术发展的前端科技推动制造业加速向智能化转型，把智能制造作为未来制造业的主攻方向，给予一系列的政策支持，以抢占国际制造业科技竞争的制高点。

（5）智能制造的发展现状

① 国外智能制造发展现状。除了美国、德国和日本走在全球智能制造前端，其余国家也在积极布局智能制造发展。例如，欧盟将发展先进制造业作为重要的战略，在 2023 年，欧盟政策制定者就《人工智能法》达成初步协议，对人工智能模型的透明度提出了严格要求。2024 年，欧盟提出一项全新战略举措《先进材料工业领导力交流》，以期加强欧洲在材料领域全球地位。2024 年，英国政府宣布拨款 3.6 亿英镑促进英国制造和研发。

② 国内智能制造发展现状。《"十四五"智能制造发展规划》明确了"十四五"时期我国智能制造发展的指导思想、基本原则、发展路径、发展目标、重点任务和保障措施等。它加快了智能制造的发展，提高了我国制造业的创新能力和竞争力。智能制造的发展需要层层推进、逐渐深化。在目前产业升级的关键节点，工业生产各基础行业正逐步淘汰自动化水平较低的设备，产业内生的升级需求是产业升级的根本动力。

（6）本书的主要内容

经济和技术的发展日新月异，实现生产自动化、智能化乃是必然的趋势。本书以智能制造应用技术为主要内容，包含智能制造单元、集成自动立体仓库系统、运动控制系统、PLC控制系统、六关节工业机器人、数控机床、智能检测系统、MES 系统、可视化系统和计算机网络等。

第1章

智能制造技术综合实验平台认知

随着"工业4.0"概念的提出，即通过虚拟生产结合现实的一种生产途径，未来制造业将实现更高的工程效率、更强的灵活性以及更短的时间。通过计算、自主控制和联网，人、机器和信息能够互相连接，融为一体。

本系统以工业自动化生产制造系统为设计蓝本，演绎现代工业控制中的各项基本技术的结合与应用，依据现有成熟技术、成熟装备进行技术集成，通过工业现场总线将各个硬件设备互相连通，在确保每个组成单元稳定可靠的基础上，在现有成熟技术基础上充分考虑技术的先进性和可行性，有机地把各个单元组合，优化成具有一定创新性、先进性的数字化计算机集成制造系统。

系统中各项内容具有高集成度、高度开放性、功能完善、先进、模块化和可扩充性等特点，在尽可能趋近工业化同时又立足于教学，充分考虑学生的参与性，做到教学与工业生产的无缝对接，使学生既可以系统地学习又可实际操作。

系统整体规划包含仓库存储系统、自动加工系统、AGV运输系统，为一个自动化集成应用组合系统，它集成了原材料管理、订单式生产、自动加工、自动输送、集中存储等一系列自动化过程，每个工件托盘上均放置有一个具有记录和存储功能的电子卡，可以实时记录工件的信息，能充分展现在复合型生产中进行数字化管理的各个环节。

智能生产线系统利用先进的控制策略与服务软件，将硬件设备进行集成，实现人、加工件与机器的智能通信与协同工作，可实现全自动化毛坯出库、加工、成品入库等功能。

系统中的单元设备尽可能多地涵盖工业领域正在广泛应用的各种先进控制技术和正处于工业前沿领域的自动化技术，使得该系统成为一个真正融合物流管理训练、工业设计等的综合型研究平台，系统具备PLC编程、机床加工、气路搭建与控制、传感技术、机械传动、机器人控制、人机交互、上位机组态、工业总线、变频调速、电机拖动、仓储、自动传输、电气调试、自动化生产管理系统等技术。

本系统由原料库单元、输送单元、加工单元、装检单元、成品库单元、总控单元组成。本系统采用模块化设计，既可单站控制，也可联机通信。本系统依托于一条AGV运输系统，完成了原料出库、AGV运输、机器人搬运、机床加工、视觉检验、电子标签记录、成品入库等系统功能。本系统具有工业性、先进性、安全性、前瞻性、引导性、开放性、实用性等产品特点，能使学生完成"工业4.0"智能工厂实验室系统中的设计、组装、编程、调试、操作及维护等一系列课题的培训，能使教师完成相应的教学与科研工作。

智能制造基于新一代信息通信技术与先进制造技术的深度融合，贯穿设计、生产、管理、服务等制造活动的各个环节，具有自感知、自学习、自决策、自执行、自适应等功能。

1.1 智能制造技术综合实验平台的组成

智能制造技术综合实验平台由制造执行系统（MES）、数据采集与监视控制（SCADA）系统、中央控制器、川崎工业机器人、数控车床、加工中心、雕刻机、在线检测系统、立体仓库、AGV 自动导引车等组成，如图 1-1 所示。

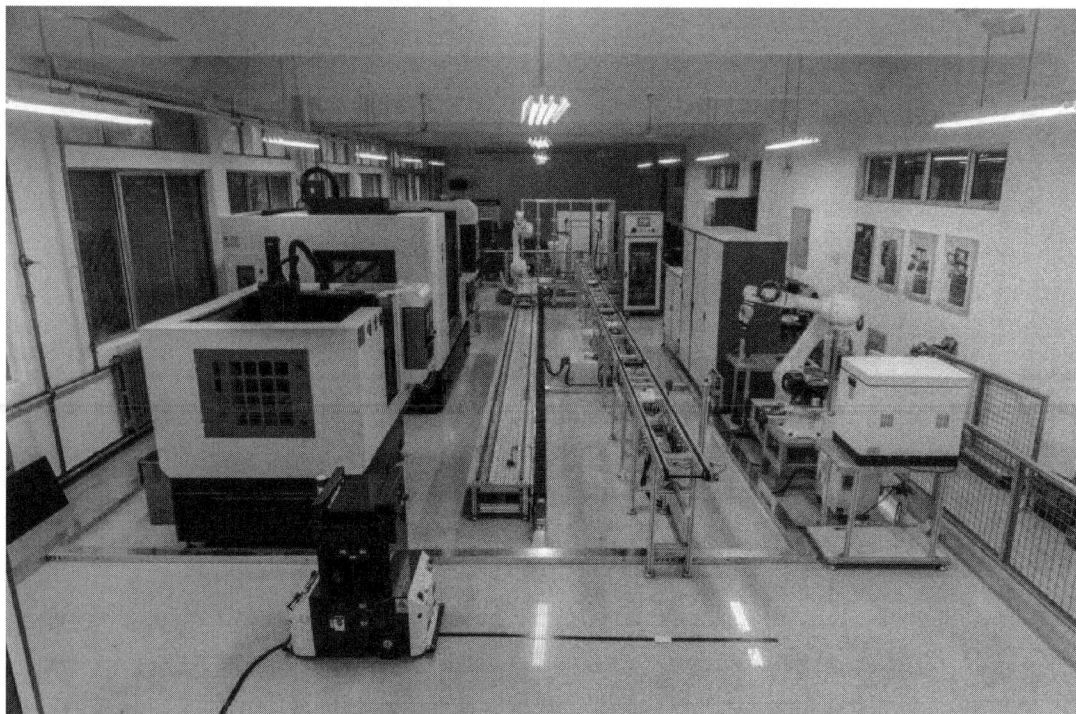

图 1-1　智能制造技术综合实验平台组成图

智能制造技术涵盖了数字化设计技术、数控技术、自动检测技术、自动控制技术、工业机器人技术、智能制造工业网络架构技术、可视化系统技术、智能制造数字化管理技术、智能制造系统仿真技术等诸多现代先进技术。

1.2 智能制造技术综合实验平台主要设备配置

智能制造技术综合实验平台结合了高档数控机床与工业机器人、智能传感与控制装备、智能检测与装配装备、智能物流与仓储装备以及智能制造信息化系统等智能制造关键技术装备。主要设备配置如表 1-1 所示。

表 1-1　智能制造技术综合实验平台主要设备配置

序号	设备名称	数量	单位
1	数控车床(加工单元)	1	台
2	加工中心(加工单元)	1	台
3	雕刻机(加工单元)	1	台
4	在线测量装置(用于装检单元)	1	台
5	工业机器人及夹具	2	台
6	工业机器人导轨	1	套
7	控制柜	5	台
8	MES 系统(含部署计算机)	1	台
9	AGV	1	台
10	RFID 读写器及 RFID 芯片	1	套
11	SCADA 系统(含部署计算机)	1	台
12	CAD/CAM 软件(含教学计算机)	30	台
13	原料库	1	套
14	成品/废品库	1	套
15	输送单元	1	套

1.3　设备功能描述及配置

1.3.1　数控车床

数控车床按主轴的配置形式可分为卧式数控车床和立式数控车床。卧式数控车床的主轴平行于水平面。卧式数控车床又可分为数控水平导轨卧式车床和数控倾斜导轨卧式车床。倾斜导轨结构可以使数控车床具有更大的刚度,并易于排除切屑。立式数控车床的主轴垂直于水平面,主要用于加工径向尺寸大、轴向尺寸相对较小的大型复杂零件。本平台选用数控水平导轨卧式车床,如图 1-2 所示。

1.3.1.1　车床结构和主要技术参数

该系列车床采用机、电、液一体化结构,整体布局

图 1-2　数控水平导轨卧式车床

紧凑合理,便于维修保养,具有高效率、高精度、高刚性的特点。车床外形符合人机工程学原理,宜人性好,便于操作。该车床采用的数控系统功能全面、性能可靠。

主要技术参数见表 1-2。

表 1-2　数控车床主要技术参数

项目	单位	规格	备注
床身上最大回转直径	mm	400	
最大工件长度	mm	1000	标准配置
最大切削直径	mm	280	标准配置
滑板上最大回转直径	mm	230	
主轴端部型式及代号		A2-6	
主轴孔直径	mm	52	
最大通过棒料直径	mm	50	标准配置

项目		单位	规格	备注
单主轴主轴箱	主轴转速范围,主轴最大输出扭矩	r/min,Nm	50~4500,235	
主电机输出功率	30min/连续	kW	15/11	βiIP22/6000
标准卡盘	卡盘直径	in❶	8″	
X 轴快移速度		m/min	30	滚动导轨
Z 轴快移速度		m/min	30	滚动导轨
X 轴行程		mm	200	
Z 轴行程		mm	560	
尾座行程		mm	450	
尾座主轴锥孔锥度			莫氏 4 #	
标准刀架形式			卧式 4 工位	
刀具尺寸	外圆刀	mm	25×25	
	镗刀杆直径	mm	$\phi40/\phi32/\phi25/\phi20$	
刀盘可否就近选刀			可	
机床重量	总重	kg	1950	
最大承重	盘类件	kg	200(含卡盘等机床附件)	
	轴类件	kg	500(含卡盘等机床附件)	
机床外形	长×宽×高	mm	2950×1860×1850	不含排屑器

1.3.1.2 数控车床其他要求

① 数控车床控制系统应具有以太网接口。

② 数控车床控制系统的内存容量大于 5KB (1KB=1024b),且具有数据磁盘。

③ 提供自动化接口,能实现数控车床的远程启动,程序可通过自动化接口上传到车床内存,能通过自动化接口获取数控车床的状态信息、机床的模式、主轴的位置信息。

④ 数控车床自动化夹具和自动门的控制与反馈信号可以直接接入车床自身的 I/O 模块,并且由车床自身来控制,其状态可以通过网络反馈给工控机。

⑤ 数控车床应具备自动液压卡盘。

⑥ 数控车床能够停在原点位置并把原点状态通过网络传输给工控机。

1.3.2 加工中心

加工中心指配备刀库和自动换刀装置,在一次装夹下可实现多工序(甚至全部工序)加工的数控机床。目前主要有镗铣类加工中心和车削类加工中心两大类。通常所说的加工中心指镗铣类加工中心。加工中心按结构方式分类一般可分为立式加工中心和卧式加工中心。立式加工中心指主轴垂直状态设置的加工中心,其结构形式多为固定立柱式,工作台为长方形,无分度回转功能,具有三个直线运动坐标,并可在工作台上安装一个水平轴的数控回转台用于加工螺旋线类零件。立式加工中心主要适合加工盘、套、板类零件。立式加工中心结构简单、占地面积小、价格低廉、装夹方便、便于操作、易于观察加工情况、易于调试程序,故应用广泛。但是,受立柱调试及换刀装置的限制,不能加工太高的零件,在加工型腔或下凹的型面时,切削屑不易排出,严重时会损坏刀具。智能制造技术综合实验平台选用立式加工中心,如图 1-3 所示。

卧式加工中心指主轴为水平状态设置的加工中心。它的工作台多为可分度的回转台或由

---

❶ 1in=25.4mm。

伺服电机控制的数控回转台，在零件的一次装夹中通过旋转工作台可实现除安装面和顶面以外的其余表面的加工。如果为数控回转台，还可以参与机床各坐标轴的联动，实现螺旋线的加工。因此，它适用于加工内容较多、精度较高的箱体类零件及小型模具型腔。卧式加工中心有多种形式，如固定立柱式或固定工作台式。固定立柱式的卧式加工中心的立柱是固定不动的，主轴箱沿立柱做上下运动，而工作台可在水平面内做前后、左右方向的移动，固定工作台式的卧式加工中心，安装工件

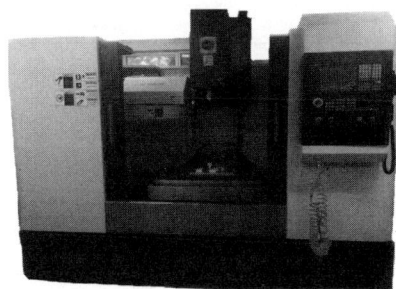

图 1-3　立式加工中心

的工作台是固定不动的（不做直线运动），沿坐标轴三个方向的直线运动由主轴箱和立柱的移动来实现。与立式加工中心相比，卧式加工中心的结构复杂、占地面积大、质量大、刀库容量大、价格也较高。

VMC850 立式加工中心是一种中小规格、高效能直线导轨加工机床。采用德国 SIE-MENS SINUMERIK 808D（简称 SIEMENS 808D）控制系统，可完成铣、镗、钻、铰、攻丝等多种工序的加工，若选用数控转台，可扩大为四轴控制，实现多面加工，广泛应用于汽车、军工、航天航空等领域典型零件的高速精密加工和复杂型面的轮廓加工。

1.3.2.1　机床结构和主要技术参数

① 十字形床鞍工作台布局结构紧凑，机床大件采用稠筋封闭式框架结构，刚性高，抗振性好，底座、立柱、主轴箱体、十字滑台、工作台等基础件全部采用高强度铸铁，组织稳定。合理的结构与加强筋的搭配，保证了基础件的高刚性；宽实的机床底座、箱型腔立柱、负荷全支撑的十字滑台可确保加工时的重负载能力；滚珠丝杆和伺服电机以挠性联轴器直联，效率高，背隙小。

② 主轴组整套进口，无论在高速或低速铣、钻，均能持稳，确保最佳的加工精度。

③ 大罩内侧配有强力冲屑装置。

④ 圆弧型全封闭防护罩。

主要技术参数见表 1-3。

表 1-3　加工中心主要技术参数

名称	单位	参数
行程		
X 轴行程	mm	850
Y 轴行程	mm	500
Z 轴行程	mm	550
主轴端面至工作台面距离	mm	105～655
工作台中心至立柱导轨面距离	mm	267～677
工作台		
工作台面积	mm	500×1000
工作台最大承重	kg	600
T 型槽槽宽	mm	3×18×150
主轴		
主轴最高转速	r/min	8000
主轴孔锥度	—	BT40

名称	单位	参数
进给率		
$X/Y/Z$ 轴快速位移	m/min	32/32/32
最大切削进给率	m/min	10
自动换刀系统		
刀具数	件	24
换刀时间(刀—刀)	s	1.55
刀具最大长度	mm	300
刀具最大直径/相邻无刀	mm	$\phi80/\phi150$
刀具最大重量	kg	8
电机		
主轴电机	kW	买方提供
$X/Y/Z$ 电机	kW	
冷泵电机	kW	0.37+0.55
精度(直线轴精度参照 GB/T 18400.4—2010)		
定位精度	mm	0.01
重复定位精度	mm	0.005
机床尺寸		
机床总高	mm	2760
占地面积(长×宽)	mm	2750×2285
机床重量(净重)/毛重	kg	4700/5500
电力需求	kV·A	22

1.3.2.2　加工中心其他要求

① 加工中心控制系统应具有以太网接口。

② 加工中心控制系统的内存容量大于 5KB（1KB＝1024b），且具有数据磁盘。

③ 提供自动化接口，能实现加工中心的远程启动，程序可通过自动化接口上传到机床内存，能获取机床的状态信息、机床的模式、主轴的位置信息。

④ 加工中心应具备加工坐标旋转功能。

⑤ 加工中心运动范围 X 轴方向为 850mm，Y 轴方向为 500mm，机床夹具采用气动平口钳，能在线测量，检测软硬件建议使用雷尼绍（当前单元使用汉默欧检测软硬件）。

⑥ 加工中心自动化夹具和自动门的控制与反馈信号可以直接接入机床自身的 I/O 模块，并且由机床自身来控制，其状态可以通过网络反馈给工控机。

⑦ 加工中心能够停在原点位置并把原点状态通过网络传输给 MES 系统。

1.3.2.3　加工中心气动夹具技术参数

① 规格：夹具宽度 160mm，夹具高度 60mm，动作范围 0～30mm。

② 工作原理：气液增压。

③ 气源压力：0.6MPa。

④ 最大夹紧力：948N。

1.3.3　雕刻机

XD-500MZ 雕刻机（图 1-4）是一种中小规格、高效能直线导轨加工机床。采用维宏控制系统，可完成铣、钻、铰、攻丝等多种工序的加工，若选用数控转台，可扩大为四轴控制，实现多面加工，广泛应用于汽车、军工、航天航空等领域典型零件的高速精密加工，复杂型面的轮廓加工。

1.3.3.1　机床结构

① 十字形床鞍工作台布局，结构紧凑，机床大件采用稠筋封闭式框架结构，刚性高，抗振性好，底座、立柱、主轴箱体、十字滑台、工作台等基础件全部采用高强度铸铁，组织稳定。合理的结构与加强筋的搭配，保证了基础件的高刚性；宽实的机床底座、箱型腔立柱、负荷全支撑的十字滑台可确保加工时

图 1-4　XD-500MZ 雕刻机

的重负载能力；滚珠丝杆和伺服电机以挠性联轴器直联，效率高，背隙小。

② 主轴组整套进口，无论在高速或低速铣、钻，均能持稳，确保最佳的加工精度。

③ 大罩内侧配有强力冲屑装置。

④ 圆弧型全封闭防护罩。

1.3.3.2　主要参数

① X、Y、Z 轴运动定位精度 $\pm 0.01/300$mm；X、Y、Z 轴重复定位精度 ± 0.005mm；X、Y、Z 轴最大工作行程 400mm、500mm、200mm。

② 工作台尺寸 505mm×485mm；最大工作负重 250kg；龙门宽度 530mm；主轴额定功率 3.0kW；主轴转速范围 500～24000r/min；最大夹持刀具 ER20（ϕ12mm）。

③ 最大移动速度 8m/min；最大加工速度 5m/min。

④ 驱动系统的为交流伺服电机。

⑤ 电源总功率为三相 380V（5.0kW）。

⑥ 机床外形尺寸（长×宽×高）为 1800mm×1600mm×2200mm。

1.3.4　在线视觉检测装置

欧姆龙视觉相机 FQ-M 系列是专为取放应用而设计的视觉传感器。它配备嵌入的 EtherCAT，可在任何环境中轻松集成。FQ-M 紧凑、快速，并且含有用于轻松跟踪、校准的增量编码器输入。欧姆龙的 Sysmac Studio 软件是配置 FQ-M 的完美工具，它与触摸探测器控制器配合，用于现场监控。具有以下特点。

① 易于设置和集成。利用校准和通信的智能向导与机器集成。FQ-M 通过 EtherCAT 或标准 Ethernet 与所有设备通信。使用通信向导可将任何机器人协议配置为服务器或客户端，而无需复杂的编程。

② 快速的检测和较高的可靠性。FQ-M 一次检测目标可高达 32 件，每分钟超过 5000件。新的基于轮廓的检索算法可确保最高的可靠性。

③ 即时跟踪。由于 FQ-M 视觉传感器具有可实现准确的传送带跟踪和轻松校准的内置编码器输入，因此，同步操作更为轻松。FQ-M 可输出位置坐标和相关编码器值并且管理物体队列，因此不会重复物体的坐标。

在线检测流程图如图 1-5 所示。

在线检测也称实时检测，在加工的过程中实时对刀具进行检测，并依据检测的结果做出相应的处理。在线检测是一种基于计算机自动控制的检测技术，其检测过程由数控程序来控制。闭环在线检测的优点是：能够保证数控机床精度，扩大数控机床功能，改善数控机床性能，提高数控机床效率。

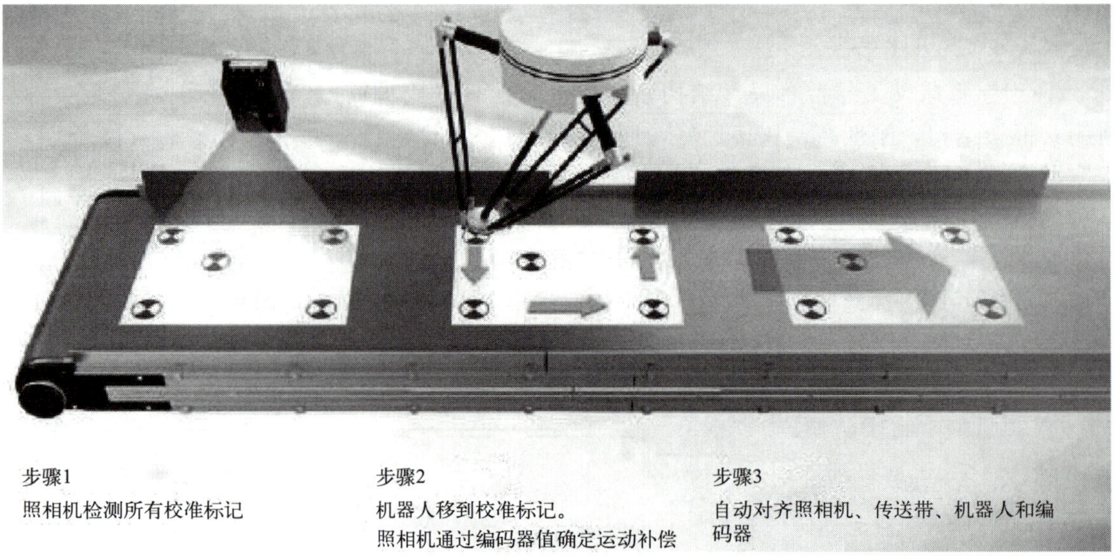

步骤1	步骤2	步骤3
照相机检测所有校准标记	机器人移到校准标记。 照相机通过编码器值确定运动补偿	自动对齐照相机、传送带、机器人和编码器

图 1-5　在线检测

在线检测装置由触摸探测器测头、信号传输系统和数据采集系统组成。其中，测头是数控机床在线检测装置的关键部分，直接影响着在线检测的精度，如图1-6 所示。使用测头可在加工过程中进行尺寸测量，改善加工精度，使得数控机床既是加工设备，又兼具测量功能。

智能制造技术综合实验平台中将在线检测装置集成在加工中心，检测数据由加工中心控制系统直接获取，然后智能制造执行系统通过以太网加工中心控制系统获得检测数据。

图 1-6　触摸探测器测头

在线检测装置技术参数如下。

① 测针触发方向：$\pm X$，$\pm Y$，$+Z$。

② 测针各向触发保护行程：X、$Y\pm15°$，Z 正向 5mm。

③ 测针各向触发力（出厂设置）：X、$Y=1.0N$，$Z=8.0N$。

④ 测针任意单向触发重复（2σ）精度：$\leqslant1\mu m$。

⑤ 无线电信号传输范围：$\leqslant10m$。

⑥ 新电池（单班 5％使用率）的工作天数：150 天。

⑦ 防护等级：IP67。

1.3.5　工业机器人及夹具

1.3.5.1　工业机器人

工业机器人是面向工业领域的多关节机械手或多自由度的机器装置，它能自动执行工作，是靠自身动力和控制能力来实现各种功能的一种机器。它可以接受人类指挥，也可以按照预先编排的程序运行，现代的工业机器人还可以根据人工智能技术制定的原则纲领行动。智能制造技术综合实验平台采用川崎 3RS010N-AC01 搬运机器人作为数控机床加工材料搬运载体，如图 1-7 所示。

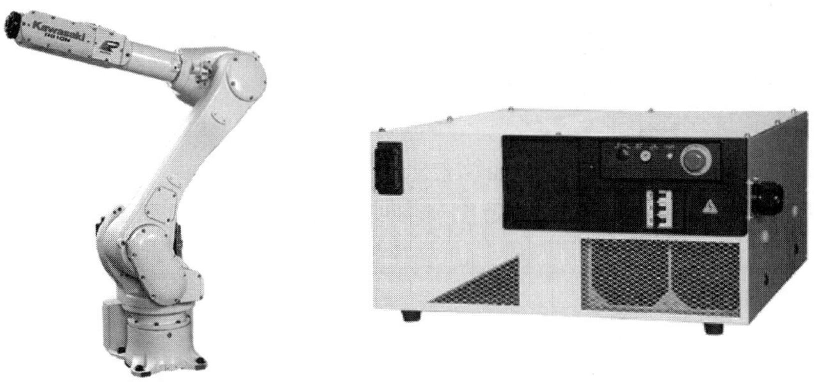

图 1-7　川崎 3RS010N-AC01 搬运机器人本体及其控制器

(1) 工业机器人技术要求

工业机器人技术要求为：有效负载 10kg；机器人本体防护等级 IP54；紧凑及节省空间；交流伺服电机驱动；绝对位检测分解器；六轴都装有制动器；各主轴永久润滑，每两万操作小时换油；5m 长电缆连接机器人及控制器；最大工作半径 1611mm。

(2) 3RS010N-AC01 机器人本体技术参数

3RS010N-AC01 机器人本体技术参数见表 1-4。

表 1-4　3RS010N-AC01 机器人本体技术参数

名称		规格（型号）
型号		3RS010N-AC01
最大负载		10kg
最大工作范围		1611mm
轴数		6
重复定位精度		±0.03mm
机器人占地面积		209mm×207mm
本体重量（不含控制柜）		52kg
动作范围	轴 1（A1）	$-170°\sim170°$
	轴 2（A2）	$-190°\sim45°$
	轴 3（A3）	$-120°\sim156°$
	轴 4（A4）	$-185°\sim185°$
	轴 5（A5）	$-120°\sim120°$
	轴 6（A6）	$-350°\sim350°$
安装环境	温度	$5\sim45℃$
防护等级		IP54

(3) 川崎机器人 30E01G-AC02 控制器

控制器的特点为：扩展指令集便于轨迹编程；安全控制、机器人控制、逻辑控制、运动控制和工艺流程控制集成于一套控制系统中；专用控制模块之间能进行实时通信；通过中央基础服务系统实现数据一致性最大化；无缝集成针对全新应用领域的安全技术；集成软件防火墙，网络更加安全；通过软件功能优化能源效率；适合未来发展、无专用硬件的技术平台；多核处理器支持，性能更具可升级性；利用千兆以太网的快速通信；一体化集成存储卡，储存重要系统数据；采用优化能源效率的风扇设计；冷却装置无需保养且不带滤毡；在最小的空间内实现最大化的性能；可用性最大化。

（4）控制柜功能说明

① 具有独立示教器，坐标系选择：关节、直角、轴、工具及用户坐标系。

② 示教点修改：插入、删除或修改。

③ 微动操作：可实现中。

④ 轨迹确认：单步前进，后退，连续行进。

⑤ 速度调整：在机器人工作中和停止中均可微调快捷功能，如直接打开功能、多窗口功能。

⑥ 应用：搬运。

⑦ 安全措施。

a. 安全速度设定：可实现 5 级调速（微动、低速、中速、高速、超高速）。

b. 安全开关：三位型，伺服电源仅在中间位置能被接通。

c. 用户报警显示：能显示周边设备报警信息。

d. 报警显示：报警内容及以往报警记录。

e. 输入/输出诊断：可模拟输出编程功能。

⑧ 编程方式：菜单引导方式。

⑨ 动作控制：关节运动、直线及圆弧插补、工具姿态控制。

⑩ 速度设定功能：百分比设定（关节运动）。

1.3.5.2 机器人导轨（机器人外部轴）

目前在工业领域中六轴机器人应用广泛。带有六个关节的工业机器人与人类的手臂极为相似，它具有相当于肩膀、肘部和腕部的部位，它的肩膀通常安装在一个固定的基座结构上。人类手臂的作用是将手移动到不同的位置，而六轴机器人则是移动末端执行器，在机械臂末端安装适用于特定应用场景的各种执行器，例如手爪、喷灯、钻头和喷漆器等，去完成不同的工作任务。

机器人导轨即机器人外部轴，也叫机器人第七轴、行走轴，如图 1-8 所示，它既是机器人本体轴之外的一轴，也是机器人基座，机器人安装在定制的安装板上，同时导轨能够让机器人在指定的路线上进行移动，从而扩大机器人的作业半径，扩展机器人的使用范围与功能，提高机器人的使用效率。

（1）机器人导轨组成部分

① 伺服动力源：机器人自带的第七轴电机和高精密行星减速机可以提供更可靠的控制，由机器人直接控制。

② 齿轮-齿条：高强度的传动，为机器人的滑动提供更精密的定位。

③ 直线导轨组：重载型导轨副可以使行走精度得到更有效的控制。

④ 高强度焊接结构：由国标型材、板材组合焊接而成的导轨基座，具备水平可调功能。

图 1-8　机器人导轨

⑤ 坦克链：将机器人动力线、编码器线、信号线等集中保护。

⑥ 防护罩：机器人安装滑板等，维保人员可直接踩踏。

（2）机器人导轨技术参数

① 导轨总长度：7.5m。

② 最快行走速度：1.5m/min。

③ 机器人滑板承重：大于 500kg。

④ 重复定位精度：高于±0.2mm。

⑤ 导轨尺寸（长×宽）约：3830mm×920mm。

1.3.5.3　机器人夹具

工业机器人的末端执行器是指连接在机器人本体腕部直接用于作业的机构，它可能是用于抓取、搬运的手部（手爪），也可能是用于喷漆的喷枪，或是用于焊接的焊枪、焊钳，或是打磨用的砂轮以及检查用的测量工具，等等。工业机器人操作臂的手腕上有用于连接各种末端执行器的机械接口，按作业内容选择的不同手爪或工具就装在其上，这进一步提高了机器人作业的柔性。智能制造技术综合实验平台机器人手爪如图 1-9 所示。

机器人手爪技术要求：

① 须采用气动夹具，夹紧力不小于 100N。

② 两套夹爪呈 90°，可一次性完成机床内产品的更换。

③ 配合标准工件座与拉钉，夹持位和精度稳定。

④ 必须安装接近开关（2 个），以便有效地确认机器人手爪开合位的状态（气缸动作/气缸未动作），光电传感器最大检测范围不小于 300mm。

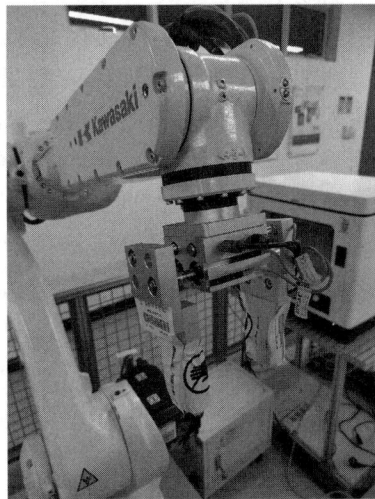

图 1-9　机器人手爪

⑤ 手爪的安装附件：非标机器人末端连接法兰、握爪安装板、传感器支架等。

1.3.6　控制柜

系统由原料库单元、输送单元、加工单元、装检单元、成品库单元、总控单元组成，采用模块化设计，既可单站控制，也可联机通信。原料库、输送单元、加工单元、装检单元、成品库单元由五个控制柜来控制，这样每个单元既可以联机工作，也可以独立运行。控制柜的内部主要由 S7-1500 PLC、伺服驱动器、变频器、通信模块等组成。

1.3.6.1　西门子 S7-1500 PLC

西门子 SIMATIC S7-1500 控制器（图 1-10）除了包含多种创新技术之外，还设定了新标准，可最大程度提高生产效率，无论是小型设备还是对速度和准确性要求较高的复杂设备，都一一适用。SIMATIC S7-1500 无缝集成到 TIA Portal 中，极大提高了工程组态的效率。

高速背板总线：新型的背板总线技术采用高波特率和高效传输协议，以实现信号的快速处理。SIMATIC S7-1500 带有多达 3 个 PROFINET 接口。其中，两个端口具有相同的 IP

地址（互联网地址），适用于现场级通信；第三个端口具有独立的 IP 地址，可集成到公司网络中。通过 PROFINET IRT，可定义响应时间并确保高度精准的设备性能。集成 Web Server（网络服务）：无需亲临现场，即可通过 Internet 浏览器随时查看 CPU 状态。过程变量以图形化方式进行显示，同时用户还可以自定义网页，这些都极大地简化了信息的采集操作。

1.3.6.2 西门子 V90 伺服驱动器

西门子 V90 集成所有控制模式：外部脉冲控制、内部设定值控制、速度和转矩控制。全功率驱动标配内置制动电阻，集成抱闸继电器。

伺服性能优异：自动优化功能使设备获得更高的动态性能，自动抑制机械谐振频率，1MHz 的高速脉

图 1-10 SIMATIC S7-1500 控制器

冲输入，20 位分辨率的绝对值编码器。优化的系统性能：3 倍过载能力、低扭矩纹波与电机的完美整合。

使用方便：快速便捷的伺服优化和机械优化；简单易用的 SINAMICS V-ASSISTANT 调试工具；兼容 PLC 和运动控制器的双通道脉冲设定值；通用 SD 卡参数复制；电机电缆连接器可旋转，支持多角度旋转，可快速锁紧/释放。

运行可靠：功率范围 0.4～7kW。更大的电压范围，380～480V AC，−15％/＋10％；PCB 涂层保证驱动器在严苛环境中的稳定性；高品质的电机轴承；电机防护等级 IP65；轴端标配油封；集成安全扭矩停止（STO）功能。

1.3.7 AGV

AGV 是自动导引车（automated guided vehicle）的英文缩写，指装备有电磁或光学等自动导航装置，能够沿着布置好的导航路线自动运行，且具有多级安全防护，能够以多种负载形式运输、移载、承载物料或装备的无人运输车。AGV 是移动机器人的范畴，在工厂、车间、巡检、安防等领域有着广泛的应用前景。

AGV 总体结构如图 1-11～图 1-14 所示。

图 1-11 AGV

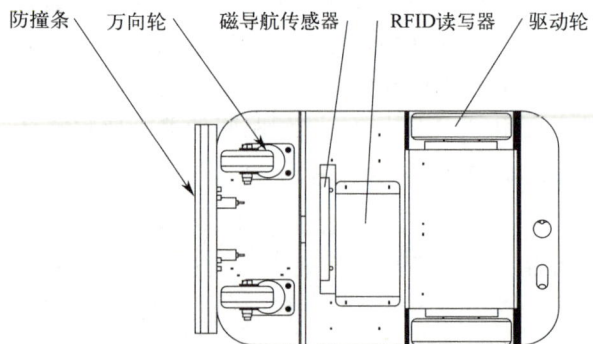

防撞条　万向轮　磁导航传感器　RFID读写器　驱动轮

图 1-12 AGV 底部结构图

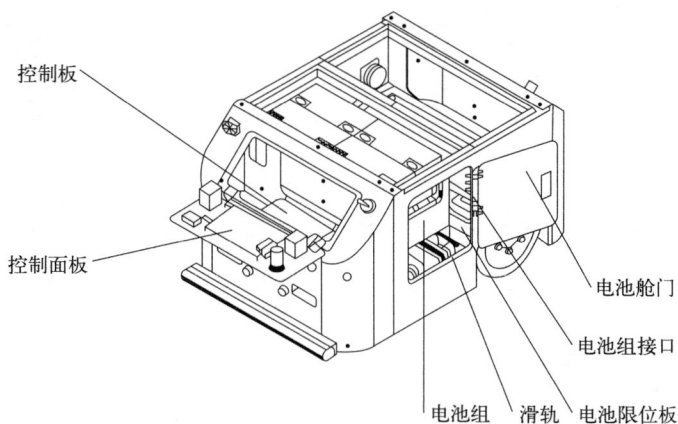

图 1-13　AGV 内部结构图 1

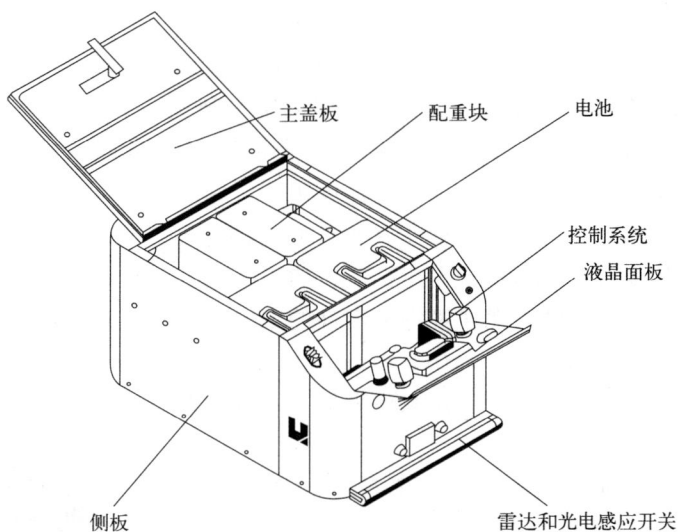

图 1-14　AGV 内部结构图 2

技术优势：

① 磁导航技术，经典、稳定、可靠；

② 现场柔性高，巡线轨迹易布置；

③ 原地旋转，在狭小空间中同样可以使用；

④ 自主知识产权，性价比和开放度极高；

⑤ 开放丰富的二次开发（系统集成）的软硬件接口。

AGV 参数见表 1-5。

表 1-5　AGV 参数

序号	名称	技术说明
1	导引方式	磁条/磁钉
2	外形尺寸(长×宽×高)	1200mm×600mm×600mm,外形可定制
3	负载	300kg
4	速度	0~30m/min,可设置

序号	名称	技术说明	
5	定位精度	±5mm	
6	驱动形式	双轮差速	
7	电池	锂电	
8	连续工作时间	8h 以上	
9	充电方式	人工	
10	最小转弯半径	500mm（标准车型）	
11	电压	48V DC/220V AC	
12	安全感应范围	5m，可调	
13	路径识别	多条复杂交叉路径	
14	行走提示	声光提示	
15	故障报警	声光报警	
16	安全防护	激光＋防撞护边	

1.3.8 RFID 读写器及 RFID 芯片卡

RFID（radio frequency identification，射频识别）技术是一种通信技术，可通过无线电信号识别特定目标并读写相关数据，而无须识别系统与特定目标之间建立机械或光学接触。射频一般是微波，1～100GHz，适用于短距离识别通信。RFID 读写器也分移动式的和固定式的，目前 RFID 技术应用很广，许多行业都运用了射频识别技术。例如将芯片（标签）附着在一辆生产中的汽车上，可以追踪此车在生产线上的进度。当前智能制造技术综合实验平台通过 RFID 读写器将当前订单号、毛坯材质、加工工艺、加工状态、产品质量等重要数据写入对应的 RFID 芯片卡，可实现通过每个零件的 RFID 芯片卡对零件的生产过程的信息的采集及全程追溯。在具体的应用过程中，根据不同的应用目的和应用环境，RFID 系统的组成会有所不同，但从 RFID 系统的工作原理来看，系统一般都由应答器、读写器、应用软件系统组成。

应用软件系统：是应用层软件，主要是对收集的数据进一步处理，使之为人们所使用。

智能制造技术综合实验平台 RFID 系统技术要求：

① 适应于恶劣环境使用。

② 使用寿命长，数据性能稳定。

③ 对离散型制造业而言，要求 RFID TAG（RFID 标签）具备高安全性、长寿命和高可靠性，寿命长达 10 年以上。

SIMATIC RF340R 读写器如图 1-15 所示，技术参数如表 1-6 所示。

图 1-15 SIMATIC RF340R 读写器
1—RS-422 接口；2—状态指示灯

表 1-6 SIMATIC RF340R 读写器技术参数

电气数据		
最大范围	140mm	
最大数据传输速度 阅读器↔发送应答器	RF300 发送应答器	ISO 发送应答器
·读取	约为 8000 字节/s	约为 1500 字节/s
·写入	约为 8000 字节/s	约为 1500 字节/s

传输速度	19.2、57.6、115.2kBd
MTBF(故障发生间隔的平均时间)	140 年
电源电压	24V DC
典型电流消耗	100mA
接口	
电气连接器设计	M12,8 针
通信接口标准	RS-422(3964R 协议)
天线	集成式
允许的环境条件	
环境温度	
·工作期间	-25~70℃
·运输和储存期间	-40~85℃
防护等级符合 EN 60529	IP67
抗冲击性符合 EN 60721-3-7,类别 7 M3	50g
抗振动性符合 EN 60721-3-7,类别 7 M3	20g
扭转和弯曲载荷	不允许
设计、尺寸和重量	
尺寸(长×宽×高)	75mm×75mm×41mm
质量	250g
安装类型	2 个 M5 螺钉;1.5N·m
RS-422 接口的最大电缆长度	1000m
LED 显示灯设计	3 色 LED
标准、规范和认证	
适用性证明	无线电符合 R&TTE 指令 EN 300330、EN 301489、CE、FCC、UL/CSA、Ex 认证

设备端使用的连接器为 8 针的 M12。接口的针脚分配见表 1-7。

表 1-7　RF340R RS-422 接口的针脚分配

针脚		赋值
	1	+24V
	2	-发送
	3	0V
	4	+发送
	5	+接收
	6	-接收
	7	未分配
	8	地(屏蔽)

LED 运行显示：运行状态通过两个 LED 显示。LED 可显示白绿色、红色、黄色或蓝色，具有熄灭、点亮和闪烁状态。技术参数见表 1-8。

表 1-8　LED 运行显示技术参数

LED	含义
▫	阅读器已关闭
✳	存在工作电压、阅读器未初始化或天线关闭
✦	存在工作电压、阅读器已初始化和天线已开启
▣	"有存在性"工作模式:存在发送应答器
	"无存在性"工作模式:存在发送应答器并且当前正在执行命令
✳	出现错误。闪烁次数表示错误的相关信息

1.3.9 原料库

对于传统仓库，企业一般依赖于一个非自动化的、以纸张文件为基础的系统记录、追踪进出的货物，以人为记忆实施仓库内部的管理。自动化立体仓库又称高层货架仓库（简称高架仓库），一般采用几层、十几层乃至几十层的货架来储存单元货物，由于这类仓库能充分利用空间储存货物，故常形象地将其称为"立体仓库"。自动化立体仓库就是采用高层货架存放货物，以巷道堆垛起重机（垛机）为主，结合入库与出库周边设备来进行自动化仓储作业的一种仓库。

智能制造技术综合实验平台中立体仓库如图 1-16 所示。

图 1-16 立体仓库

以垛机为搬运载体进行物料出、入库操作。该立体仓库设置 12 个料位，共 4 层，每层 3 个料位。同时每个料位上设有传感器、状态指示灯及 RFID 芯片卡，传感器用于检测该料位是否有工件，状态指示灯分别用不同的颜色指示有料、加工前、加工中、加工后、报错五种状态。RFID 芯片卡由耦合元件及芯片组成，每个芯片卡有唯一的电子编码，高容量电子标签有用户写入区，附着在物体上标识目标对象。

智能制造技术综合实验平台中立体仓库的技术要求：

① 带有安全防护外罩及安全门，安全门必须设置工业标准的安全电磁锁。

② 立式料架的操作面板需要配备急停开关、解锁许可（绿色灯）、门锁解除（绿色按钮）、运行（绿色按钮灯）。

③ 料位设置不少于 12 个，每层 3 个料位，共 4 层。

④ 每个料位配置 RFID 芯片卡，其中 RFID 读写器安装在工业机器人夹具上。

⑤ 每个料位需要设置传感器和状态指示灯，传感器用于检测该位置是否有工件，状态指示灯分别用不同的颜色指示有料、加工前、加工中、加工后、报错五种状态，并通过 RS-

485 进行数据通信。

⑥ 尺寸：（长×宽×高）1110mm×340mm×1800mm。

安全防护系统智能制造技术综合实验平台中设置安全围栏及带工业标准安全插销的安全门，安全围栏外围防护设置有工人出入的安全门，安全门打开时，除数控机床外的所有设备均处于停止状态，防止出现机器人在自动运动过程中由于人员意外闯入而造成的安全事故。

安全防护围栏技术要求：

① 规格：高≥1.2m，橙色。

② 采用工业级网格形金属围栏。

③ 包含关门检测传感器，具有警报灯。

1.4 企业智能化系统构架 MES 系统、SCADA 系统

1.4.1 MES 系统

MES（manufacturing execution system）中文含义为制造执行系统。MES 国际联合会对 MES 的定义为：MES 能通过信息的传递，对从订单下达开始到产品完成的整个产品生产过程进行优化管理，对工厂发生的实时事件，及时做出相应的反应和报告，并用当前准确的数据进行相应的指导和处理。智能制造技术综合实验平台中 MES 系统具备网络化监视、控制、数据采集等功能，目前可以通过网络接入设备制造单元。通过接入该设备制造单元，它可以根据用户需求搭建一个完整的车间级的封闭式生产线，也可以作为无人工厂的一个车间级的组成部分，给上级管理软件提供相应的数据，接收上级管理软件下发的订单并完成加工，同时还可以直接连接云平台，提供大数据采集以及生产制造扁平化功能，有利于整个制造资源的合理化分配。智能制造执行系统能够采集在线检测系统数据，并根据采集数据自动修改刀具补偿（刀补）。

（1）MES 系统部署计算机要求

处理器：Intel i7 及以上处理器。内存：≥8GB。硬盘：≥500GB 可用空间。显卡：独立显卡，显存≥2GB。系统为 Windows10 64 位版本。

（2）MES 软件系统的功能

加工任务创建、加工任务管理。立体仓库管理和监控。机床启停、初始化和管理。加工程序管理和上传。在线检测、实时显示和刀具补偿修正。智能看板功能：实时监控设备、立体仓库信息以及机床刀具等。工单下达、排程、生产数据管理、报表管理等。支持标准 MODBUS 协议。支持 TCP/IP 协议。支持动态链接库调用协议。支持 web sever 获取生产线数据，支持浏览器数据推送。

（3）MES 系统特点

① 产品数字化设计及编程。利用主流设计软件进行产品的建模设计、加工程序的编写，并通过 MES 系统进阶开发工具与设计软件的无缝整合，可使产品信息、加工程序及参数自动导入数据服务器，实现产品设计、编程数据等的智能化管理。

② 自动化加工工艺管理。通过 MES 系统，对工件的自动化生产工艺进行设计，工艺图档可采用先进的轻量化 3D 技术，通过工艺颜色管理有效传递加工要求信息，自动化加工线

依据工件工艺自动生成加工订单，实现加工线与工艺设计数据的无缝衔接。

③ 自动化加工订单管理。MES 系统提供工件订单的加工程序初始化设置，加工订单号自动生成，利用 RFID 技术实现加工信息与工件芯片自动绑定、工件补偿信息导入，并在工件加工过程中对工件的加工状态、流向进行实时监控和反馈。

④ 自动化制造执行。MES 系统与加工设备、工业机器人等使用专用接口进行连接通信，安全可靠，可实现加工工件的调度、加工程序的推送、设备的远程启动、状态监控，并能根据生产要求对加工工件的优先级进行调整，在自动化制造过程中实现加工安全性、设备互锁等的智能化判定。

⑤ 自动化加工数据。MES 系统对设计、生产的数据进行实时动态提取，并自动进行数据分析，为设备、生产记录等提供数据导出接口。

1.4.2 SCADA 系统

SCADA 系统涵盖从现场监控站到调度中心，以分布式区域实时数据库为核心，实现生产设备数据的采集、存储、实时监控、历史数据查询、报警及趋势分析等功能。产品的分布式体系结构具有灵活的扩展性，可部署单服务器系统、客户端/服务器、数据冗余服务器等混合应用的中大型系统，可极大地提升数据实时刷新效率，保持系统的高性能和高可靠性。

SCADA 系统构建见图 1-17。

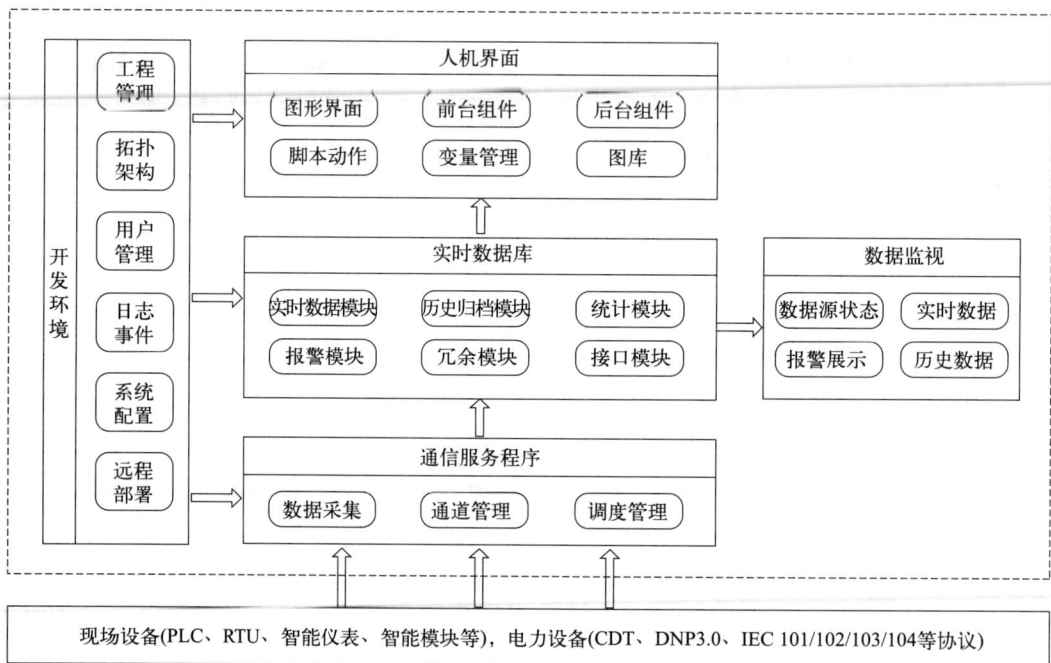

图 1-17　SCADA 系统构建图

智能制造系统见图 1-18。

SCADA 系统的功能主要在于数据分析、数据报表及仪表盘展示三个方面，其特性主要体现在 3 个方面：

① 支持多种通信协议，满足市场上大部分的控制器、仪器仪表的通信要求，可与自动

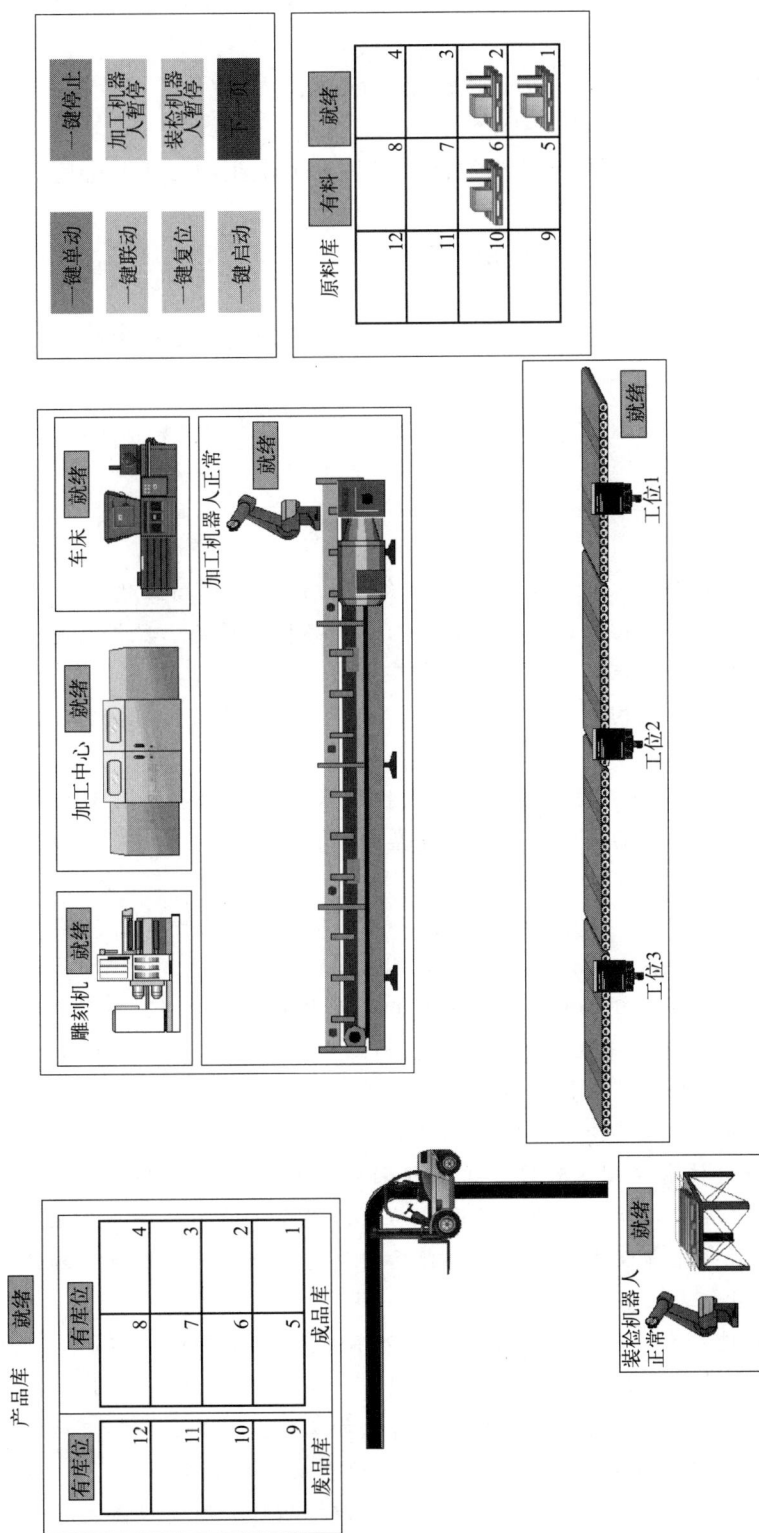

图 1-18　智能制造系统

化硬件系统与信息化软件系统进行信息传递；

② 实时监控并直观展示生产动态，对现场设备实现直接或间接控制，满足可视化管理的需求；

③ 进行数据统计分析，并通过大屏幕进行展示、参考。

SCADA 系统的优点主要在于：

① 实时采集生产过程中的各类数据，代替人工作业，可帮助避免一些因人工操作失误所带来的损失，提高效率；

② 加强生产过程的数字化控制，实现对生产进度、生产效率、质量信息、设备运行状态监控等管理过程的数字化、智能化；

③ 通过实时监控所有设备的生产状态，帮助管理人员实现生产订单、设备检修等工作的统一调配。

本章小结

智能制造技术综合实验平台按照"设备自动化＋生产精益化＋管理信息化＋人工高效化"的构建理念，将数控机床、工业机器人、产品检测设备、数据信息采集管控设备等集成为智能制造单元硬件系统，结合智能化控制技术、高效加工技术、工业物联网技术、RFID数字信息技术等软件，构成了具有自感知、自学习、自决策、自执行、自适应等功能的新型生产技术平台。

① 数控车床是目前使用较为广泛的数控机床之一。它主要用于轴类零件或盘类零件的内外圆柱面，任意锥角的内外圆锥面，复杂回转内外曲面和圆柱、圆锥螺纹等切削加工，还可进行切槽、钻孔、扩孔、铰孔及镗孔等。

② 数控加工中心是一种功能较全的数控加工机床。它把铣削、镗削、钻削、攻螺纹和切削螺纹等功能集中在一台设备上，使其具有多种工艺手段。加工中心设置有刀库，刀库中存放着不同数量的各种刀具或检具，在加工过程中由程序自动选用和更换。

③ 在线检测装置可安装在数控车床、加工中心、数控磨床等大多数数控机床上。在加工循环中不需人为介入，直接对刀具或工件的尺寸及位置进行测量，并根据测量结果自动修正工件或刀具的偏置量，使同样的机床能加工出更高精度的零件。

④ 智能制造技术综合实验平台工业机器人采用 RS010N-AC01 搬运机器人并附加了导轨，扩大了作业半径，扩展了使用范围与功能，提高了使用效率。工业机器人夹具采用了两个气动手爪，且每个气动手爪上安装扩散反射型光电开关，可有效地确认机器人手爪要到达的各个位置的状态。

⑤ 智能制造技术综合实验平台的立体仓库设置 12 个料位，共 4 层，每层 3 个料位。同时每个料位上设有传感器、状态指示灯及 RFID 芯片卡，传感器用于检测该料位是否有工件，状态指示灯分别用不同的颜色指示有料、加工前、加工中、加工后、报错五种状态。

⑥ 安全防护系统采用安全围栏及带工业标准安全插销的安全门，安全围栏外围防护设置有工人出入的安全门，安全门打开时，除数控机床外的所有设备均处于停止状态，防止出现机器人在自动运动过程中由于人员意外闯入而造成的安全事故。

⑦ 中央电气控制系统：中央控制器具有 PLC 功能、运动控制功能及通信功能，采用控制总线和 I/O 单元的实时控制，通过设备总线实现与数控系统、机器人控制器等设备间的

实时数据交换。除了作为主控制器用于由数控机床、机器人组成的自动生产线，还可接入工厂局域网，支持远程设备监控、工艺管理，真正实现生产自动化与信息化的无缝融合。

⑧ MES 系统具备网络化监视、控制、数据采集等功能。目前可以通过网络接入设备制造单元。它可以用于搭建一个完整的车间级的封闭式生产线，也可以作为无人工厂的一个车间级的组成部分，给上级管理软件提供相应的数据，接收上级管理软件下发的订单并完成加工。

⑨ RFID 读写器及芯片用于将产品订单号、毛坯材质、加工工艺、加工状态、产品质量等重要数据写入，可实现通过每个零件的 RFID 芯片卡对零件的生产过程的信息采集及全程追溯。

⑩ 可视化系统及终端显示用于实时呈现加工中心、数控车床、工业机器人的运行状态，加工中心刀具状态及刀具补偿情况，工件加工情况，加工效果，加工日志，数据统计，等等。

习题

一、填空题

1. 智能制造技术综合实验平台由智能制造执行系统、（   ）、（   ）、川崎六轴工业机器人、数控车床、加工中心、立体仓库、电子信息化看板、仿真系统等组成。

2. 数控车床按主轴的配置形式可分为（   ）和（   ）。

3. 加工中心指配备有（   ）和（   ），在一次装夹下可实现多工序（甚至全部工序）加工的数控机床。

4. 在线检测装置由（   ）、（   ）和（   ）组成。

5. 机器人导轨即机器人外部轴，让机器人在指定的路线上进行移动，从而扩大机器人的（   ），扩展机器人的（   ），提高机器人的使用效率。

二、选择题

1. 倾斜导轨结构可以使数控车床具有更大的（   ），并易于排除切屑。

A. 精度　　　　　　B. 速度　　　　　　C. 刚度　　　　　　D. 空间

2. 立式加工中心指（   ）垂直状态设置的加工中心。

A. X 轴　　　　　　B. Y 轴　　　　　　C. Z 轴　　　　　　D. 主轴

3. （   ）是数控机床在线检测装置的关键部分，直接影响着在线检测的精度。

A. 测头　　　　　　B. 测针　　　　　　C. 信号传输系统　　D. 数据采集系统

4. 3RS010N-AC01 川崎机器人搬运机器最大活动半径（   ）。

A. 1389mm　　　　B. 1595mm　　　　C. 1389cm　　　　D. 1611cm

5. 智能制造技术综合实验平台中工业机器人外部轴的长度是（   ）。

A. 2m　　　　　　　B. 3m　　　　　　　C. 4m　　　　　　　D. 7.5m

6. 安全围栏外围防护设置有工人出入的安全门，安全门打开时，除（   ）外的所有设备均处于停止状态。

A. 工业机器人　　　B. 数控机床　　　　C. MES　　　　　　D. PLC

7. 中央控制器具有 PLC 功能，通过（   ）实现与数控系统、机器人控制器等设备间的实时数据交换。

A. RS-232   B. RS-485   C. RS-422   D. 总线

8. 机器人本体是工业机器人的机械主体，是完成各种作业的（　　）。

A. 执行机构   B. 控制系统   C. 传输系统   D. 搬运机械

9. 工业机器人手部也称为末端执行器，它是装在机器人的（　　）部上，直接开展抓握工作或执行作业的部件。

A. 腕   B. 臂   C. 手   D. 关节

10.（　　）不是智能制造技术综合实验平台设备。

A. 六轴工业机器人   B. 桁架机器人   C. 数控车床   D. 三轴加工中心

三、简答题

1. 简述智能制造技术综合实验平台包含哪些相关技术？

2. 什么是工业机器人外部轴，其作用是什么？

3. MES 系统的定义是什么？

扫码查答案

扫码看视频

第2章
MES系统应用

2.1 MES概述

MES系统集成了企业信息化管理的大部分模块,包括订单模块、物料模块、采购模块、生产模块、仓储运输模块、财务模块。此系统按符合一般生产型企业的需求设计。每个模块之间的数据衔接灵活。

MES系统的基础功能是和PLC进行通信,达到将生产任务下传给PLC以及与PLC进行交互的目的,PLC中的数据实时反馈到MES系统中从而进一步传达给相关作业单位。

(1)MES特点

采用动态链接库与PLC实现通信功能,数据及时且稳定。MES采用了CS(客户端-服务器)结构开发,安全可靠。数据存储采用了MS SQL作为后台数据库,有易于安装、便于操作的特点。兼容于Windows各个版本操作系统。MES软件界面风格统一、简洁,各种操作按一般用户习惯开发,易上手,好操作,数据传递及时。

(2)技术性能

① 开发环境:Microsoft Visual Studio+Microsoft SQL Server。

② 工作环境:Windows 2000,Windows XP,Windows 7,Windows 8,Windows 10以及Windows Server各版本。

(3)实训项目

① 产品BOM单。通过产品BOM单(物料清单)建立产品信息、产品原材料信息以及生产加工工艺。BOM单是整个生产环节的核心部分,要确定生产产品所需原材料的单位用量。

② 产品订单。通过产品订单实现产品价格及销售量的确认。生成订单后开始计算所需原材料数量以及生成合同金额等。

③ 采购单。根据订单计算所需的原材料,下单进行采购,并做入库跟踪。所有采购回来的原材料完全对单对款入库备用,形成应付账款。

④ 生产制造单。根据订单需求进行需求数量合并,同时下达生产制造单。将生产制造单传递到生产控制页面进行分配。

⑤ 与PLC交互。将原材料配放至立体仓库原料区内,并用软件进行检测。检测数据与生产数据一致时可以对PLC下达生产任务,并实时收集生产线状态。

⑥ 产品入库单。产品生产完成后，将产品从垛机中取出并办理入库手续，进而增加库存。之后按产品订单进行发货作业，形成应收账款。

⑦ 应收及应付账款。根据采购单和发货单形成的应付应收单据进行付款和催款作业，并对相关财务数据登记入账。

2.2 MES 软件说明

首先启动 MES 系统主机和 SCADA 系统主机，然后启动"工业 4.0"系统硬件设备，等待系统硬件设备自检完成，硬件设备完成自检后与 MES 系统主机和 SCADA 系统主机建立网络通信。通信正常后，开始登录 MES 系统。点击电脑桌面的 LZTI 图标，弹出界面如图 2-1 所示。

在登录界面，可以选择账号登录、修改密码、账套管理等功能。在账号登录旁是修改密码，可以对已使用的账号密码进行修改。

在登录界面，点击账套管理，弹出账套单界面（图 2-2），在此界面可以新建、删除账套。

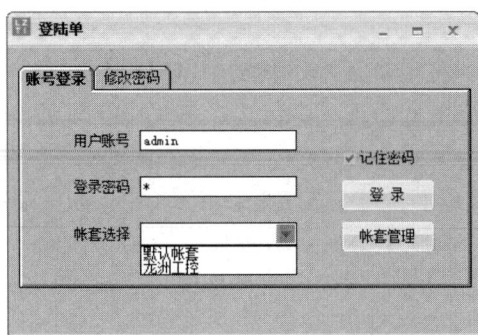

图 2-1　登录单

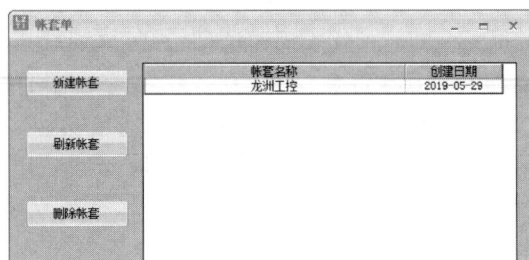

图 2-2　账套单

在登录界面输入账号和密码，选择登录，弹出模块选择界面（图 2-3），可以选择需要使用的模块。在模块选择中有五个选项，包括超级模块、CRM 模块、ERP 模块、报表模块、MES 模块，点击其中的任一个模块就可以进入其界面。

图 2-3　模块选择界面

超级模块主要是人事功能，可以添加新进人员、删除离职人员、编辑修改人员信息等。
职员单如图 2-4 所示。

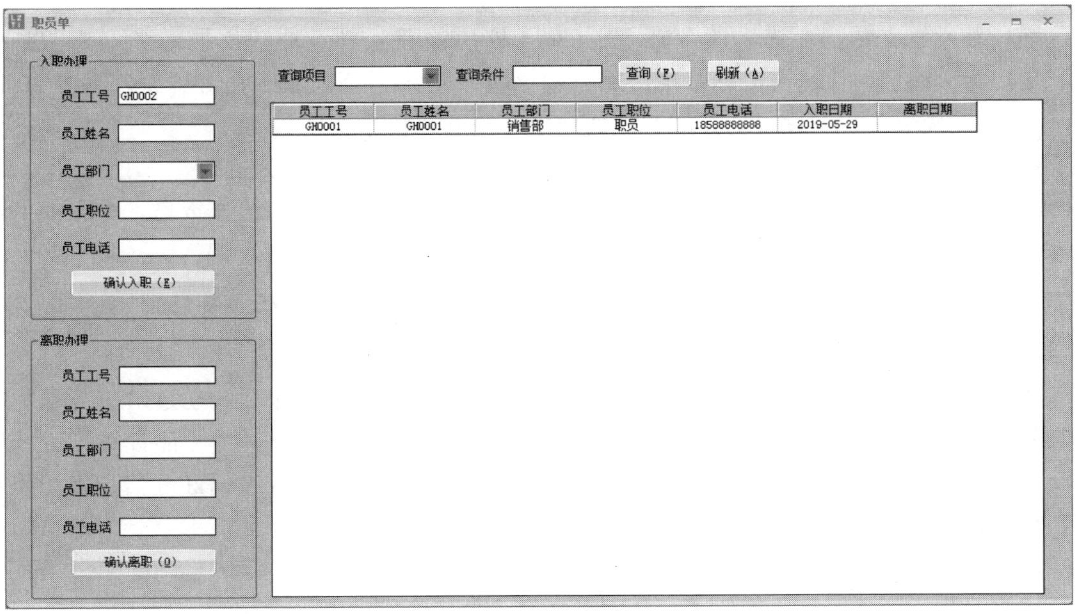

图 2-4　职员单

2.2.1　CRM 模块

MES 系统是现代制造业中不可或缺的核心管理系统，它旨在提升生产过程的效率和准确性，优化资源配置，实现精益生产。而 CRM（customer relationship management，客户关系管理）模块作为 MES 系统的重要组成部分，专注于处理与客户相关的业务流程和信息，从而帮助企业建立稳固的客户关系，提高市场竞争力。

CRM 模块主要面向销售部门，在此模块中有售前、销售、售后三个环节，在售前环节有报价单、受订单，在销售环节有客户单、联系人单、日报单、商机单，售后环节有售后单、配件单。CRM 模块基于网络、通信、计算机等信息技术，能实现不同职能部门的无缝连接，能够协助管理者更好地完成客户关系管理的两项基本任务：识别和保持有价值客户。

2.2.1.1　CRM 模块在 MES 系统中的功能和作用

CRM 模块在 MES 系统中发挥着至关重要的作用，它贯穿企业的售前、销售和售后整个业务链条，为企业提供了全面、高效的客户关系管理解决方案。

客户信息管理。CRM 模块的首要任务是整合和管理客户信息。它能够将来自不同渠道、不同部门的客户信息集中存储，并进行清洗、整理，确保数据的准确性和一致性。通过客户信息管理，企业可以全面了解客户的基本情况、需求偏好、购买历史等，为后续的销售和客户服务提供有力支持。

销售过程管理。包括销售线索的获取、分配、跟进和转化等。通过设定销售阶段、跟踪销售活动、记录销售成果，CRM 模块可以帮助销售团队更好地管理销售过程，提高销售效率和成功率。

市场营销支持。包括市场活动管理、营销效果分析等。通过 CRM 模块，企业可以策划和执行各类市场活动，如促销活动、产品推广等，并通过数据分析评估活动效果，优化营销策略。

客户服务与支持。在售后服务环节，CRM 模块能够帮助企业建立高效的客户服务体系，实现客户问题的快速响应和解决。通过记录客户请求、分配服务任务、跟踪服务进度，CRM 模块能确保客户问题得到及时有效的处理，提升客户满意度。

数据分析与决策支持。通过对客户数据、销售数据、市场数据等进行深入挖掘和分析，CRM 模块可以帮助企业发现潜在商机、预测市场趋势、制定精准的销售策略，为企业的决策提供有力支持。

2.2.1.2　CRM 模块在售前、销售、售后环节的具体应用场景和重要性

（1）售前环节

在售前环节，CRM 模块主要发挥市场分析与潜在客户识别的作用。通过对市场数据的收集和分析，CRM 模块能够帮助企业了解市场需求、竞争对手情况，为产品设计和营销策略制定提供依据。同时，CRM 模块还可以根据客户的购买历史、行为偏好等信息，识别出潜在客户，为销售团队提供有价值的线索。具体应用场景如下。

市场调研与定位：CRM 模块可以收集和分析市场数据，帮助企业了解目标市场的规模、增长趋势、消费者需求等信息，从而制定合适的市场策略和产品定位。

潜在客户挖掘：通过分析客户的购买历史、浏览记录等行为数据，CRM 模块可以识别出对企业产品或服务感兴趣的潜在客户，为销售团队提供精准的线索，提高销售转化率。

个性化营销推广：基于客户的兴趣偏好和购买历史，CRM 模块可以制定个性化的营销推广方案，如定向邮件、短信推送等，从而提高营销活动的针对性和效果。

在售前环节，CRM 模块的重要性体现在：通过精准的市场分析和潜在客户识别，企业可以更加有针对性地开展营销活动，提高营销投入的有效性，同时也有助于建立与客户之间的初步联系和信任关系。

（2）销售环节

在销售环节，CRM 模块的作用主要体现在销售机会管理、销售过程跟踪以及销售预测等方面。CRM 模块能够自动化管理销售线索的分配、跟进和转化过程，提高销售团队的工作效率和销售业绩。具体应用场景如下。

销售线索管理：自动化处理销售线索的获取、分配和跟进过程，确保销售团队能够及时响应客户需求，提高线索转化率。

销售过程跟踪：记录销售活动的详细信息，包括与客户的沟通记录、报价信息、合同状态等，帮助销售团队全面了解销售进度和客户反馈，及时调整销售策略。

销售预测与分析：通过对历史销售数据的分析和挖掘，预测未来销售趋势和潜在市场机会，为销售团队的业绩目标和计划制定提供依据。

在销售环节，CRM 模块的重要性体现在：通过自动化管理和跟踪销售过程，企业可以更加高效地开展销售活动，提高销售业绩和客户满意度。同时，CRM 模块提供的数据分析和预测功能也有助于企业优化销售策略和资源配置。

（3）售后环节

在售后环节，CRM 模块主要发挥客户服务与支持的作用。通过记录客户请求、分配服

务任务、跟踪服务进度等功能，CRM模块能够确保客户问题得到及时、有效的解决，提升客户满意度和忠诚度。具体应用场景如下。

客户问题管理：CRM模块可以记录客户的问题和投诉，并自动分配给相应的服务团队进行处理。通过跟踪服务进度和反馈情况，CRM模块可以确保问题得到及时解决，提高客户满意度。

客户关怀与回访：CRM模块可以定期发送关怀邮件或短信，提醒客户关注产品更新、促销活动等信息，增强客户与企业的互动和联系。同时，CRM模块还可以设置回访计划，了解客户对产品和服务的满意度，收集客户反馈意见，为产品改进提供参考。

2.2.1.3 CRM模块操作

(1) 售前部

报价单（图2-5）：在报价单界面可以查询、新增报价。

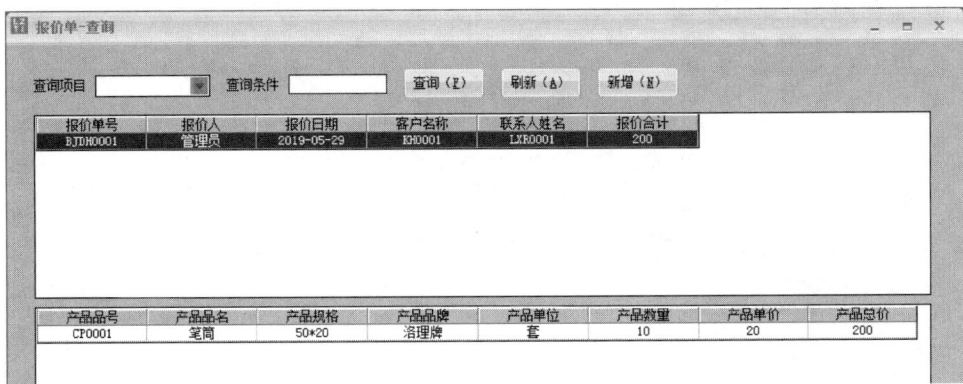

图 2-5　报价单

受订单（图2-6）：在受订单环节可以查询已有的订单和新增订单。

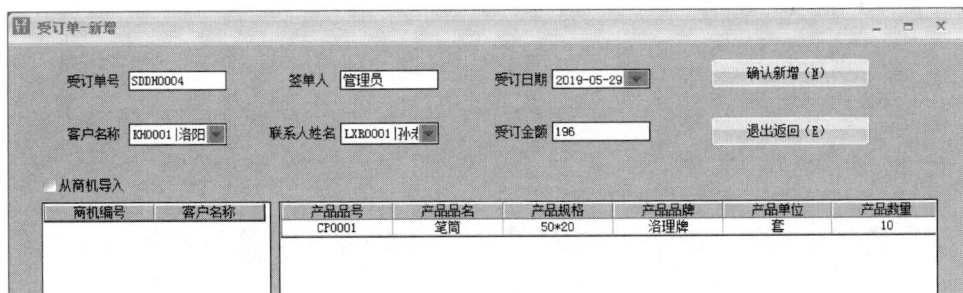

图 2-6　受订单

(2) 销售部

在销售环节，有联系人单、商机单、日报单等数据。

客户单（图2-7）：要对所有的客户订单数据进行收集和计算，从而识别和发现新的商机。

联系人单（图2-8）：在联系人单界面，可以对客户的信息进行编辑和修改。

日报单（图2-9）：在日报单界面对日报内容修改和新增。

商机单：如图2-10所示。

图 2-7 客户单

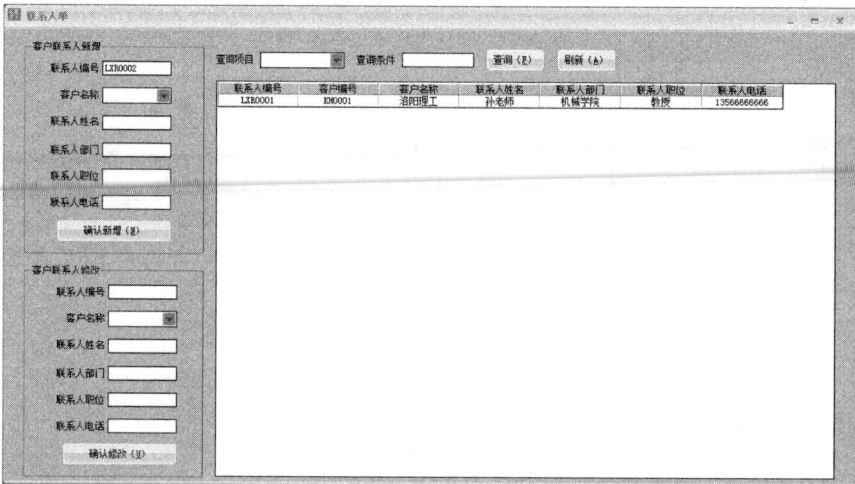

图 2-8 联系人单

图 2-9 日报单

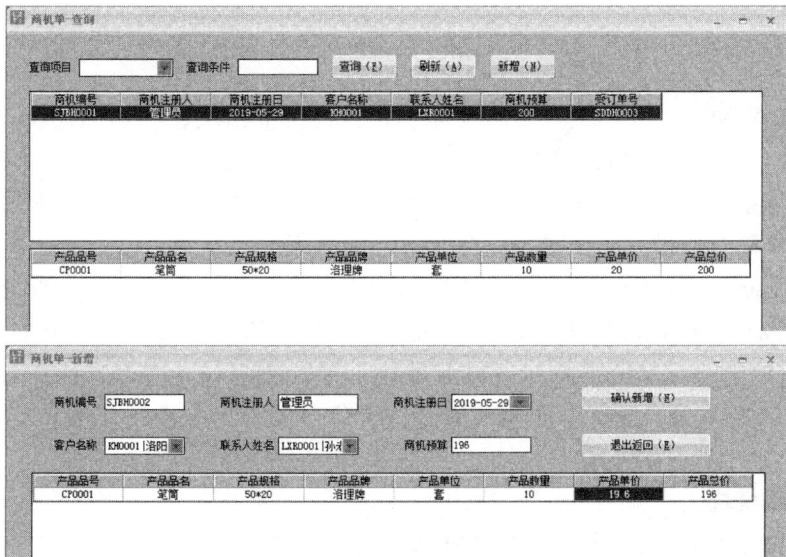

图 2-10　商机单

(3) 售后部

售后单（图 2-11）：在售后环节，通过在售后单中查询和新增可以方便地对用户的订单进行管理。

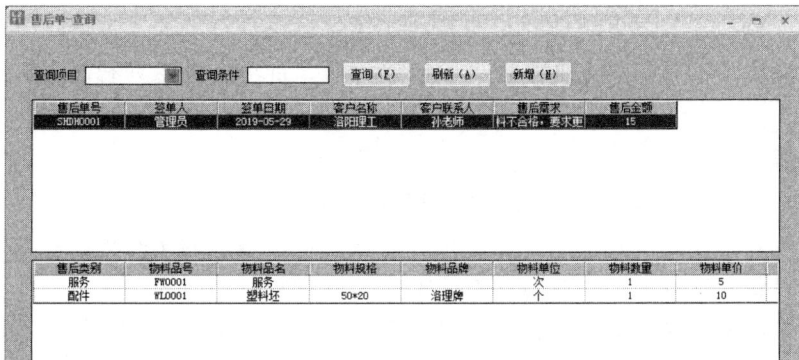

图 2-11　售后单

配件单：如图 2-12 所示。

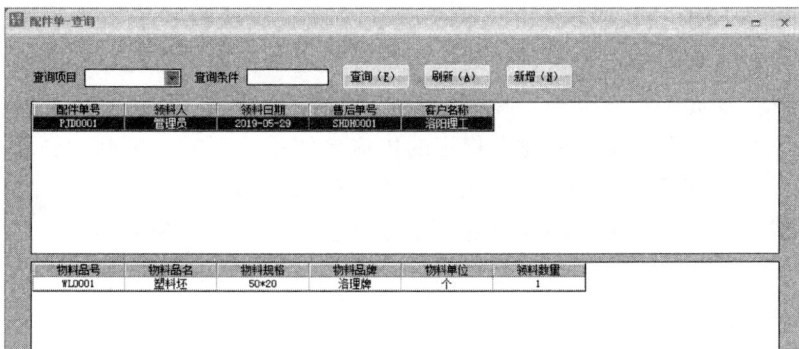

图 2-12　配件单

2.2.2 ERP 模块

ERP（企业资源规划）模块包括研发部模块、资材部模块、采购部模块、生产部模块、物流部模块、财务部模块以及 ERP 管理模块。ERP 管理模块是一个在全公司范围内应用的、高度集成的系统，覆盖了客户、项目、库存、采购、供应、生产等管理工作，通过优化企业资源达到资源效益最大化，减少库存时间，提高库存周转率。随着信息技术的飞速发展和企业管理的不断升级，ERP（企业资源规划）模块已经成为企业现代化管理的重要工具。ERP 模块通过高度集成化的模块设计，实现了企业资源的优化配置和高效利用。本节将深入介绍 ERP 模块中的研发部模块、资材部模块、采购部模块、生产部模块、物流部模块、财务部模块以及 ERP 管理模块，并阐述它们在全公司范围内的集成作用以及对公司运营的重要性。

（1）研发部模块

研发部模块是 ERP 模块中负责产品研发和创新的关键模块。它通过对市场需求、技术趋势以及竞争对手的分析，为企业制定产品研发策略提供数据支持。研发部模块能够整合企业内部和外部的研发资源，实现研发项目的立项、计划、执行、监控和验收等全过程管理。同时，该模块还能够对研发成果进行知识产权管理和技术保密，以确保企业的技术核心竞争力。

在实际应用中，研发部模块可以帮助企业快速响应市场变化，及时调整产品策略，提高产品创新能力。例如，某家电企业利用研发部模块对市场进行了深入分析，发现智能家居领域具有巨大的潜力，于是，该企业迅速调整研发方向，推出了一系列智能家居产品，成功抢占了市场份额。

（2）资材部模块

资材部模块是 ERP 模块中负责物料管理和库存控制的核心模块。它通过对企业物料的需求、采购、库存、领用等环节的全面管理，实现了物料信息的实时更新和共享。资材部模块能够帮助企业优化库存结构，降低库存成本，提高物料利用效率。

资材部模块的应用场景非常广泛。例如，在生产型企业中，资材部模块可以根据生产计划和物料需求，自动生成采购订单，确保生产所需物料及时供应。同时，该模块还能够实时监控库存情况，预警库存不足或过剩的情况，为企业制定合理的库存策略提供依据。

（3）采购部模块

采购部模块是 ERP 模块中负责供应商管理、采购订单执行和采购成本控制的模块。它通过与供应商建立紧密的合作关系，实现采购过程的透明化和规范化。采购部模块能够自动化处理采购订单、收货、开发票等，降低采购成本，提高采购效率。

采购部模块的应用有助于企业建立稳定的供应链体系。例如，某制造企业通过采购部模块对供应商进行了严格的筛选和评估，确保供应商具有良好的信誉和稳定的供货能力。同时，该模块还帮助企业实现了采购订单的自动化处理，降低了人为错误和延误的可能性，提高了采购效率。

（4）生产部模块

生产部模块是 ERP 模块中负责生产计划、生产执行和生产控制的关键模块。它通过对生产任务、生产资源、生产工艺等环节的全面管理，实现了生产过程的可视化、可控化和优化。生产部模块能够帮助企业提高生产效率、降低生产成本、确保产品质量。

生产部模块的应用对于制造企业尤为重要。例如，某汽车制造企业利用生产部模块制订了详细的生产计划，并根据计划自动调整生产线和工人配置。同时，该模块还能够实时监控生产进度和产品质量，确保生产任务按时按质完成。

(5) 物流部模块

物流部模块是 ERP 模块中负责物流管理和运输协调的模块。它通过对订单处理、运输安排、库存管理等环节的有效管理，提高了物流运作的效率和准确性。物流部模块能够实现订单跟踪、运输优化、库存预警等功能，有助于企业降低物流成本，提升客户满意度。

在实际应用中，物流部模块能够协助企业实现供应链的高效协同。例如，某电商平台通过物流部模块与各大物流公司建立了紧密的合作关系，实现了订单信息的实时共享和运输状态的实时跟踪。这不仅提高了订单处理速度，还降低了运输成本，为客户提供了更好的购物体验。

(6) 财务部模块

财务部模块是 ERP 模块中负责财务管理和会计核算的核心模块。它通过对企业资金流、成本流、利润流等财务信息的全面记录和分析，为企业提供了决策支持。财务部模块能够实现财务报表的自动生成、成本控制的精细化和预算管理的科学化，有助于企业提高财务管理水平，降低财务风险。

财务部模块的应用能够帮助企业实现财务管理的规范化和高效化。例如，某跨国企业利用财务部模块实现了全球范围内的财务数据集中管理，使得管理层能够实时了解各分公司的财务状况和经营成果。同时，该模块还为企业提供了精细化的成本控制和预算管理功能，有助于企业优化资源配置，提高经济效益。

(7) ERP 管理模块

ERP 管理模块是 ERP 模块的核心枢纽，它负责将各个功能模块的数据和信息进行有效整合和协调，实现全公司范围内的业务协同和信息共享。ERP 管理模块通过统一的数据标准和业务流程，确保了企业各部门之间的信息的一致性和准确性，提高了企业运营的效率和响应速度。

在实际应用中，ERP 管理模块能够为企业带来诸多优势。首先，它打破了部门之间的信息壁垒，实现了企业资源的优化配置和共享。其次，ERP 管理模块能够实时监控企业的运营状况，为企业提供决策支持和风险预警。最后，通过 ERP 管理模块，企业可以不断优化业务流程，提高运营效率和客户满意度。

2.2.2.1 研发部

产品单：在产品单界面，可以对产品信息进行编辑，也可以对图纸进行关联，见图 2-13。

BOM 单：用计算机辅助企业进行生产管理，首先要使计算机能够读出企业所制造的产品构成和所有要涉及的物料，为了便于计算机识别，必须把表达的产品结构转化成某种数据格式，这种以数据格式来描述产品结构的文件就是物料清单，即 BOM 单，见图 2-14。它是定义产品结构的技术文件，因此，它又称为产品结构表或产品结构树。在某些工业领域，可能称为配方、要素表或其他名称。

2.2.2.2 资材部

物料单（图 2-15）：在物料单界面，可以编辑物料品号、物料品名、物料规格、物料品牌、物料单位等。

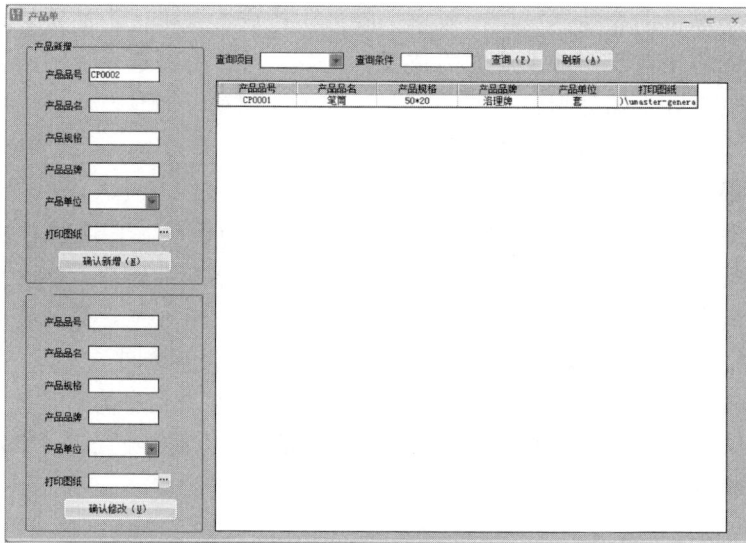

图 2-13　产品单

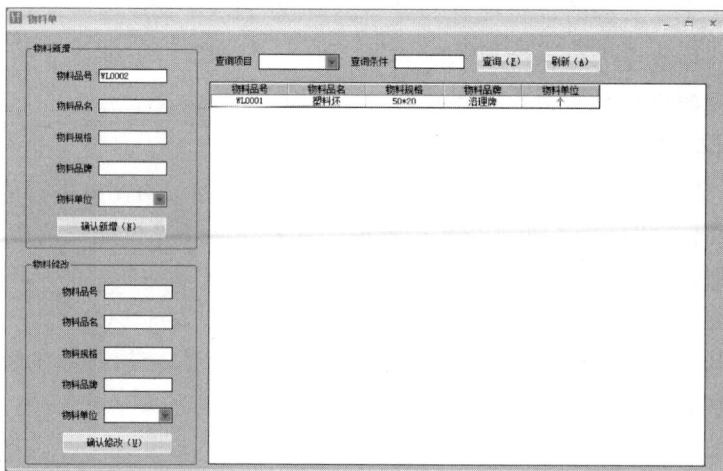

图 2-14　BOM 单

图 2-15　物料单

请购单（图 2-16）：在请购单界面可以查询和新增请购单。

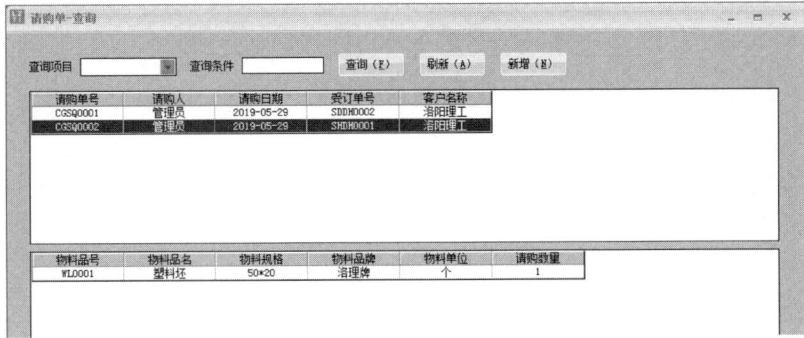

图 2-16 请购单

进料单（图 2-17）：在进料单界面可对所需物料进行查询和新增。

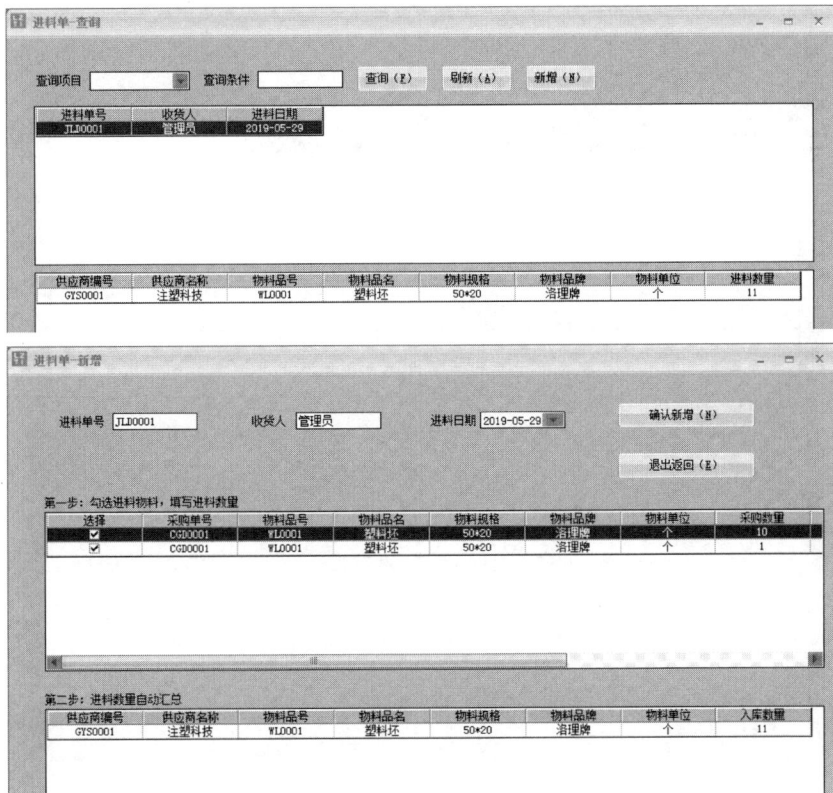

图 2-17 进料单

2.2.2.3 采购部

供应商单：在供应商单界面对供应商进行管理和添加，见图 2-18。

采购单：在采购单界面对所需材料进行查询和新增，见图 2-19。

2.2.2.4 生产部

制令单：在制令单界面对生产的项目进行编辑，做好生产计划并下发生产，见图 2-20。

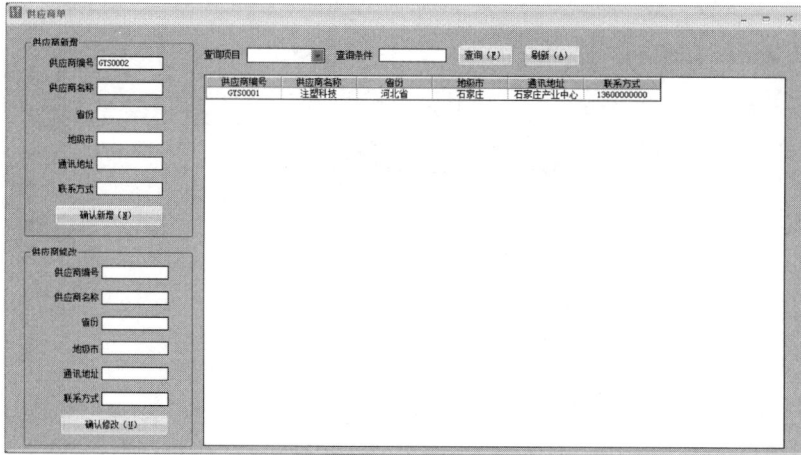

图 2-18　供应商单

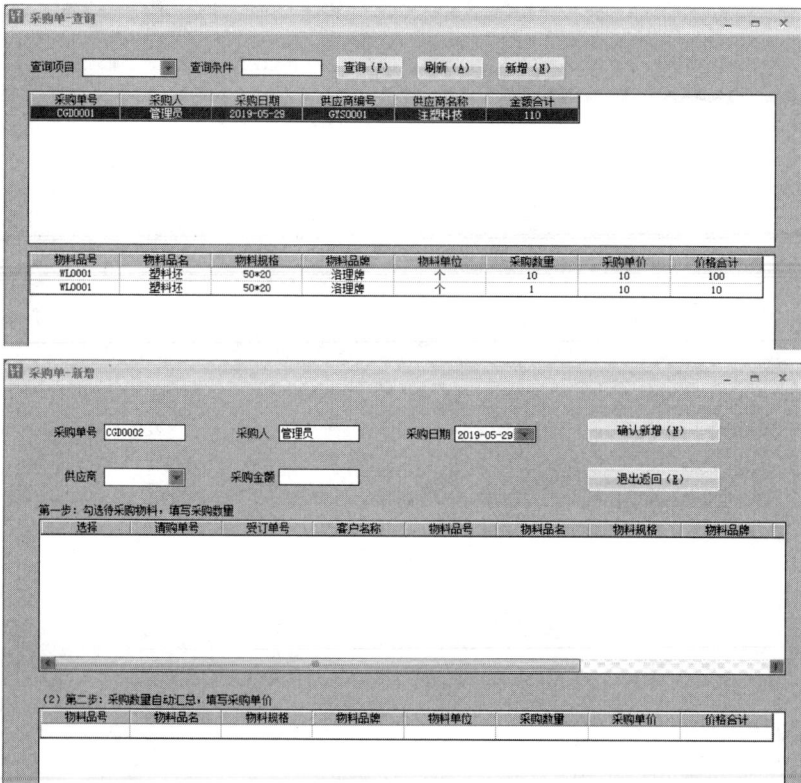

图 2-19　采购单

领料单：在领料单界面进行物料的领取和新增管理，见图 2-21。

入库单：在入库单界面进行物料的入库管理，见图 2-22。

2.2.2.5　物流部

发货单：如图 2-23 所示。

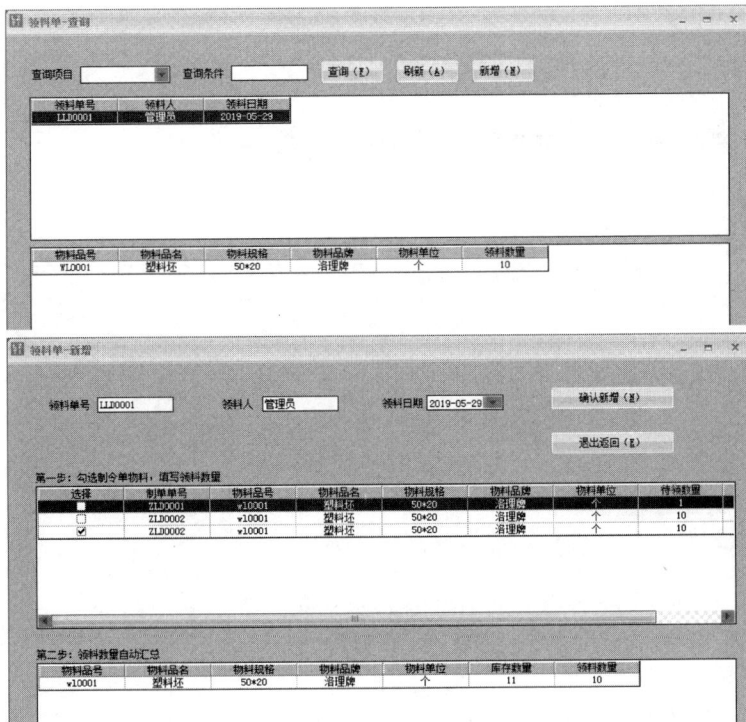

图 2-20　制令单

图 2-21　领料单

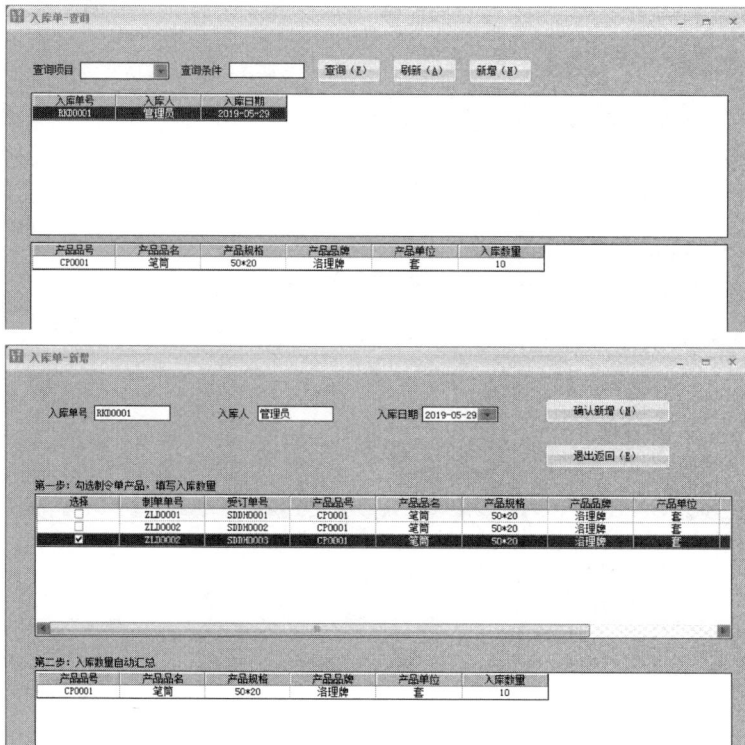

图 2-22　入库单

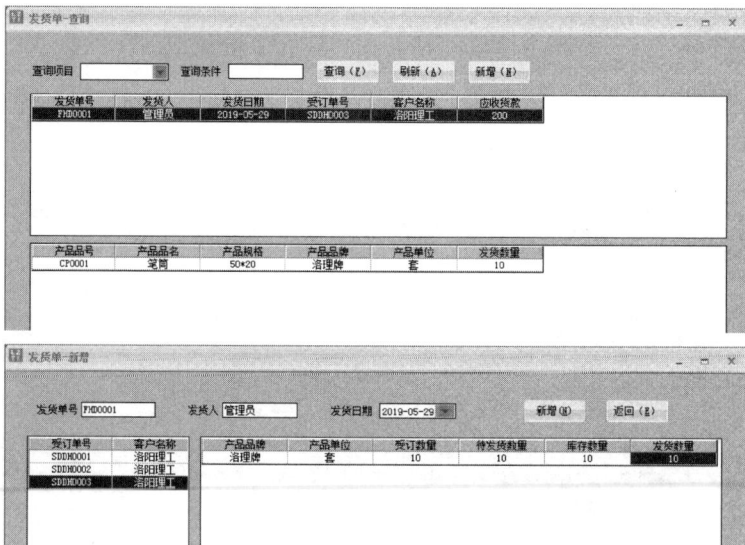

图 2-23　发货单

2.2.2.6　财务部

收款单：可在收款单界面对项目的收款进行管理，见图 2-24。

付款单：在付款单界面对采购物料的付款进行管理，见图 2-25。

图 2-24　收款单

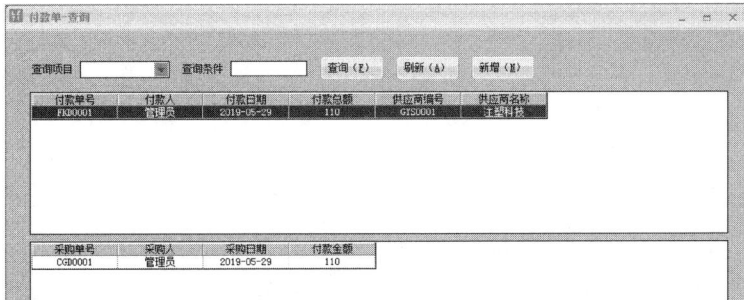

图 2-25　付款单

2.2.3　报表模块

资材部：现存量统计表，对现存物料情况的统计报表，可以对物料库存和成品库存进行统计管理，见图 2-26。

图 2-26　现存量统计表

2.2.4 MES 模块

制造部：设备单，对产品生产所需设备管理，见图 2-27；工艺单，对产品的加工工艺和流程进行管理，见图 2-28；生产看板，实时了解各个项目的生产进度和已生产数量，见图 2-29；装料单，对原料仓的库存进行检测和识别，见图 2-30。

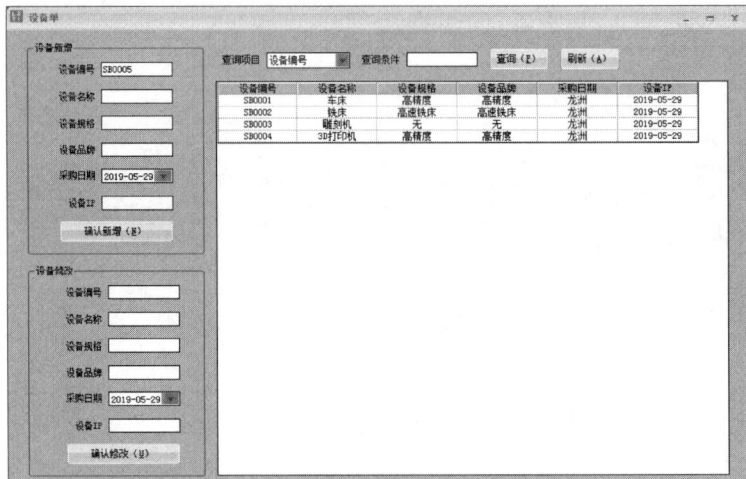

图 2-27　设备单

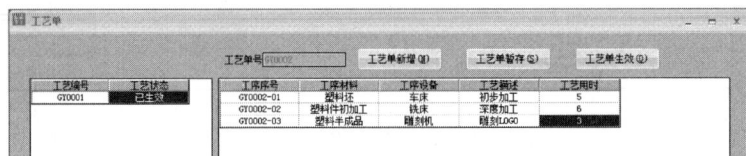

图 2-28　工艺单

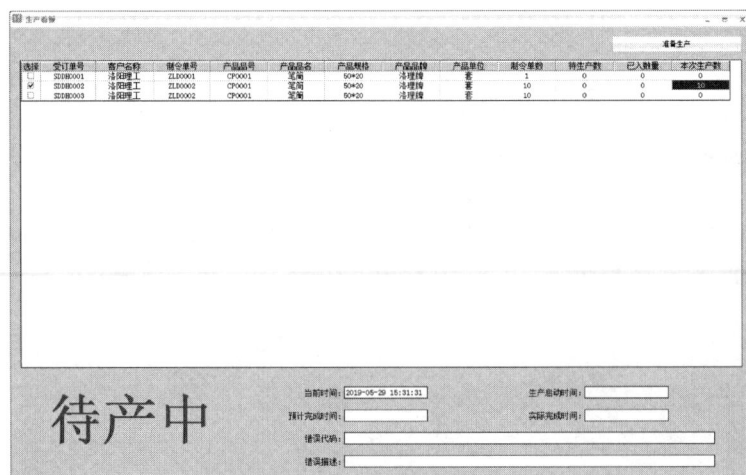

图 2-29　生产看板

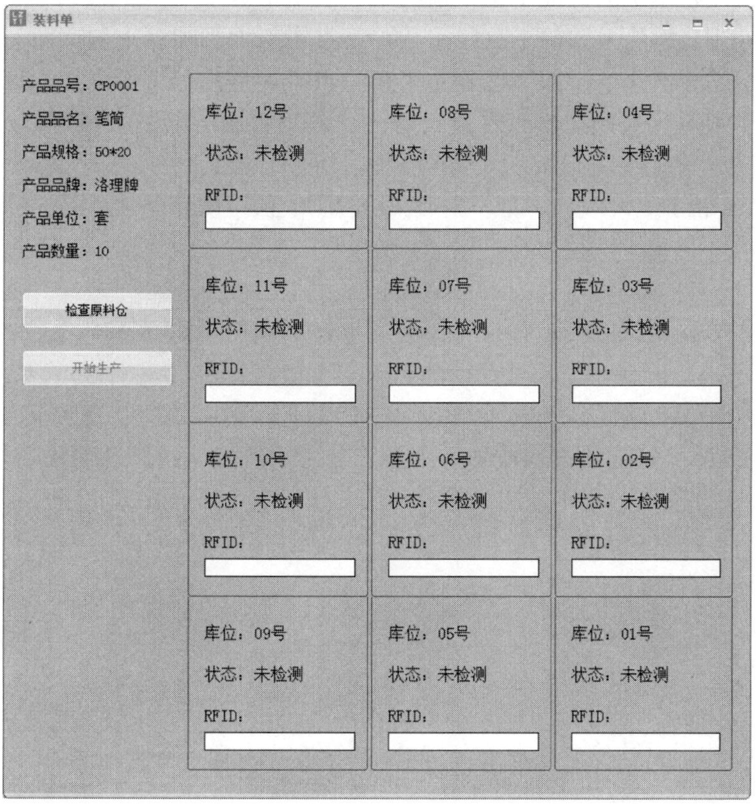

图 2-30　装料单

2.3　操作步骤

第一步：登录。打开图 2-1 所示的登录单。

第二步：创建基础信息。

① 在 CRM 模块销售部下选择客户单，然后创建客户信息（打开图 2-7 所示的客户单）。

② 在 CRM 模块销售部下选择联系人单，然后创建客户联系人信息（打开图 2-8 所示的联系人单）。

③ 在 ERP 模块资材部下选择物料单，然后新增物料（打开图 2-15 所示的物料单）。

④ 在 ERP 模块研发部下选择产品单，然后新增产品（打开图 2-13 所示的产品单）。

⑤ 在 ERP 模块采购部下选择供应商单，然后创建供应商信息，打开图 2-18 所示的供应商单。

第三步：在 ERP 模块研发部下选择 BOM 单（图 2-14），创建 BOM 信息，首先点击编辑工艺单，然后再点击工艺单新增编辑工艺信息，再点击工艺单生效，然后填写加工程序号为 2，然后关闭窗口回到 BOM 单窗口，在左侧选择产品，在右侧下方选择工艺单，然后点击生效，关闭窗口。

第四步：在 CRM 模块售前部下选择新增销售受订单（图 2-6）。

第五步：在 ERP 模块资材部下选择请购单，新增请购单（图 2-16）。

第六步：在 ERP 模块采购部下选择采购单，点击新增添加新采购（图 2-19）。

第七步：在 ERP 模块生产部下选择制令单，点击新增添加需要生产的订单（图 2-20）。

第八步：在 MES 模块制造部下选择现场计划，然后点击准备生产（勾选需要生产的计划，并点击准备生产按钮）。

第九步：点击检查原料仓按钮，然后点击开始生产按钮。生产任务下发到 SCADA 系统。

注意：

① 如果同时点击多个工艺订单的准备生产按键，系统默认按照从上往下的顺序开始下发订单。

② 如果某个订单中只有车床或加工中心一个工艺，则系统直接下发该工艺，如果某个订单中包含两个或两个以上的车床或加工中心工艺，系统默认按照从左往右的顺序开始下发工艺。

③ 准备生产功能只对未加工状态的工艺有效，已加工完成的工艺无法下发。

本章小结

本章主要讲解了 MES 的功能和操作过程。MES 的主要内容如下。

资源分配与状态：该功能跟踪资源状态并维护详细的历史记录。它保证设备能够适时地安装调整以及其他资源（如文档）能够及时获取。对上述资源的管理包括对操作/详细调度功能的支持。

操作/详细调度：提供基于优先级、属性、特性以及制造方法与工艺等的作业排序功能，负责生成工序计划（即详细计划）以满足用户定义的运行目标。

分派生产单位：根据生产计划和详细排程，指导作业、订单、批次、工作指令等形式的生产单位的工作流程。以适当的顺序分派信息，使其在正确的时间到达正确的地点。它具有变更预定排程/生产计划以及通过缓冲管理来控制在制品数量的能力。

文档管理：控制、管理与交付与生产单位关联的信息包，包括工作指令、制造方法、图纸、标准操作规程、零件加工程序、批次记录、工程更改通知以及交班信息等。它支持编辑预定信息和维护文档历史版本。

数据采集/获取：获取和更新用于产品跟踪、维护生产历史记录以及其他生产管理功能的生产信息。它可使用扫描仪、输入终端、与制造控制者的软件界面以及其他软件等相结合的方式来完成上述功能。它以手工或自动方式在车间采集最新的数据。

人力管理：提供最新的人员状态信息，包括时间和出勤记录、资质跟踪以及追踪间接活动的能力。它与资源分配进行交互以确定最优的人员分派。

质量管理：及时提供产品和制造工序测量尺寸分析以保证产品质量控制，并辨别需要引起注意的问题。它可推荐一些纠正问题的措施，也可以实现 SPC/SQC（统计过程控制/统计质量控制）跟踪、离线检测操作以及在实验室信息管理系统（LIMS）中分析。

过程管理：监视生产过程，自动纠偏或为操作者提供决策支持以纠正和改善在制活动。它可包括报警管理。通过数据采集与智能设备接口，实现实时信息获取。它具备自动纠偏功能，并为操作者提供决策支持，以纠正和改善在制活动。此外，还包括报警管理功能，可确保生产流程顺畅，提升整体生产效率。

维护管理：跟踪和指导设备及工具的维护活动以保证这些资源在制造进程中的可获性，保证周期性或预防性维护调度，以及对应急问题的反应（报警），并维护事件或问题的历史信息以支持故障诊断。

产品跟踪和谱系：提供所有时期工作及其处置的可视性。其状态信息可包括：谁在进行该工作；供应者提供的零件、物料、批量、序列号；任何警告、返工或与产品相关的其他例外信息。其在线跟踪功能也创建一个历史记录，该记录呈现零件和每个末端产品使用的可跟踪性。

性能分析：提供实际制造操作活动的最新报告，以及与历史记录和预期经营结果的比较。运行性能结果包括对诸如资源利用率、资源可获取性、产品单位周期、与排程表的一致性、与标准的一致性等指标的度量。

物料管理：管理物料（原料、零件、工具）及可消耗品的使用、缓冲与储存。这些运动可直接支持过程操作或其他功能，如设备维护或安装调整。

通过本章的学习，可使读者对 MES 的功能、操作有更进一步的认识，为后期在工厂中的应用奠定基础。

习题

一、填空题

1. AMR（美国先进制造研究机构）将 MES 定义为位于上层计划管理系统与底层工业控制系统之间的面向车间的（　　　　　　　　）。

2. 制造业主要分为（　　　　）和（　　　　）两大类。

3. （　　　　　　）是 MES 的终极目标，及时提供质量合格的产品是对生产环节的最终要求，质量管理应贯穿生产环节的始终。

4. BOM 单在生产制造过程发挥着关键的纽带作用，BOM 单的使用贯穿了企业的多个部分，如（　　）、（　　）、（　　）、（　　）等部门。

5. （　　）和（　　）是保障生产线能够正常运作的必要条件。

二、简答题

1. 生产计划可以理解为从上游系统传输或者手动输入的生产计划信息。生产计划包括哪些信息？

2. MES 系统的主要功能是什么？

扫码查答案

第 3 章

SCADA 系统应用

3.1 SCADA 概述

SCADA 系统（supervisory control and data acquisition system）即数据采集与监视控制系统，一般来说 SCADA 指以计算机为基础的生产过程控制和监视自动化系统，综合了计算机技术、自动控制技术以及通信与网络等技术，实现对分散的过程和设备的数据采集、自动控制以及对生产过程的全面实时监控。SCADA 系统最早应用于电力行业，经过几十年发展，在水处理、化工、制药领域都有着广泛的应用。

SCADA 系统主要功能是数据采集和监视控制，具体来说，SCADA 系统可以与现场运行的各种设备进行通信，实现对现场设备的数据采集、控制、测量、参数调节以及各类信号报警等功能，从而为车间安全生产、调度、管理、优化和故障诊断提供必要和完整的数据及手段。

SCADA 系统具体功能如下。

① 数据采集和监视功能：把各个设备的运行参数，比如电机转速、压力、流量、温度等采集过来在显示屏上实时显示，对各参数进行实时监测。每个参数可设置上下限，当被监测参数超过设置的上下限时，系统会进行声光报警提示操作员进行处理。

② 远程控制功能：控制功能指 SCADA 系统可以远程控制各设备，比如操作某个阀门开关、启动关闭电机，可避免人员到现场进行操作，提高操作效率，节省时间，减少人员的参与。

③ 故障报警功能：设备出现故障时，可以实时显示当前故障报警，并提供故障报警信息和解决方法，可对故障报警记录进行存储，可根据日期或其他条件查询历史报警记录。

④ 数据记录和分析功能：SCADA 系统中的数据不仅能够实时监测还可以进行存储，这些数据将会被实时记录并保存在本地硬盘中，可根据日期或其他条件查询历史数据记录，满足 GMP（良好生产规范）中数据完整性的要求，数据分析功能可对某个参数自动生成趋势图或报表，也可以进行数据的处理，比如求平均值等。

⑤ 与其他系统连接功能：SCADA 系统可与更高级别的系统连接，比如与 DCS 系统（分布式控制系统）、MES 系统进行连接，实现更高级的控制系统。自动化系统的发展越来越集中，SCADA 系统起到一个中转作用，向上连接 MES 系统，向下连接 PLC 系统，SCADA 系统是实现 MES 系统的重要前提。如图 3-1 所示。

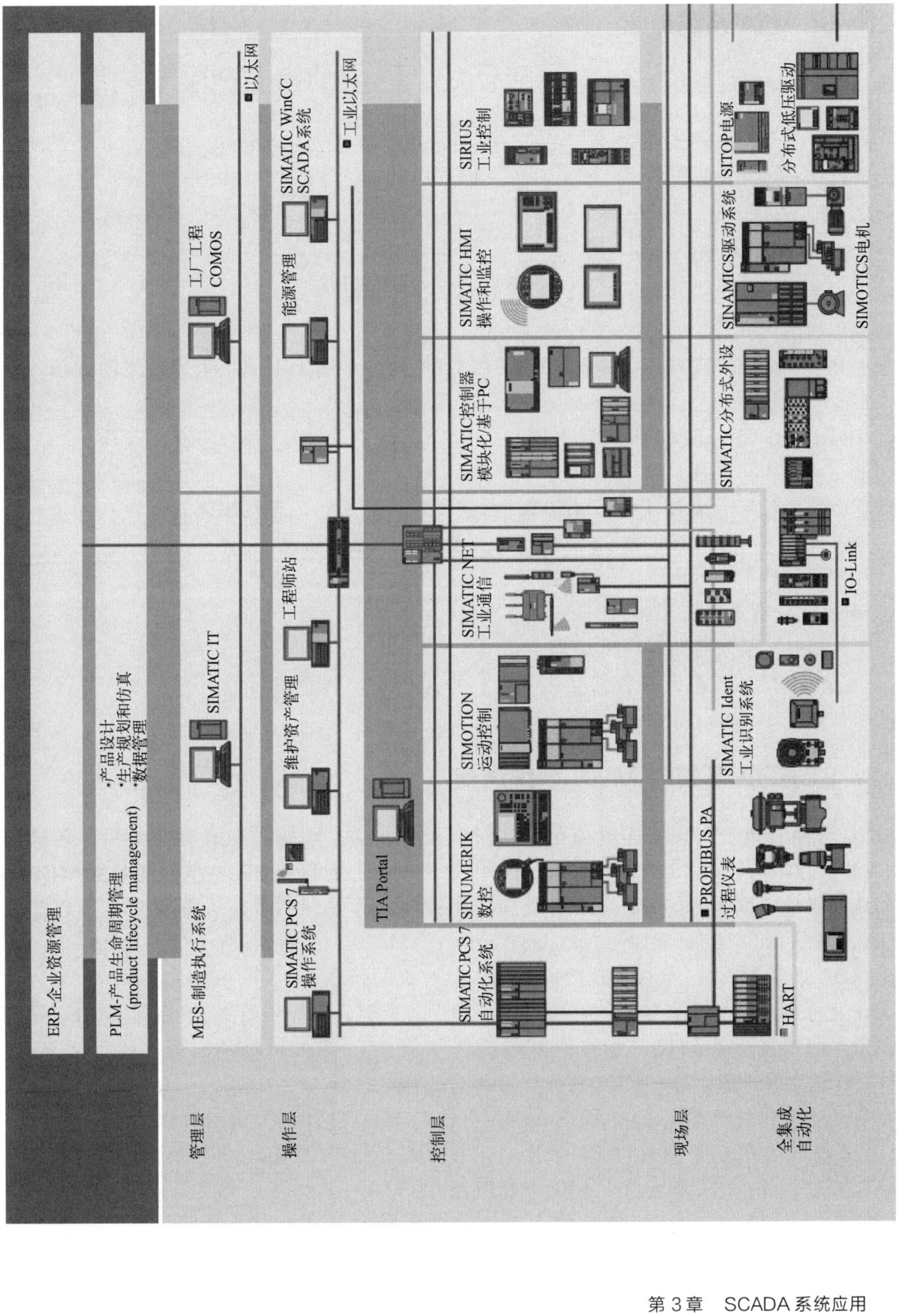

图 3-1　SCADA 系统功能图

3.2 SCADA 系统的运行

3.2.1 SCADA 系统通信

SCADA 系统通过与各设备通信来实现 SCADA 系统的各种功能，见图 3-2。

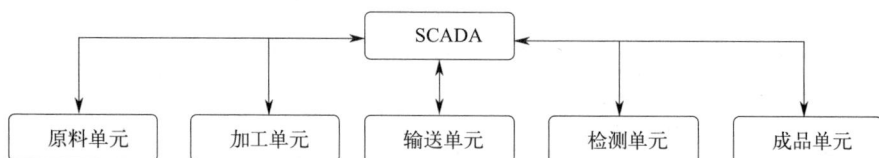

```
                        ┌──────────┐
          ┌──────────→  │  SCADA   │  ←──────────┐
          │      ┌────→ └──────────┘ ←────┐      │
          │      │         ↑              │      │
    ┌─────┴──┐ ┌─┴────┐ ┌──┴───┐ ┌──────┐ ┌──────┐
    │原料单元│ │加工单元│ │输送单元│ │检测单元│ │成品单元│
    └────────┘ └──────┘ └──────┘ └──────┘ └──────┘
```

图 3-2　SCADA 系统通信功能图

常用的通信方式有：

① OPC：OLE for Process Control，使用 OPC 软件，用于不同厂家设备之间通信，较繁琐。

② Industrial Ethernet（工业以太网）：MODBUS TCP/IP、PROFINet、Ethernet/IP，是目前的主流技术，应用广泛。

③ SIMATIC S7：专用于 SIEMENS（西门子）产品之间，方便快捷。

④ MODBUS：使用 RS-485/232 接口，一般用于小型设备。

常见网络结构有：

① 单机，只有一台机器运行。

② CS 结构，服务器和客户机模式。

③ 冗余 CS 结构，两台服务器互为冗余，一用一备，客户机可设置若干台，提高安全性。一般使用 CS 结构，重要的使用冗余 CS 结构。

3.2.2 SCADA 系统与 MES 系统通信

SCADA 系统负责与设备实时通信，实时记录与报警，关键信息在处理之后，传递给 MES 系统进行归档与业务逻辑处理，我们可以定义 SCADA 系统的某些事件能触发 MES 系统中的流程事务，同时 MES 系统中的流程控制逻辑、作业参数、配方等信息也可以交由 SCADA 系统执行。

SCADA 系统与 MES 系统通信内容不同，能解决的问题也不同。SCADA 系统主要以设备为主，通过对资料的采集与监控，来产生各种设备资料，并提供给 MES 系统。MES 系统重视正发生的现场生产情况，能够即时解决当下的生产资源的瓶颈问题。就目标来看，SCADA 系统着重的是设备，MES 系统着重的则是管理。

在自动化平台的资料流通信中，SCADA 系统属于资料提供者，而 MES 系统是接收者，SCADA 系统将从 PLC 采集到的资料数据，往上传送给 MES 系统，MES 系统再将其与其他资料一起汇总，分析出资料意义，提供给管理者。

3.3 SCADA 系统的操作

总控平台上电后，两台电脑开机，如图 3-3 所示。左侧电脑是设备上位机（WinCC），电脑上呈现的智能制造系统，如图 1-18 所示，右侧是 MES 系统。如果左侧电脑组态画面不能自动启动，就双击桌面 WinCC 图标，打开组态画面。

图 3-3　SCADA 系统的操作界面

在 SCADA 系统的初始画面中包括了五个单元部分，分别是原料库单元、输送单元、加工单元、检测单元、成品库单元。五个单元的信息状态通过 PROFNET 传输给系统，在 SCADA 系统画面的右上部分是对整个系统初始化的控制按键，分别是一键单动、一键停止、一键联动、一键复位、一键启动、加工机器人暂停、装检机器人暂停。在 SCADA 系统的第二页显示各个控制单元的状态，以及显示正在加工内容的生产列表。

3.4 SCADA 系统数字化仿真

在本书的 SCADA 系统的组态画面中，为了方便说明 SCADA 系统画面的功能和使用，我们采用 WinCC 软件、TIA Portal 软件和 S7-PLCSIM Advanced V2.0 来进行说明，这个组态画面和实际运行的画面以及参数功能是一样的，可以更加深刻地了解 SCADA 系统的功能构成和操作。在单机运行中，打开方式如下。

① 双击打开电脑桌面图标 ，打开 WinCC 项目管理器，如图 3-4。
WinCCExpl
orer.exe

② 选择"工业 4 仿真 . MCP"文件，打开后我们可以看到 WinCC 项目里可以设置的参数。

③ 要激活项目，可以点击 WinCC 项目管理器激活图标，或从 SIMATIC WinCC RT 中选择项目后打开，如图 3-5。

工业4.0仿真教学系统

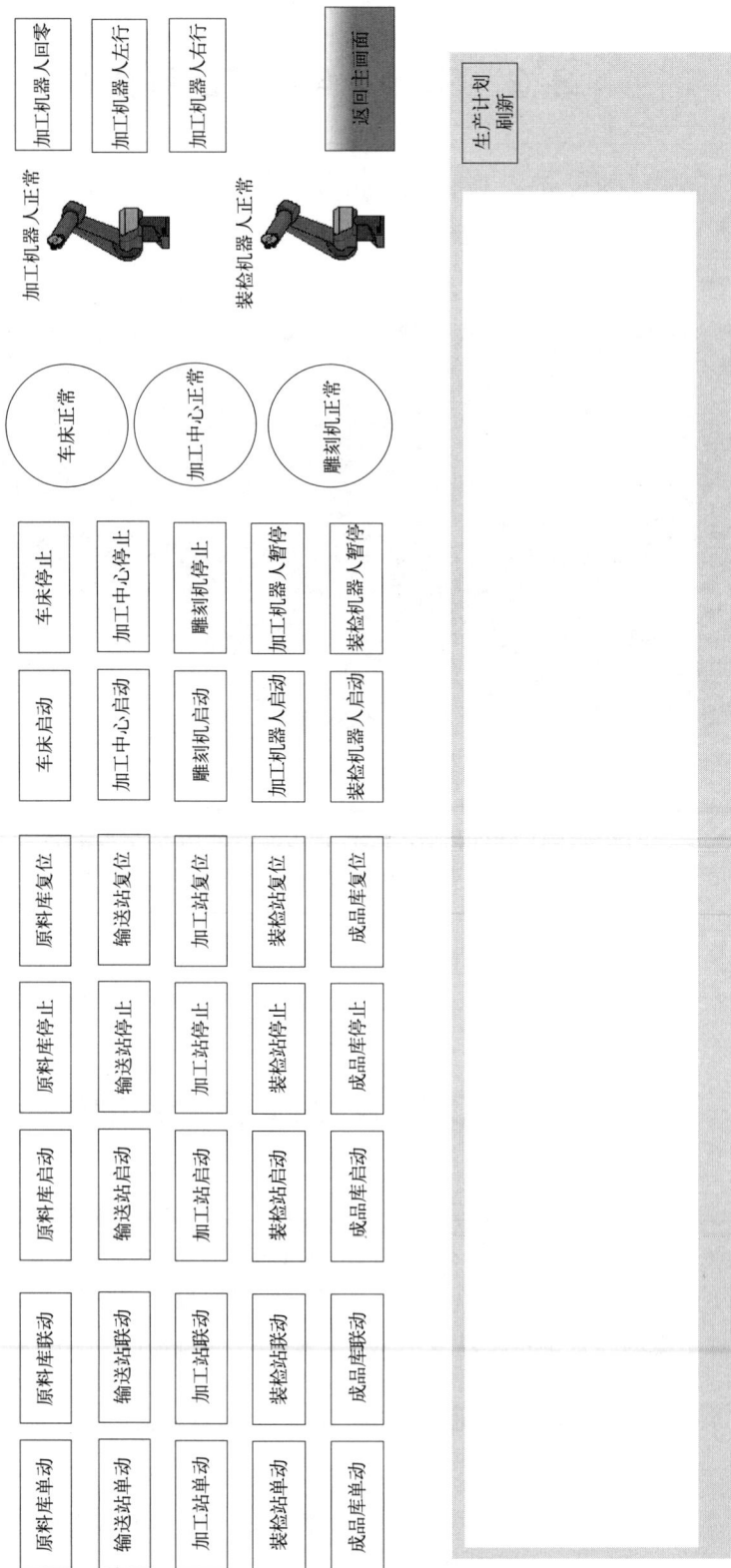

加工机器人回零　加工机器人左行　加工机器人右行　返回主画面

加工机器人正常　装检机器人正常

车床正常　加工中心正常　雕刻机正常

车床停止　加工中心停止　雕刻机停止　加工机器人暂停　装检机器人暂停

车床启动　加工中心启动　雕刻机启动　加工机器人启动　装检机器人启动

原料库复位　输送站复位　加工站复位　装检站复位　成品库复位

原料库停止　输送站停止　加工站停止　装检站停止　成品库停止

原料库启动　输送站启动　加工站启动　装检站启动　成品库启动

原料库联动　输送站联动　加工站联动　装检站联动　成品库联动

原料库单动　输送站单动　加工站单动　装检站单动　成品库单动

生产计划刷新

图 3-4　工业 4.0 仿真教学系统

④ 单机运行还需要打开 TIA Portal 软件和 S7-PLCSIM Advanced V2.0 载入程序，以及仿真 S7-1500 PLC。

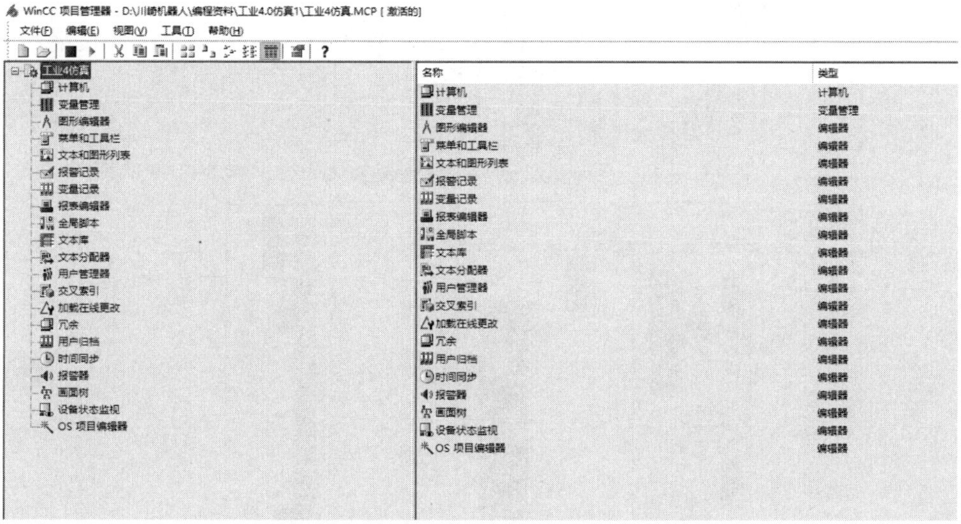

图 3-5　WinCC 7.4 软件

WinCC 单独运行画面：当 SCADA 系统画面组态好后，可以通过连接 S7-PLCSIM Advanced V2.0 来查看 SCADA 系统的配置是否正确，如图 3-6，通过对企业生产过程的组态，可以更加清楚地了解生产流程的状况和工艺重点。

SCADA 系统是一种通用的工业监控软件，它将过程控制设计、现场操作以及工厂资源管理集于一体，将一个企业内部的各种生产系统和应用以及信息交流汇集在一起，实现最优化管理。

WinCC 项目管理器变量管理：在打开 TIA Portal 软件后，打开 S7-PLCSIM Advanced V2.0 软件，把 material_storage PLC 打开运行，把 TIA Portal V15 与 S7-PLCSIM Advanced V2.0 进行连接，导入原料库程序，如以前已导入过程序，那么 S7-PLCSIM Advanced V2.0 会保存上次的程序内容，包括强制变量等。在 WinCC 变量管理中我们会发现，WinCC 已与 material_storage（原料库单元）连接正常，如图 3-7。

TIA Portal 软件已连接 S7-PLCSIM Advanced V2.0。在 TIA Portal 中的画面可以看到各个变量的状态，通过 S7-PLCSIM Advanced V2.0，如图 3-8，可以对一些 I/O 变量进行仿真，模拟实际的物料情况，从而在 SCADA 系统画面了解设备的状态信息。对 I/O 的数字量的模拟，一方面可以更好地掌握 WinCC 系统的原理和构成，另一方面可使仿真更加接近实际，可以解决实际中可能产生的问题，在设计阶段加以避免。

此时 TIA Portal 软件的程序已下载到 S7-PLCSIM Advanced V2.0 中，WinCC 软件通过 IP 地址和仿真 PLC 进行连接，连接后对原料库进行操作。如图 3-9 所示。

在操作原料库前，要对设备进行停止、复位、归零等操作。这些操作在连接实际设备时，在控制柜的面板上操作，本章主要讲解 SCADA 系统的操作，在最后一章讲解设备的全流程操作。

由于要使用 TIA Portal 软件进行仿真 PLC，所以对实际的物理操作要在软件上完成仿真。

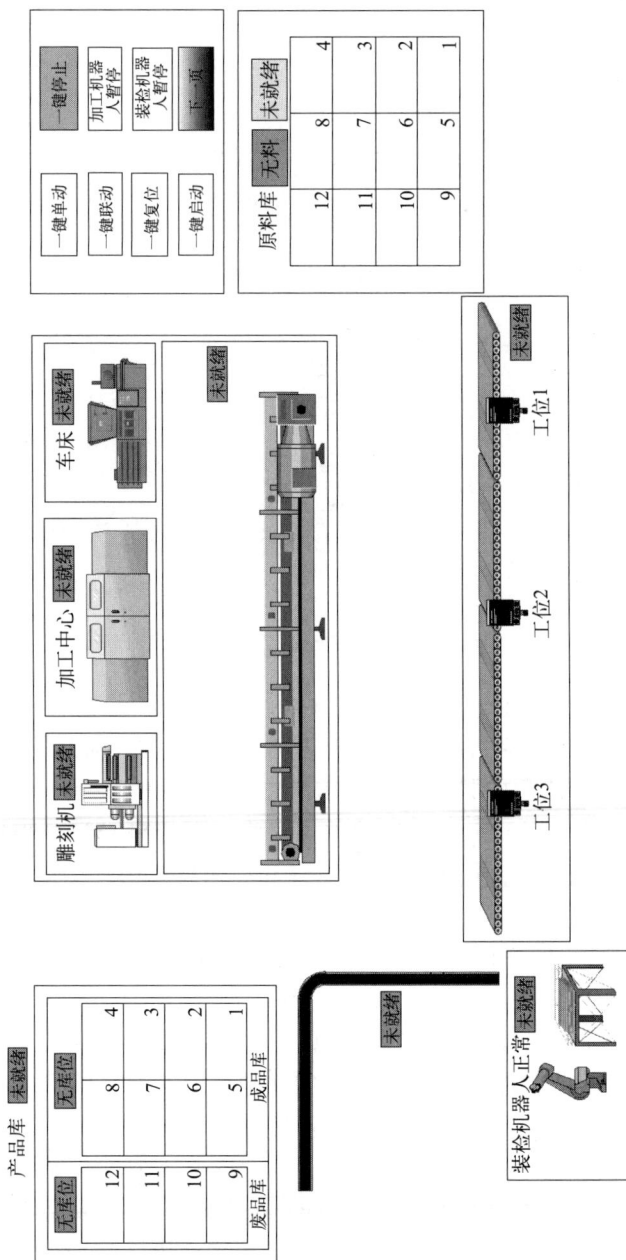

图 3-6　智能制造系统进行仿真前的组态图

① 对原料库进行复位，我们首先强制复位变量 I0.1，然后取消强制（相当于在控制柜按下复位按钮）。

② 将"垛机 X 轴原点"强制为零，"垛机 Y 轴原点"强制为零（相当于在控制柜 X 轴归零，Y 轴归零）。

③ 堆垛机气缸伸出为零（即检测气缸没有伸出）。

④ 需要强制的 I/O 变量如图 3-10。

⑤ 同理也可以对其他的控制模块进行数字化仿真，通过 S7-PLCSIM Advanced V2.0 软件模拟 PLC 的运行，从而达到数字仿真的目的，见图 3-11～图 3-14。

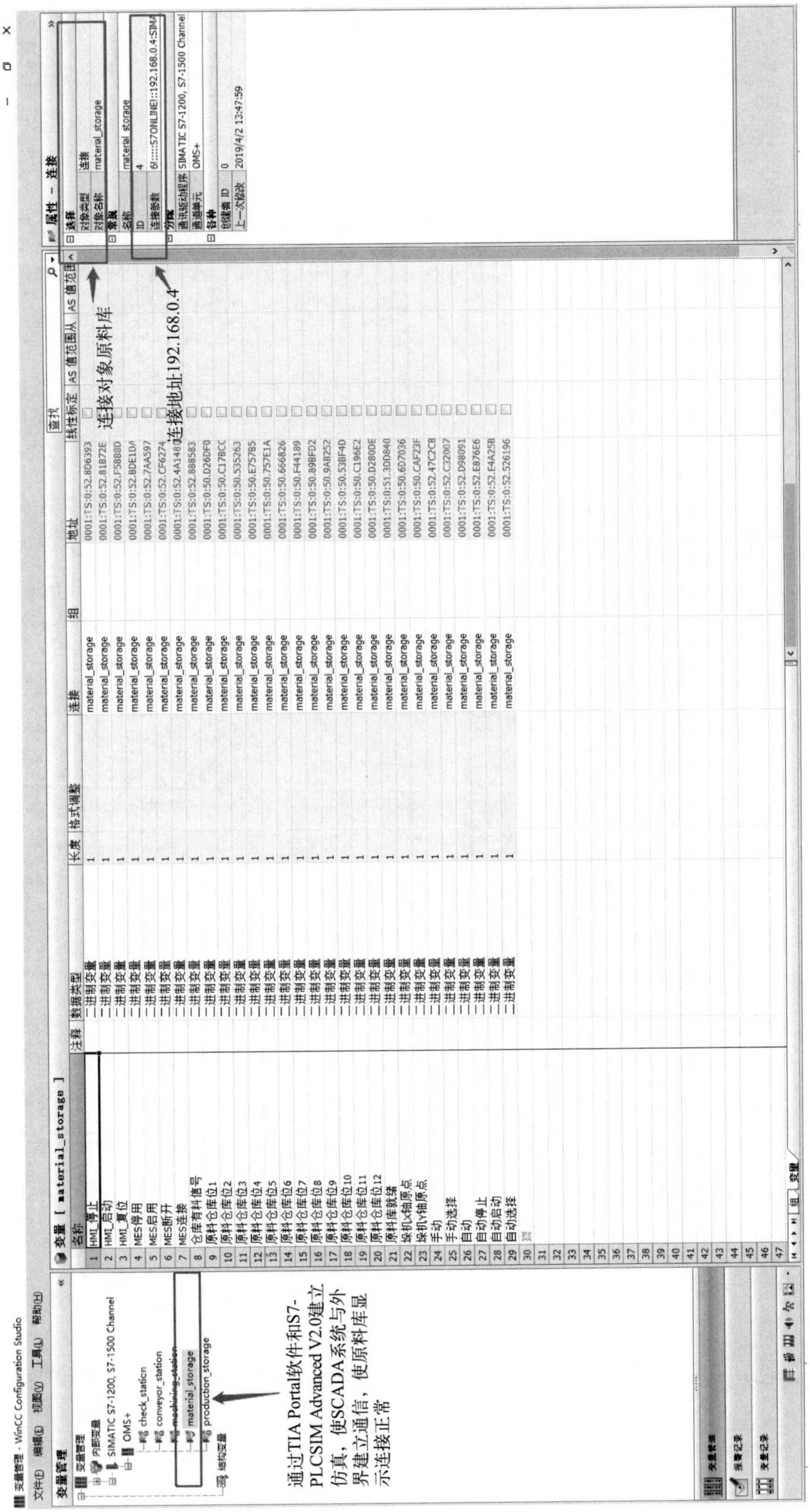

图 3-7　WinCC 单独运行画面

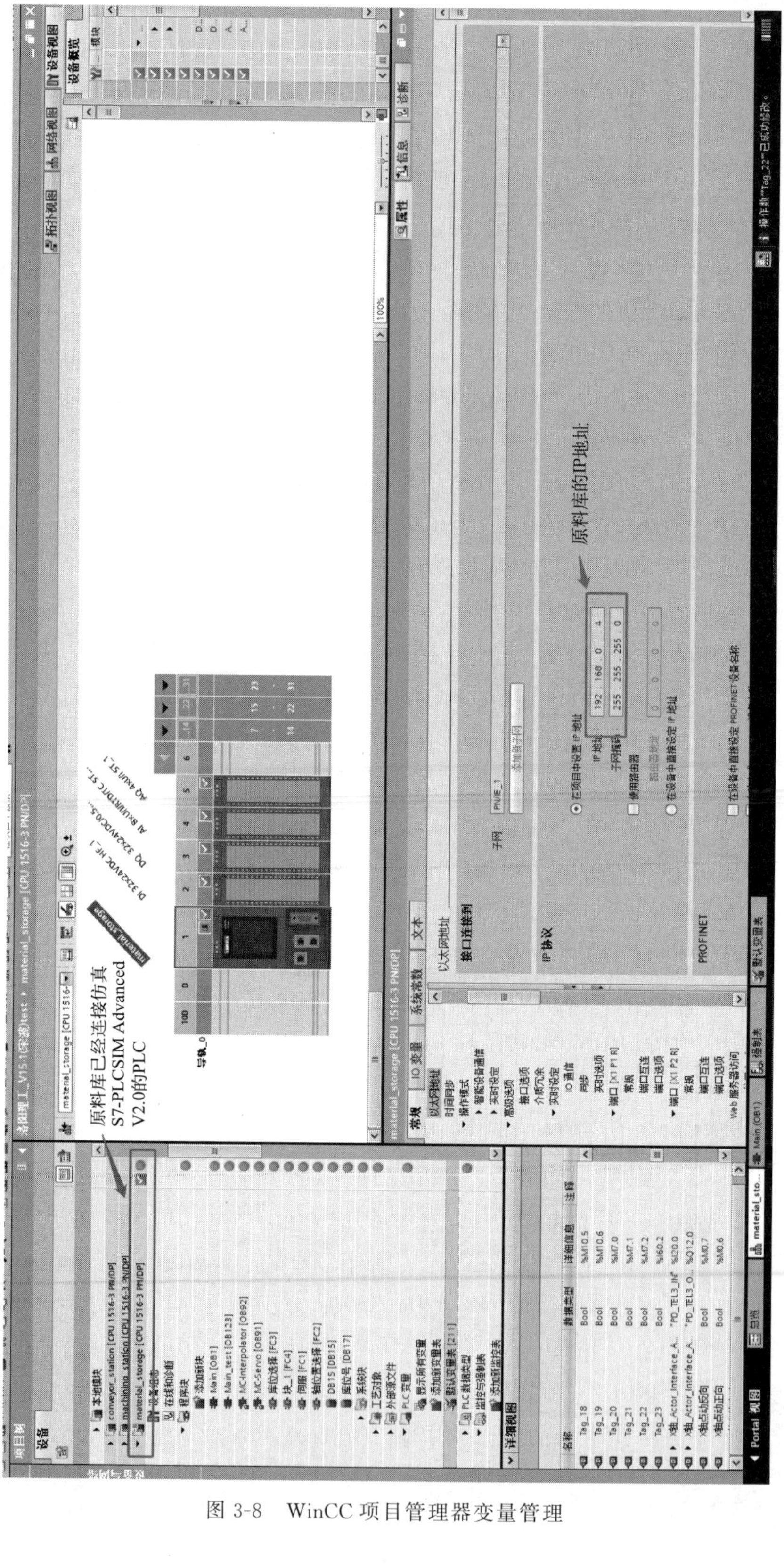

图 3-8　WinCC 项目管理器变量管理

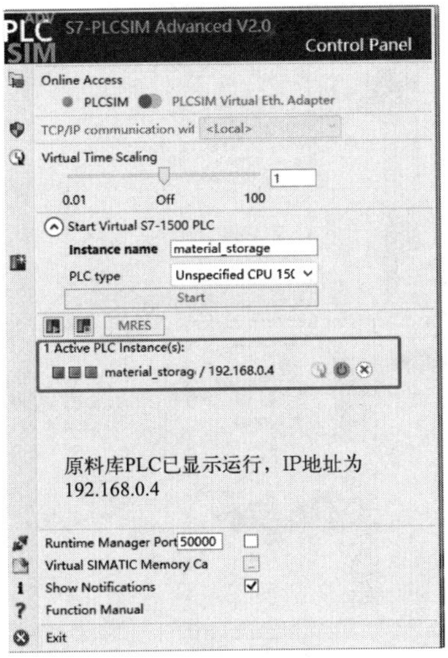

图 3-9　TIA Portal 软件连接
S7-PLCSIM Advanced V2.0

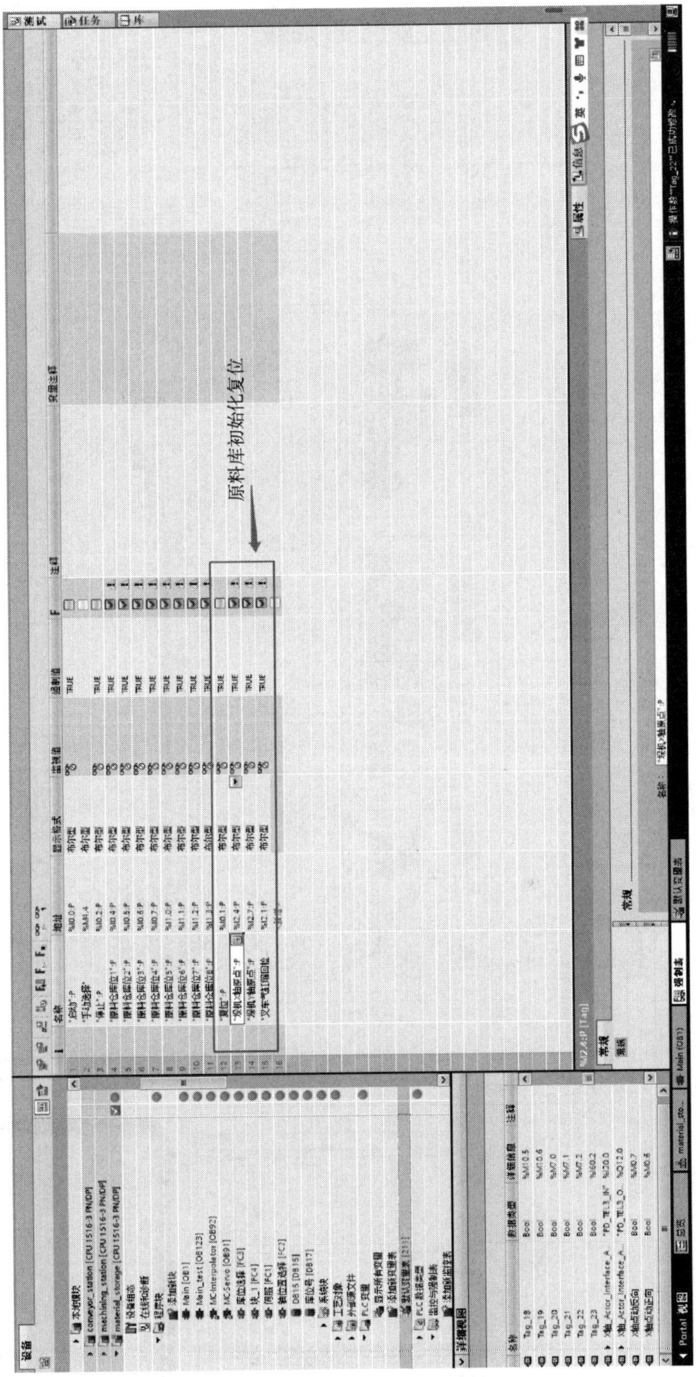

图 3-10　强制 I/O 变量

一键停止　加工机器人暂停　装检机器人暂停　下一项

一键单动　一键联动　一键复位　一键启动

原料库　就绪　有料

4　3　2　1

8　7　6　5

12　11　10　9

车床　未就绪

加工中心　未就绪

雕刻机　未就绪

未就绪

原料库初始化复位后，可以单机操作

工位1　工位2　工位3

未就绪

装检机器人正常　未就绪

产品库　未就绪

无库位　成品库

4　3　2　1

8　7　6　5

12　11　10　9

无库位　废品库

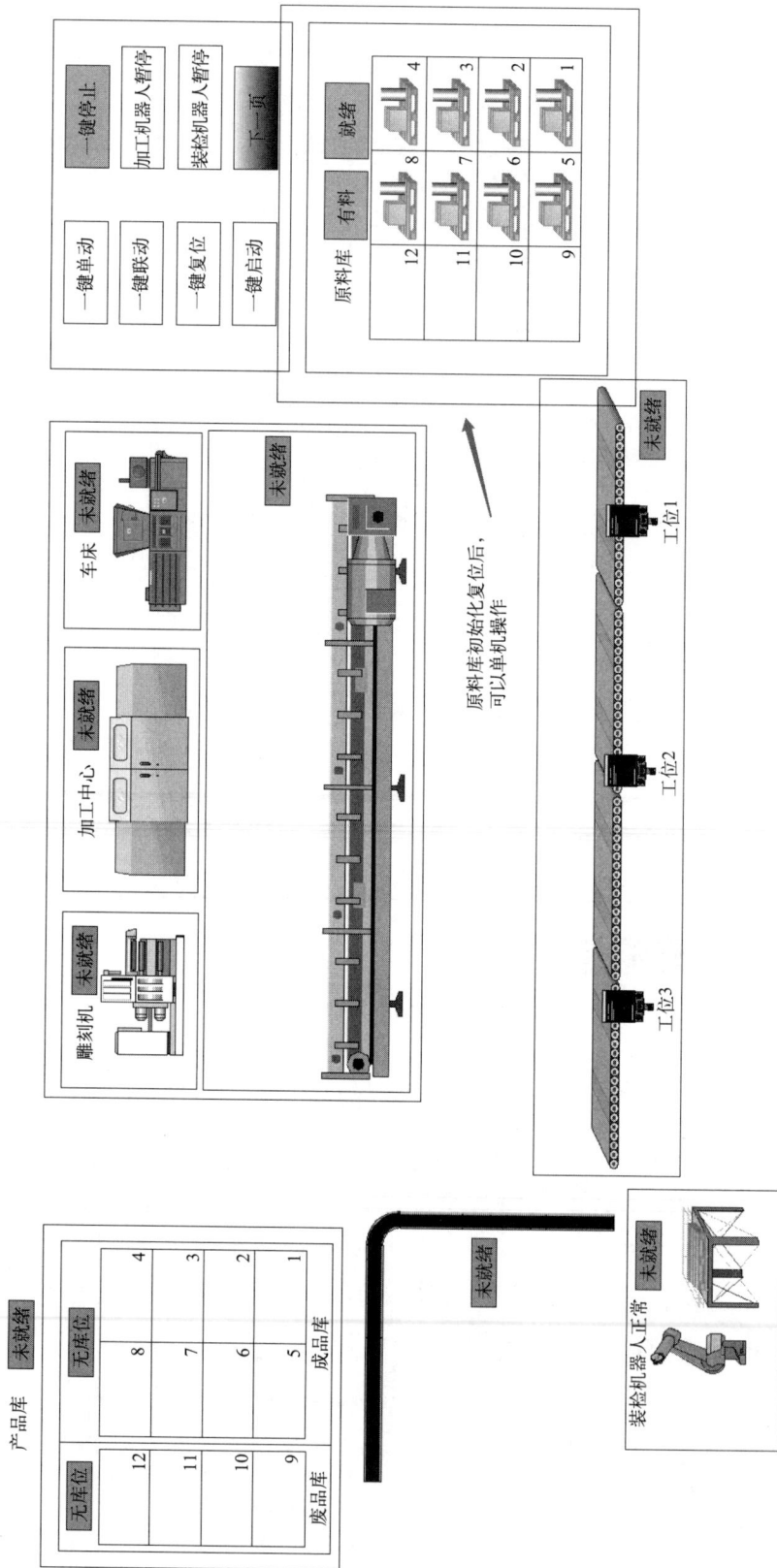

图 3-11　原料库初始化完成

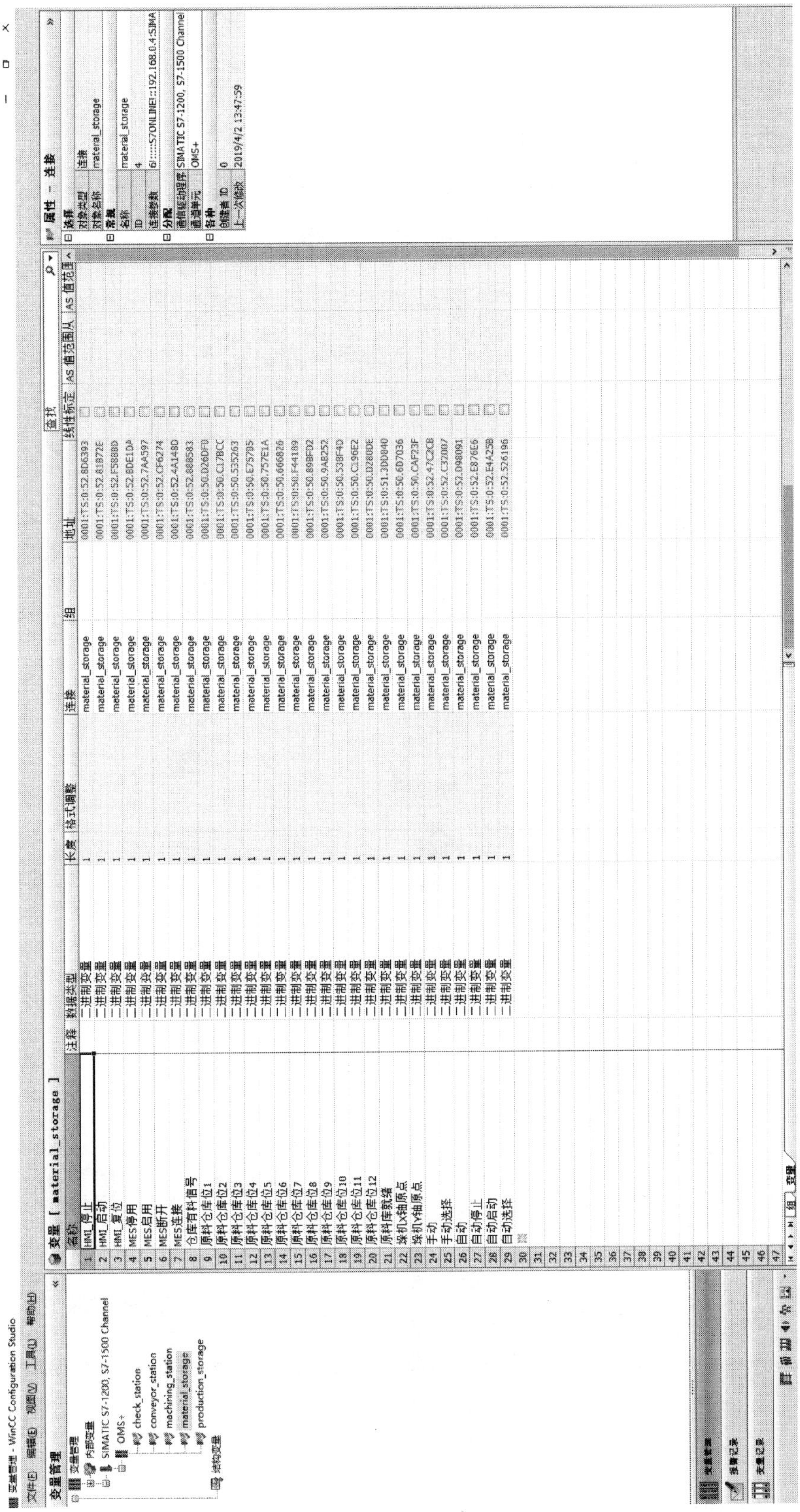

图 3-12 WinCC 中变量管理

在 SCADA 系统操作界面，可以对各个单元单独操作，也可以对五个单元操作。

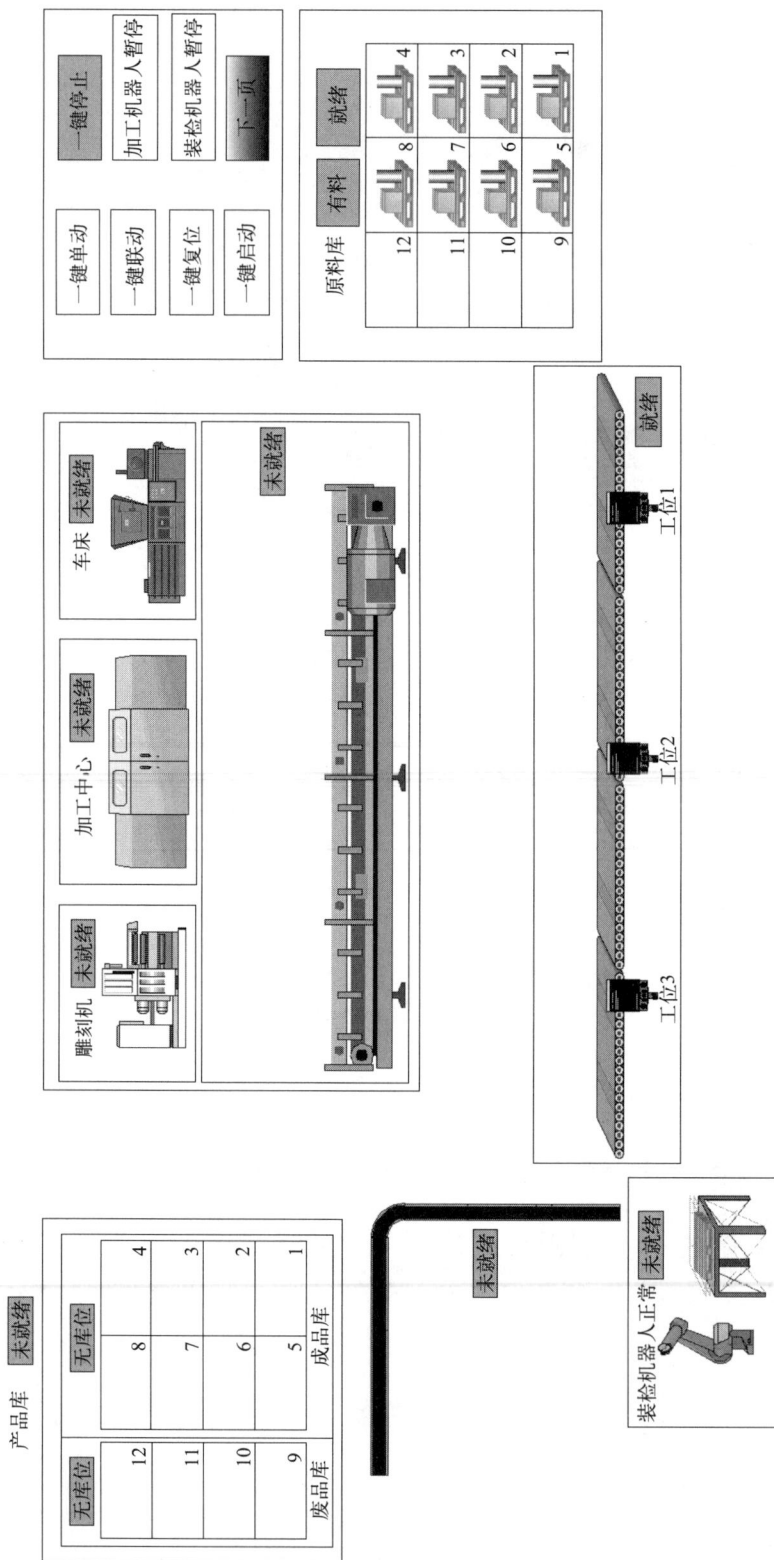

图 3-13 原料库、运输线已就绪

一键停止　加工机器人暂停　装检机器人暂停　下一项

一键单动　一键联动　一键复位　一键启动

原料库　有料　就绪

12　11　10　9　8　7　6　5　4　3　2　1

车床　就绪　加工中心　就绪　雕刻机　就绪

加工机器人正常　就绪

工位1　工位2　工位3　就绪

产品库　未就绪

无库位　无库位　成品库　废品库

4　3　2　1　8　7　6　5　12　11　10　9

未就绪

装检机器人正常　未就绪

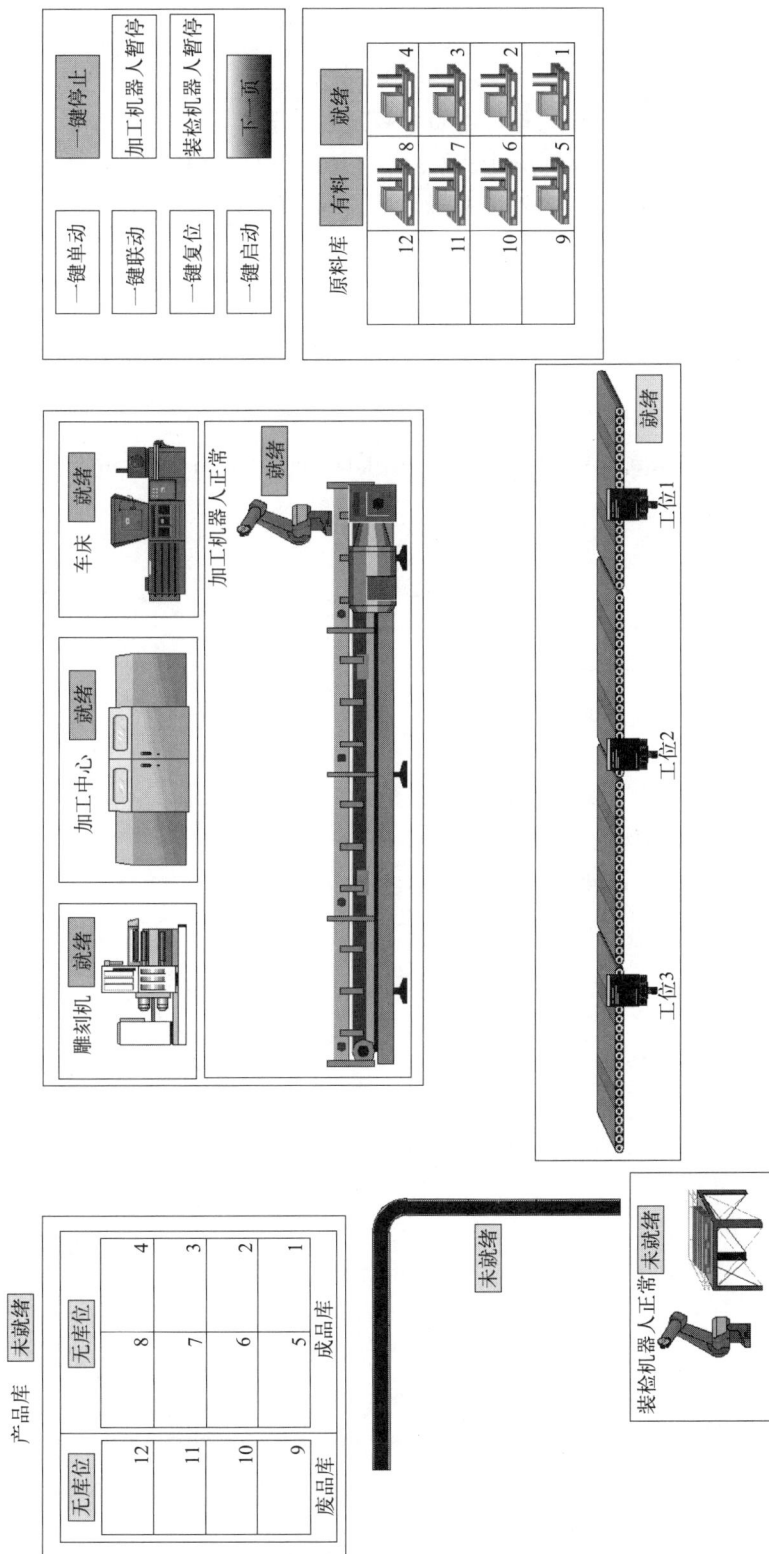

图 3-14　原料库、运输线、加工单元已就绪

本章小结

本章主要讲解了 SCADA 系统的功能和操作过程，主要内容有 SCADA 系统在工厂智能化生产中的位置以及 SCADA 系统所处的层级，介绍了 SCADA 系统对数据的收集和监视作用，通过对智能生产线 SCADA 系统画面的介绍，详细讲解了组态画面中各个参数变量的关系以及变量的状态监视和变量管理。

习题

一、填空题

1. SCADA 系统是 supervisory control and data acquisition system 的缩写，中文意思是
（   ）。

2. SCADA 系统常用的通信方式有（   ）。

3. SCADA 系统在工厂智能化系统中，位于（   ）与（   ）之间，从层级关系上 SCADA 系统低于 MES 系统。

4. SCADA 系统数据监视包括（   ）。

5. SCADA 系统的人机界面包括（   ）。

二、简答题

1. SCADA 系统是什么（主要针对设备）？

2. SCADA 系统的功能是什么？

3. SCADA 系统仿真过程中，首先打开哪些软件？

扫码查答案

第4章
工业机器人应用

4.1 工业机器人概述

工业机器人是集机械、电子、控制、计算机等多学科先进技术于一体的机电一体化设备，被称为工业自动化的三大支柱技术之一。随着工业机器人技术的发展，工业机器人的应用越来越广，如智能制造技术综合实验平台使用了 3RS010N 搬运机器人替代人工完成数控机床零件加工的自动上下料。

3RS010N 搬运机器人由 3RS010N-AC01 机器人本体、30E01G-AC02 控制系统、示教器、气动手爪组成，如图 4-1 所示。

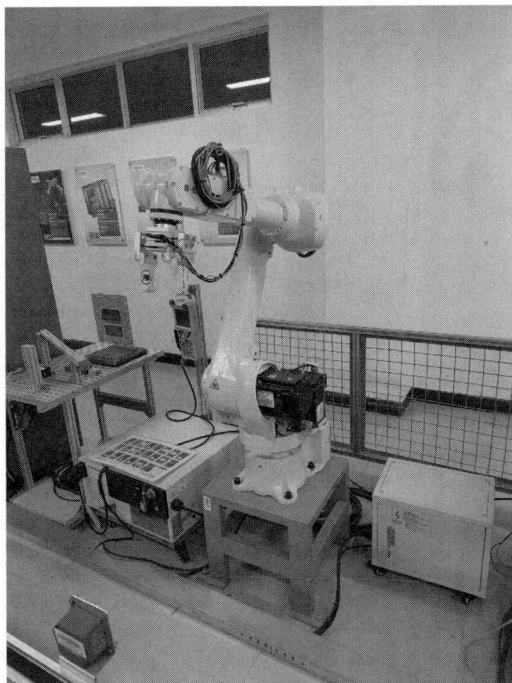

图 4-1 3RS010N 搬运机器人

安全特性：川崎机器人具有下列特性，用来在操作中保护人员安全。

① 所有的紧急停止线路均采用硬连接。

② 所有的控制器都有两个安全电路。

③ 控制器的安全电路满足 ISO 13849-1 定义的分类 4 的 PLe 的要求。分类等级和性能等级（PL）由全系统和条件决定。

④ 对备有伺服 ON 灯的机器人手臂，伺服 ON 灯点亮时，表示伺服电机给机器人供电。

⑤ 示教器和操作面板都安装有红色蘑菇头形紧急停止按钮。所有的控制器都可以从外部接收紧急停止输入信号。

⑥ 示教器有三位启动开关。在示教和检查模式下，按启动开关，才可以供给电机电源。

⑦ 为了安全，示教或检查模式的 TCP（工具中心点）的最高速度被限制在 250mm/s（10.0in/s）。

⑧ 满足 ISO10218-1 的要求的高速检查模式，其检查速度可以超过 250mm/s(10.0in/s)。

4.1.1　3RS010N-AC01 搬运机器人本体

机器人本体是工业机器人的机械主体，是用来完成各种作业的执行机械。它因作业任务不同而有各种结构形式和尺寸。工业机器人本体的柔性除体现在其控制装置可重复编程方面外，还和机器人本体的机械主体结构形式有很大关系。机器人本体中普遍采用的关节型结构，具有类似人体腰、肩、腕等部位的仿生结构。机器人本体由伺服电机及减速机构组成，各个关节结合处是一个关节坐标系，如图 4-2 所示。

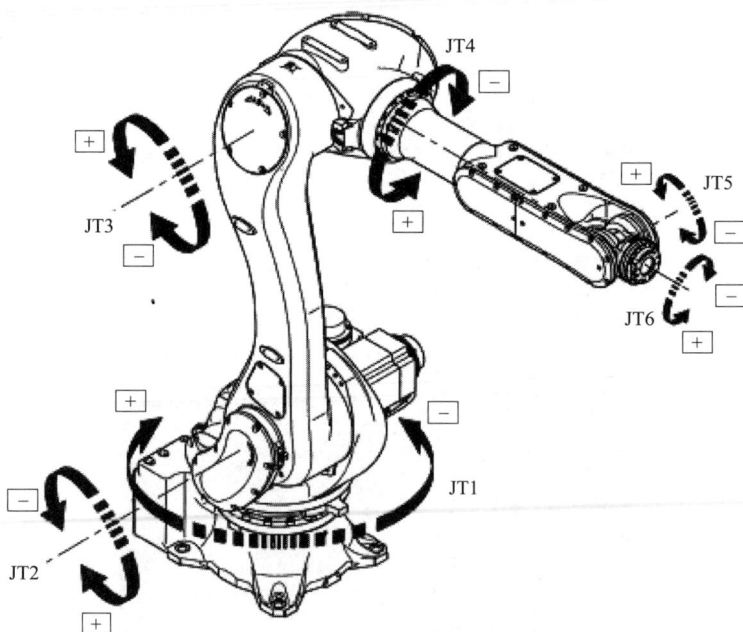

图 4-2　机器人本体各关节名称及方向

4.1.2　川崎机器人 30E01G-AC02 控制器

控制器柜的正面右侧装有主电源开关和门锁，右上角有电源指示灯、报警指示灯、急停开关，报警指示灯下方的挂钩用来悬挂示教器。E01 控制器（如图 4-3）内部包含控制系统主机、机器人电机驱动、抱闸释放装置、I/O 装置等部件，E01 控制器配备单独的变压器单元（图 4-4），未经允许或不具备整改资格的人员严禁对控制柜内的电气元件、线路进行增添或变更等操作。川崎机器人参数如表 4-1 所示。

表 4-1　川崎机器人 E 系列控制器和变压器参数

外部电源连接电源容量和电缆规格				
连接处	手臂机种	电源容量	推荐电缆尺寸(包括接地线)	电缆长度
E01 控制器	R 系列 05-20 BA 系列	最大 5.6kV・A	3.5mm^2 以上(AWG#12 以上)	200m 以下
E02 控制器	R 系列 30-80 Z 系列 MT 系列 B 系列 CX 系列	最大 7.5kV・A	5.5mm^2 以上(AWG#10 以上)	200m 以下
E03 控制器	RD 系列 CP 系列	最大 12kV・A	5.5mm^2 以上(AWG#10 以上)	200m 以下
E04 控制器	MX 系列	最大 12kV・A	5.5mm^2 以上(AWG#10 以上)	200m 以下
变压器单元		最大 12kV・A	5.5mm^2 以上(AWG#10 以上)	200m 以下

外部电源连接电路断路器规格			
连接处	最大电流	最大电压	最大断流容量
E01/E02 控制器	30A	277V AC	10kA(UL489)
E03/E04 控制器	40A	277V AC	10kA(UL489)
变压器单元	25A	480V/277V AC	10kA(UL489)

该控制器提供功能特征概览，计划、操作和维护更简单；采用历经验证的基于计算机的控制技术；采用已有标准实现快速和简捷的操作；扩展的指令集便于更具用户友好性的轨迹编程；安全控制、机器人控制、逻辑控制、运动控制和工艺流程控制集成于控制器。表 4-2 为川崎机器人 E 系列控制器性能。

表 4-2　川崎机器人 E 系列控制器性能

北美	E76/77	E97	E01/02/03
欧洲	E70/71	E91	
亚洲	E73/74	E94	
特点	应用于小型机器人(RS03N/05N/05L/06L/10N)，小巧轻便的外形可以实现高性能及高扩展性	对应中型机器人(Y 系列以及 RS010L/020X)的紧凑型控制柜。可以选择横/竖的设置方向、可以设置在传送带的下方和手臂架台的上方空间	E 系列的标准控制柜是全世界通用规格的通用控制柜。选装件的变压器可对应各国的不同的电源。与以前的 E2X/3X/4X 相比，实现了大幅度的小型化 另外，码垛机器人使用的 E03 标准控制框架，旨在实现电力回收，提高设备的能效，进而达到节能的目的(E03 标准控制柜的一个功能)
驱动方式	全数字伺服	全数字伺服	全数字伺服

示教方式		示教/编程方式	示教/编程方式	示教/编程方式
示教器		标准示教器 彩色液晶触摸屏	标准示教器 彩色液晶触摸屏	标准示教器 彩色液晶触摸屏
存储器容量/MB		8	8	8
I/O 信号	外部操作信号	紧急停止、外部保持信号	紧急停止、外部保持信号	紧急停止、外部保持信号
	输入信号（最大）/点	32(96)	32(96)	32(96)
	输出信号（最大）/点	32(96)	32(96)	32(96)
结构		独立全封闭型,间接冷却 方式	开放型,直接冷却方式	独立全封闭型,间接冷却 方式
质量/kg		30	40	40/40/45
实物图				

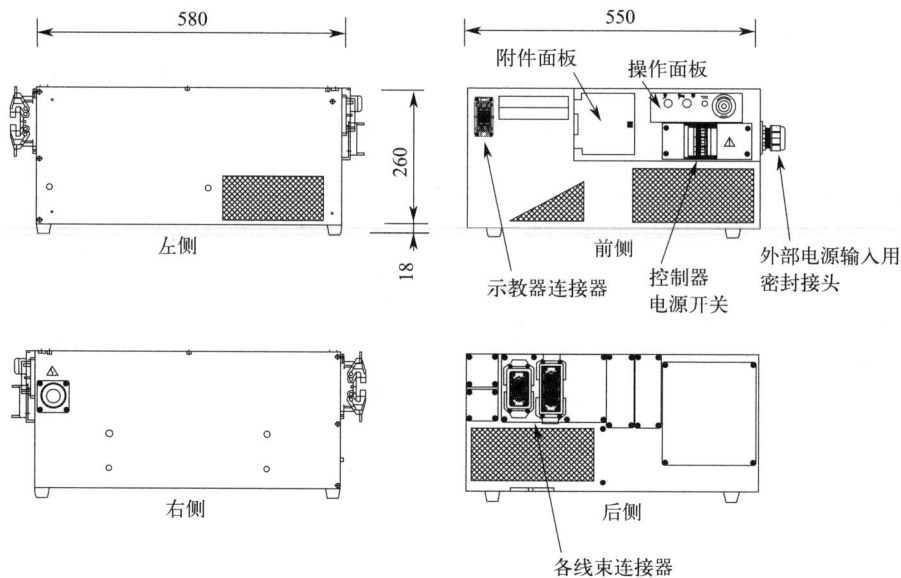

图 4-3　川崎机器人 E01 控制器外观图

注意事项：按下控制柜上的急停键，伺服电机及电机电源被切断，如在按下示教器急停键时不能停止机器人动作，则需按下此键。

E 系列控制器特点：

① 机器人始终能够根据实际载荷对加减速进行优化，尽可能缩短操作周期。

② 该机器人通过内置服务信息系统（SIS）监测自身运动和载荷情况并优化服务需求，持续工作时间更长。

③ 机器人现场总线具有高速实时特性，突破带宽与实时性的矛盾，兼顾通信速率和实时控制的特点，解决不同模块间数据实时交互问题。

④ 动力学自适应辨识控制技术。综合考虑机器人运动过程中重力、科里奥利力、离心

580

170

18

左侧

550

前侧

控制器
电源开关

右侧

控制器
连接器

外部电源
接入口

后侧

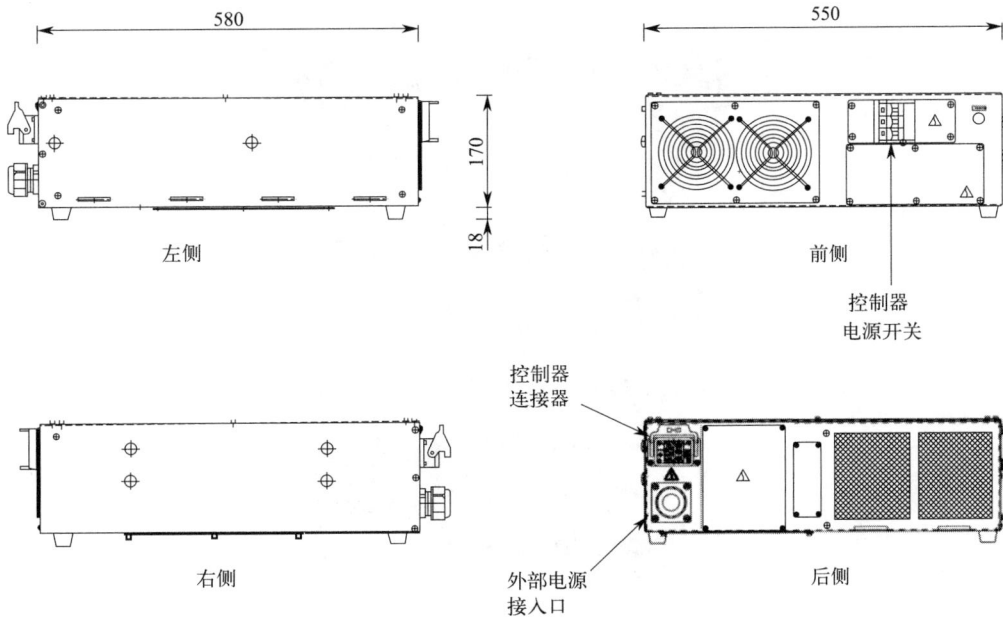

图 4-4　川崎机器人变压器单元外观

力等外力干扰，运用自适应辨识控制技术提高机器人的动态性能。

4.1.3　示教器

控制系统的示教器（如图 4-5 所示）为 GR-C 系统的人机交互装置，GR-C 系统主机在控制器柜内，示教器为用户提供了数据交换接口及友好可靠的人机接口界面，可以对机器人进行示教操作，对程序文件进行编辑、管理、示教检查及再现运行，监控坐标值、变量和输入输出，实现系统设置、参数设置和机器设置，及时显示报警信息及必要的操作提示，等等。

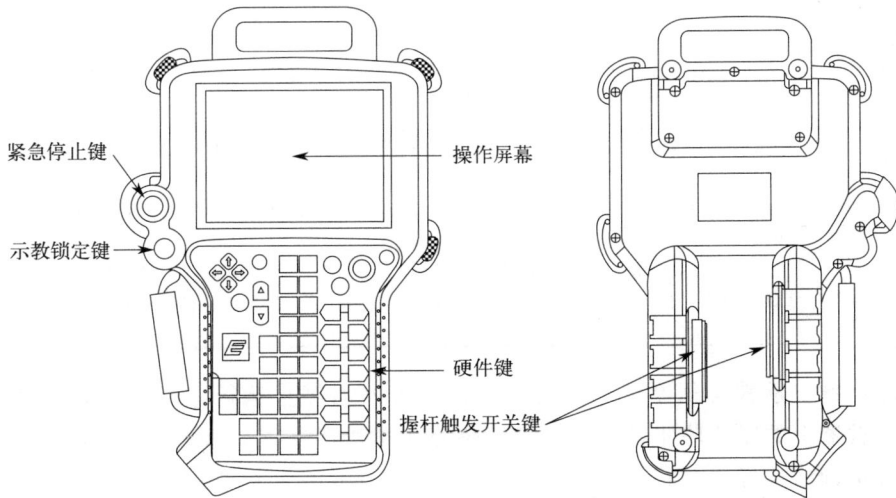

紧急停止键

示教锁定键

操作屏幕

硬件键

握杆触发开关键

图 4-5

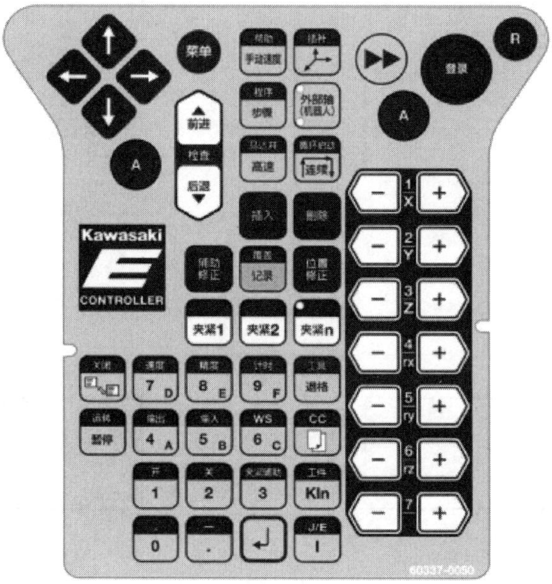

图 4-5 示教器外观

4.2 工业机器人操作

4.2.1 示教器按键功能及操作

示教器按键功能如表 4-3 所示。

表 4-3 功能键表

键	功能
 紧急停止	切断电机电源并且停止机器人运动。要释放紧急停止键,可右转此按钮到原位置
 示教锁定	在示教模式下开启此开关,可以进行手动操作和检查操作。在再现模式下关闭此开关,可以进行再现运行 注意:在开始示教操作之前一定要把此开关拨到 ON,以避免机器人被错误地在再现模式下操作
 握杆触发开关	这是个有效开关。不按住此开关,不可能手动操作机器人的轴。如果握杆触发开关安全按到底(即按到第三个位置)或安全释放时,电机电源将被切断,机器人将停止动作

紧急停止键:示教器急停开关。按下此键,机器人停止运行,屏幕上显示急停提示信息。松开示教器上的紧急停止键,系统自动恢复正常。

示教锁定键:选择示教模式、再现模式。示教:可用示教器进行轴操作、编程、试运行、参数修改与设置、系统状态诊断等操作。再现:可对示教好的文件进行再现。运行模式切换时,使能断开,系统处于停止状态。

握杆触发开关键:使能开关,位于机器人示教器后方,主要用于开、关使能,示教机器人前，必须先将三位使能开关轻轻按下，再按轴操作键或前进/后退键，机器人才能运动，一旦松开或用力过度，使能断开，机器人停止运动。

　　一些常见的按钮功能介绍如表 4-4。

表 4-4　按钮功能介绍表

键	功能	按下 A 键时的功能
A	与其他的键一起按下此键。部分键上面所示的功能与此键一起按下时才有效。以后称为 A 键	
菜单	在活动区显示下拉菜单。以后称为菜单键	
←↑→↓	移动光标位置。在步骤、项目、画面之间移动光标位置	A 键＋↑键：在示教或编辑模式下移动到上一步 A 键＋↓键：在示教或编辑模式下移动到下一步
登录	此键有与 ↵ 键一样的功能。但是，此键不能注册用键盘画面输入的数据。以后称为登录键	
R	删除输入框中的数据、调用 R 代码输入框、返回到上一画面等。显示 R 代码输入框后，按下 A 键＋帮助键显示 R 代码列表。以后称为 R 键	读取显示画面图像，在 USB 闪存中保存为图表格式（PNG 格式）
▶▶	当高速检查功能有效时，按下检查前进键/检查后退键＋此键可高速进行检查操作。以后称为高速检查键（E2x：选择设备。E3x：不使用。E4x：标准设备）	
▲前进	在检查模式下进入下一步。在再现模式下，用作单步的前进键。以后称为检查前进键	在辅助 0807 的前进后退连续模式设定为无效且检查模式设定为检查单步时，进入下一步
后退▼	在检查模式下退回到上一步。以后称为检查后退键	在辅助 0807 的前进后退连续模式设定为无效且检查模式设定为检查单步时，退回到下一步
帮助 手动速度	设定手动和检查操作的速度。以后称为手动速度键。每按下此键切换速度如下：1→2→3→4→5→1 注意：默认值是 2（低速），不是 1（寸动）	按下 KIn 键、R 键等后按下此键，显示帮助信息。在示教画面或接口面板画面上按下 A 键＋此键，就会显示客户创建的帮助画面。在显示辅助功能画面上按下 A 键＋此键，就会显示与其辅助功能有关的帮助信息。以后称为帮助键
插补	选择手动操作的坐标系。每按下此键切换操作模式如下： 各轴→基础→工具→各轴 以后称为坐标键 注意：默认值是各轴坐标系	选择插补命令类型。每按下 A 键＋此键切换插补模式如下： 各轴→直线 1→直线 2→圆弧 1→圆弧 2→F 直线→F 圆弧 1→F 圆弧 2→X 直线→各轴

键	功能	按下 A 键时的功能
程序 步骤	显示步骤选择菜单。以后称为步骤键	显示程序选择菜单。以后称为程序键
外部轴 (机器人)	切换时上面/下面 LED 发光,同时选择用轴键可能操作的外部轴组 JT15～JT18(或 JT8～JT14)。以后称为外部轴键	
马达开 高速	加速在示教或检查模式下的机器人动作速度。以后称为高速键 注意:只有在按下时才有效	在电机电源不供电时打开电机电源。相反,在电机电源供电时切断电机电源。以后称为马达开键 注意:在机器人动作中,不可能切断电机电源
循环启动 连续	设定如何在检查模式下再现程序。在单步和连续之间切换。以后称为连续键 注意:切断控制器电源后切换到单步模式,默认为单步模式	在再现模式下开始循环运行。以后称为循环启动键
插入	插入程序中新的步骤。以后称为插入键	
删除	删除已注册的程序步骤。以后称为删除键	
辅助 修正	编辑辅助数据。以后称为辅助修正键	
覆盖 记录	在当前步骤后面添加新的步骤。以后称为记录键	用新的步骤覆盖当前步骤。以后称为覆盖键
位置 修正	修改位姿数据。以后称为位置修正键	
夹紧1	切换夹紧 1 的信号数据:ON→OFF→ON。以后称为夹紧 1 键	同时切换夹紧 1 的信号数据和实际的夹紧 1 信号:ON→OFF→ON
夹紧2	切换夹紧 2 的信号数据:ON→OFF→ON。以后称为夹紧 2 键	同时切换夹紧 2 的信号数据和实际的夹紧 2 信号:ON→OFF→ON
夹紧n	切换夹紧 n 信号为 ON 或 OFF。当此按钮按下时,键上的 LED 灯亮(红色)/熄灭。 夹紧 n 键+数字键(1～8)切换指定夹紧 n 的信号数据:ON→OFF→ON。夹紧 n 信号为 ON 时,LED 变成红色。以后称为夹紧 n 键	A 键+夹紧 n 键+数字键(1～8)同时切换夹紧 n 的信号数据和指定夹紧编号的实际夹紧信号:ON→OFF→ON

键	功能	按下 A 键时的功能
运动从 JT1 到 JT7 的各轴。以后称为轴键		
输入"."	输入"—"	
输入"0"	输入","	
输入"1"	把指定的实际夹紧信号强制为 ON。以后称为 ON 键	
输入"2"	把指定的实际夹紧信号强制为 OFF。以后称为 OFF 键	
输入"3"	在一体化示教中,显示夹紧辅助功能(O/C)命令数据的输入画面。以后称为夹紧辅助键	
输入"4"	在一体化示教中,显示 OX 命令数据的输入画面。不在一体化示教中,输入"A"。以后称为输出键	
输入"5"	在一体化示教中,显示 WX 命令数据的输入画面。不在一体化示教中,输入"B"。以后称为输入键	
输入"6"	在一体化示教中,显示 WS 命令数据的输入画面。不在一体化示教中,输入"C"。以后称为 WS 键	
输入"7"	在一体化示教中,显示速度命令数据的输入画面。不在一体化示教中,输入"D"。以后称为速度键	
输入"8"	在一体化示教中,显示精度命令数据的输入画面。不在一体化示教中,输入"E"。以后称为精度键	
输入"9"	在一体化示教中,显示计时命令数据的输入画面。不在一体化示教中,输入"F"。以后称为计时键	

键	功能	按下 A 键时的功能
工具 退格	删除光标前面的字符	在一体化示教中,显示工具命令数据的输入画面。以后称为工具键
CC	显示/隐藏接口面板画面。按下此键不会显示其他画面。以后称为接口画面切换键	在一体化示教中,显示 CC 命令数据的输入画面。以后称为 CC 键
工件 KIn	直接指定 KI 命令编号。以后称为 KIn 键	在一体化示教中,显示工件命令数据的输入画面。以后称为工件键
J/E I	激活程序编辑功能,选择一体化示教画面以外的画面,例如 AS 语言示教、位姿示教、程序编辑画面。以后称为 I 键	切换 J/E 命令的设定状态。以后称为 J/E 键
↵	注册输入数据。以后称为↵键	

4.2.2　示教器面板的功能区分

图 4-6 为示教器面板功能。在示教器的液晶显示区域,我们可以选择不同的活动区域,活动区域也就是我们可以操作的区域,比如我们从程序区域,换成显示 1 为活动区域,可以有两种操作方法:

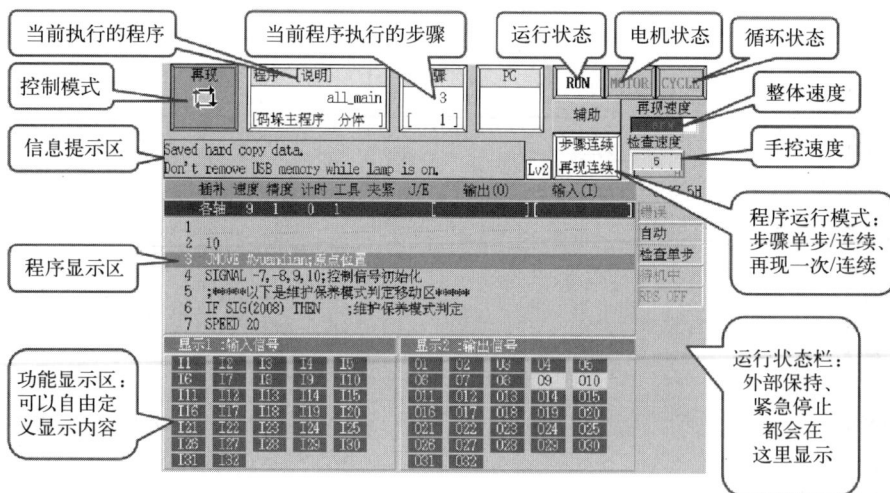

图 4-6　示教器面板功能

① 按示教器上的 [关闭];

② 直接点击屏幕对应的区域。

通常情况下，我们一般将活动区域放在程序显示区内（图 4-7），因为在程序显示区菜单的功能是最全的。

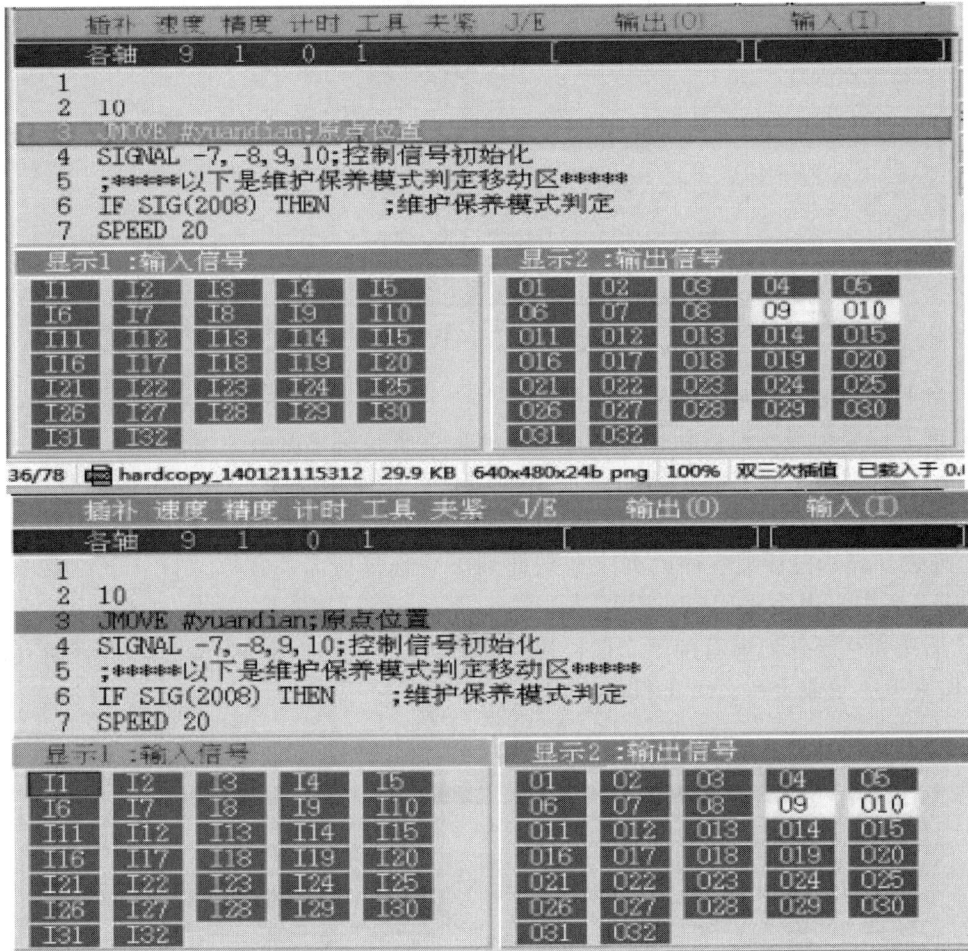

图 4-7 示教器程序区域

程序栏内显示当前运行的程序名和备注信息，当然如果要改变程序，我们可以点击程序框或 [A] + [程序步骤]，用键盘的方向键移动光标到需要的功能上，再按键盘上的登录键进入程序列表。

程序/注释区域的下拉菜单有七个功能。参阅图 4-8。

① 当前程序。显示当前选择的程序名。当示教新的程序时无显示。

② 调用程序。可以创建新的程序，如果程序名由"pg"和数字构成，可以通过输入数字来选择已存在的程序。显示时省略"pg"，仅显示数字。显示下拉菜单，然后按照下面方法指定程序。

a）按下数字（0～9）（指定程序名）。

b）按下↵键，指定的程序名就会显示在当前程序和程序/注释区域中。

注意：

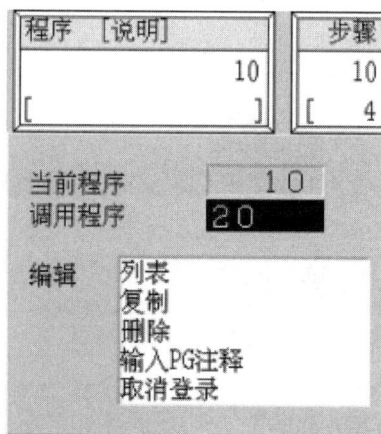

图 4-8 程序区域功能图

a）当下拉菜单显示时，光标在调用程序上。

b）当下拉菜单显示时，切换活动区域或画面，下拉菜单就会关闭。

c）示教器画面是触感式屏幕。画面上的项目可以使用手指、笔或触碰笔等直接选择。但是，在使用过程中，注意不要损坏液晶屏。

③ 列表。显示已注册程序的列表。从此列表中选择所需的程序。打开下拉菜单，然后按照下面方法指定程序。

a）把光标移动到列表后按下↵键，程序选择画面就会如图 4-9 所示。当画面有两页以上时，按下下一页或上一页可进行画面切换。

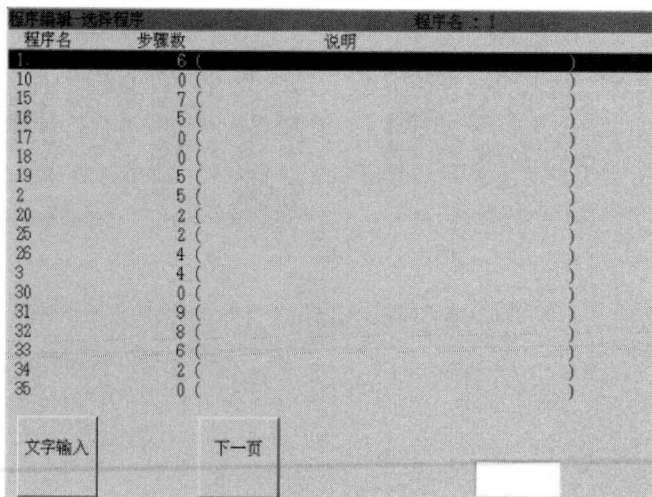

图 4-9 选择程序说明图

b）把光标移动到所需程序后按下↵键，或者把光标移动到文字输入后按下↵键，键盘画面就会显示出来。使用键盘画面输入程序名后按下↵键或键盘画面的 ENTER。

c）选择的程序名显示在程序/注释区域中。

注意：

a）当输入了错误的数字时，按下 R 键后可重新输入。

b）只有程序名由"pg"和数字组成时，才能使用此操作。程序中最多能含有 5 个数字。

c）当在第二步中输入了错误的程序编号时，按下 BS 后可重新输入。

d）在程序列表画面中按下 R 键可以关闭此功能画面。

④ 复制。复制选择的程序的内容。打开下拉菜单，然后按照下面方法进行复制。

a）把光标移动到复制后按下 ↵键，程序复制画面就会显示，如图 4-10 所示。

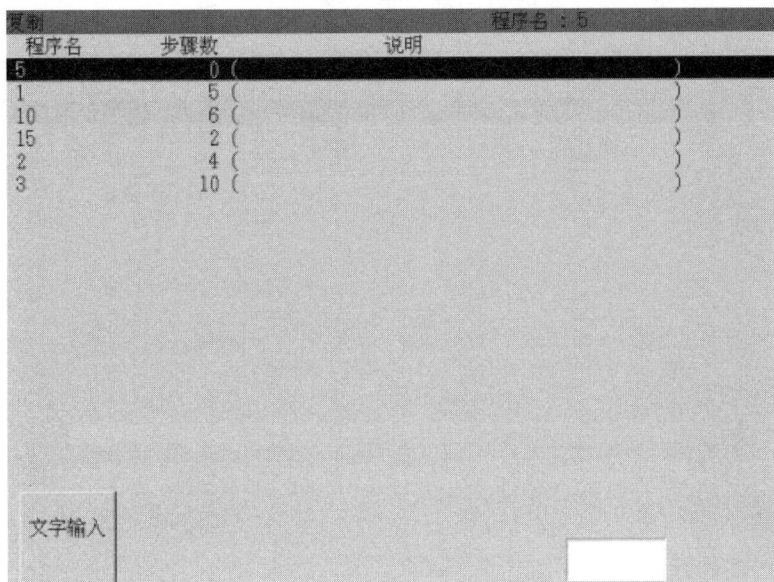

图 4-10　复制程序说明图 1

b）选择需要复制的程序后按下 ↵键，键盘画面就会显示，如图 4-11 所示。使用键盘画面输入目标程序名，然后按下键盘画面上的 ENTER（如果已存在的程序名被输入，将会出现错误）。

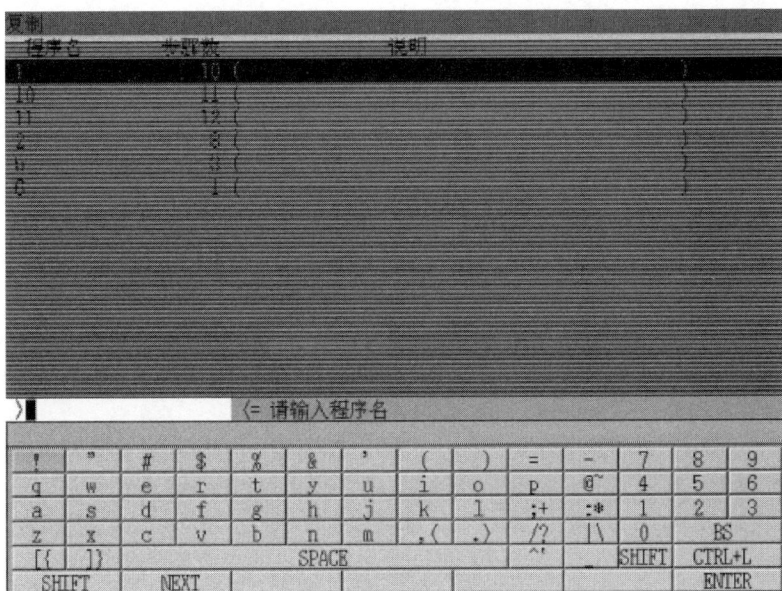

图 4-11　复制程序说明图 2

c）选择的程序复制完毕后，返回到示教画面。

注意：在程序复制画面中按下 R 键可以关闭此功能画面。

⑤ 删除。删除选择的程序。打开下拉菜单，然后按照下面方法进行删除。

a）把光标移动到删除后按下↵键，删除画面就会显示，如图 4-12 所示。选择要删除的程序后按下↵键或者把光标移动到文字输入后按下↵键，键盘画面就会显示出来。使用键盘画面输入程序名，然后按下↵键或键盘画面上的 ENTER。

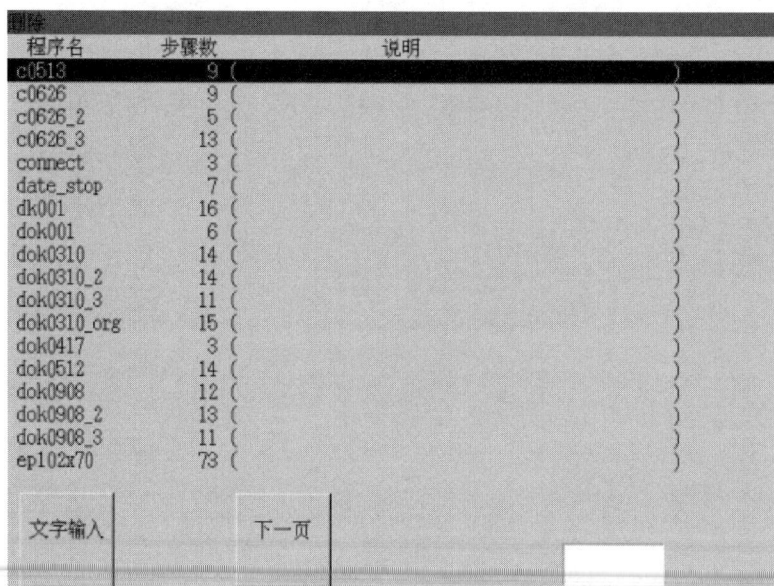

图 4-12　删除选择的程序说明图

b）出现确认信息对话框，如图 4-13 所示。

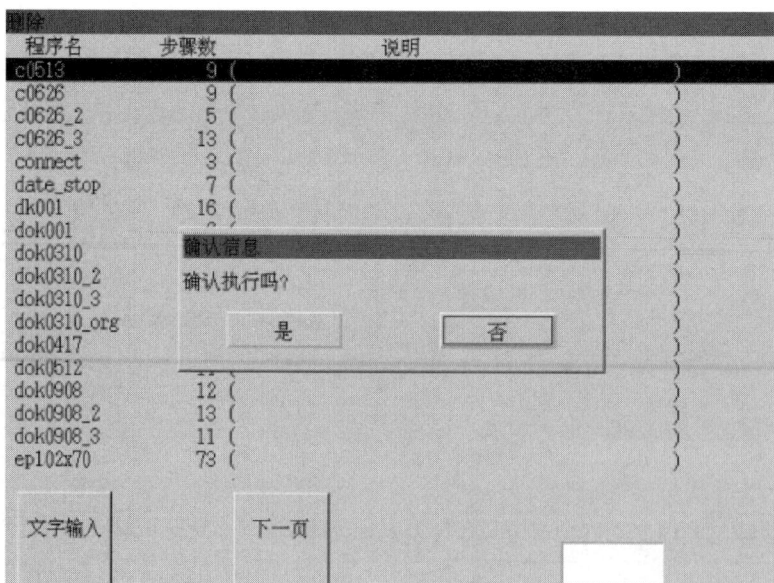

图 4-13　确认删除程序图

c) 选择是删除选择的程序后，返回到示教画面。

d) 选择否就会返回到示教画面而不删除选择的程序。

⑥ 输入 PG 注释。在注释区域中为程序输入注释。打开下拉菜单，然后按照下面方法输入注释。

a) 选择程序输入说明。程序选择方法，请参考调用程序或列表的相关内容。

b) 打开下拉菜单。把光标移动到输入 PG 注释后按下↲键，注释输入画面就会显示，如图 4-14 所示。

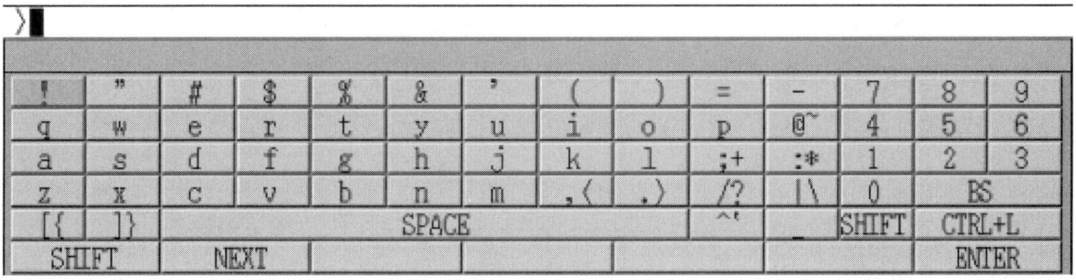

图 4-14　注释输入画面

c) 使用键盘画面输入注释，然后按下键盘画面上的 ENTER 键。

d) 返回到示教画面。输入的注释（最多 18 个字节）就会显示在选择程序的注释区域（信息提示区）中（如图 4-15）。

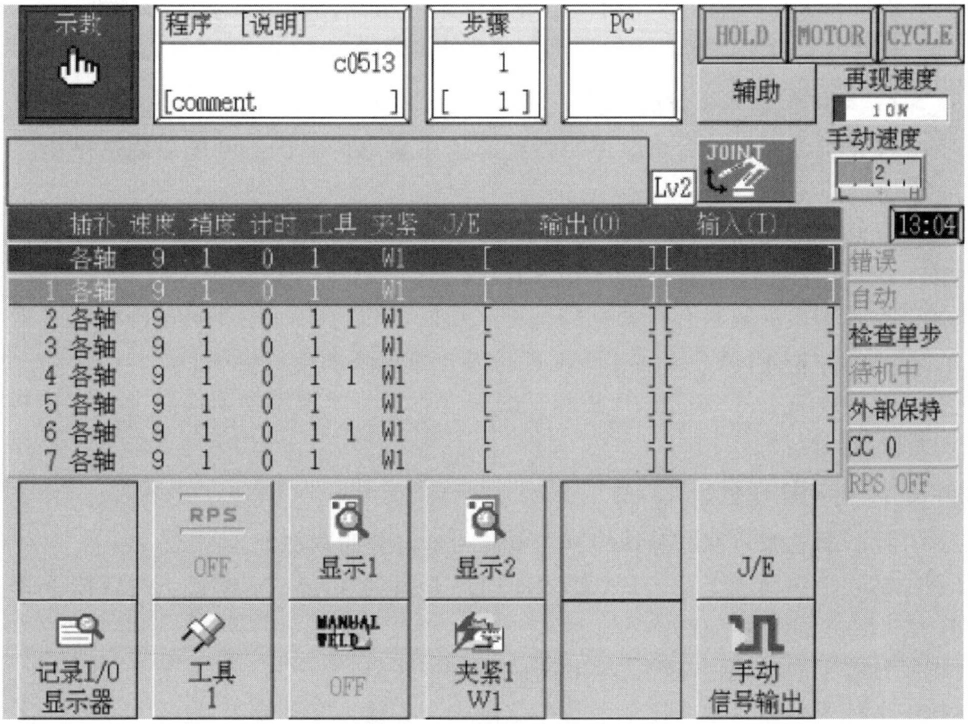

图 4-15　注释输入确认

⑦ 取消登录。删除程序/注释区域中当前显示的程序时，打开下拉菜单，然后按照下面

方法进行删除。

a) 把光标移动到取消登录，然后按下←键。确认信息对话框就会显示，如图 4-16 所示。

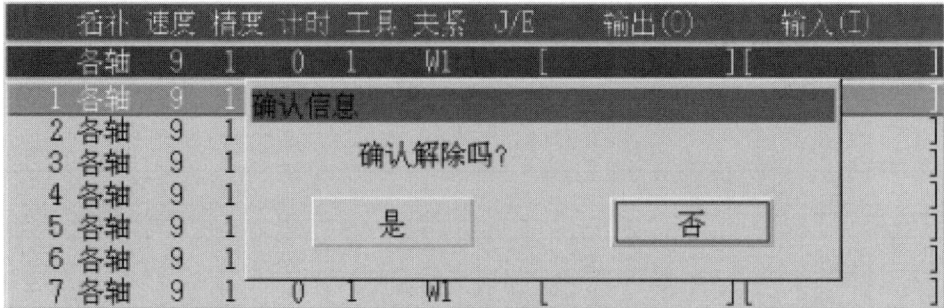

图 4-16　取消登录图

b) 选择是取消程序注册。此时程序和注释区域成为空白。选择否保留程序。

注意：当出现确认信息对话框时，光标在否上。

4.2.3　川崎机器人手动操作

4.2.3.1　打开机器人电源方法

打开电源时，需确认所有的人都离开工作区域，所有的安全装置在适当的位置并正常工作。遵循下面的方法：首先打开控制器电源，然后打开电机电源，按下示教器上的 A 键＋马达开键。电机电源为开，此时示教器画面的右上角的 MOTOR 指示灯点亮。

4.2.3.2　关闭机器人电源的方法

① 首先停止机器人，然后切断控制器电源。在紧急情况下，可按下紧急停止键立即切断电机电源。

② 确认机器人已完全停止。

③ 按下在示教器上的暂停键或 A 键＋R 键。

④ 按下控制器或示教器上的紧急停止键来切断电机电源。注意：在再现模式下，把控制器上的 TEACH/REPEAT 拨到 TEACH 位置也可以切断电机电源。

⑤ 在示教器画面上的 MOTOR 指示灯熄灭之后，关闭控制器前面右上方的控制器电源开关来切断控制器电源。

4.2.3.3　手动操作机器人六轴

① 打开控制器电源，同时确认控制器电源指示灯是否闪亮。

② 把控制器操作面板上的 TEACH/REPEAT 拨到 TEACH 位置，然后按下暂停键或 A 键＋R 键，使机器人处于停止状态。

③ 把示教器上的示教锁定键拨到 ON 的位置（开启）。

④ 按下坐标或坐标系键来设定手动操作模式：各轴、基础或工具。

⑤ 按下手动速度（示教器按键）或手动速度示教器触摸屏按键来设定手动速度。若要移动非常小的指定距离，选择速度 1（寸动）。

⑥ 第 5 步完成后，按下示教器上的 A 键＋马达开键来打开电机电源。

⑦ 按下示教器上的 A 键＋运转键或 A 键＋HOLD 键。

⑧ 按住示教器上的握杆触发开关键，用轴（第1~6）让机器人移动。在一直按着握杆触发开关键＋轴键时，机器人就会连续移动。

⑨ 释放示教器上的轴键或握杆触发开关键，使机器人停止。

⑩ 结束手动操作。

4.2.3.4 不同坐标系下的操作

机器人的坐标系包括关节坐标系、直角坐标系、轴坐标系、工具坐标系、用户坐标系，各坐标系的定义及相互关系如下。

① 直角坐标系（也称基坐标系）。为机器人系统的基础坐标系，其他笛卡儿坐标系均直接或者间接基于此坐标系形成。其中，轴坐标系为机器人的隐含坐标系，基于基坐标系定义，固定于机器人腕部法兰盘处，由机器人的运动学确定其在基坐标系中的位姿。直角坐标系又称基坐标系，为机器人默认存在的坐标系，在直角坐标系下，机器人控制端点可沿 X、Y、Z 轴平行移动或绕相应坐标轴旋转。将模式选择键旋转到示教模式，通过坐标设定键，切换系统的动作坐标系为直角坐标系，按下使能开关键，通过轴键，可使得机器人控制端点 TCP（工具坐标原点）在基坐标系各个轴的方向移动。

② 工具坐标系。基于直角坐标系定义，具体位姿可通过工具坐标系标定功能或直接输入相关参数确定。工具坐标系把机器人腕部法兰盘所持工具的有效方向作为 Z 轴，并把坐标系原点定义在工具的尖端点，在工具坐标系未定义时，系统自动采用默认的工具，这时工具坐标系与腕部法兰盘处的手腕坐标系重合，当机器人跟踪笛卡儿空间某路径时，必须正确定义工具坐标系。在机器人示教移动过程中，若所选坐标系为工具坐标系，则机器人将沿工具坐标系坐标轴方向移动或者绕坐标轴旋转。当绕坐标轴旋转时工具坐标系的原点位置将保持不变，这叫作控制点不变的操作。在直角坐标系及用户坐标系中也可实现类似的动作。此方法可用于校核工具坐标系，若在转动过程中工具坐标系原点移动，则说明工具坐标系参数错误或者误差较大，需要重新标定或者设置工具坐标系。

③ 关节坐标系。表示机器人的各轴相对原点位置的绝对角度的坐标系，称为关节坐标系，将模式选择键旋转到示教模式，通过坐标设定键，切换系统的动作坐标系为关节坐标系，按下使能开关键，通过轴键，可使得机器人在各个轴的轴方向移动。

④ 用户坐标系。在用户坐标系中，机器人可沿指定的用户坐标系各轴平行移动或绕各轴旋转。在某些应用场合，在用户坐标系下示教可以简化操作。将模式选择键旋转到示教模式，通过坐标设定键，切换系统的动作坐标系为用户坐标系，按下使能开关键，通过轴键，可使得机器人控制端点 TCP 在用户坐标系各个轴的方向移动，与直角坐标系下的操作类似。

⑤ 外部轴坐标系。机器人外部轴也叫机器人第七轴，即机器人本体轴数以外的一个轴，第七轴既是机器人基座（机器人安装在定制的安装板上），同时还能够让机器人在指定的路线上进行移动，从而扩大机器人的作业半径，扩展机器人的使用范围、功能，提高机器人的使用效率。

将模式选择键旋转到示教模式，通过外部轴切换键，切换系统的动作坐标系为外部轴坐标系，按下使能开关键，通过轴键，可使得机器人沿直线导轨往返运动。

① 以各轴坐标系模式移动示意图，如图4-17所示。按下坐标或坐标系，把手动操作模式显示变为各轴坐标系模式显示。当选定此模式时，可以单独移动机器人的各轴。同时按下多个轴键，可以联合移动机器人各轴。

JT1：手臂左右旋转

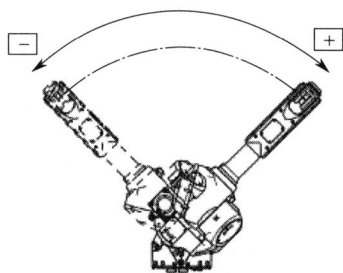

(a)

JT4：手腕旋转(1)

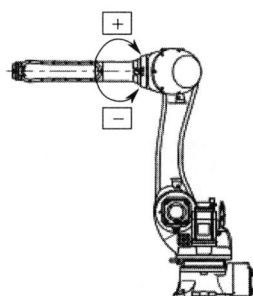

(b)

JT2：手臂前后动作

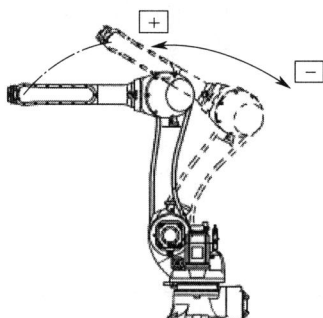

(c)

JT5：手腕旋转(2)

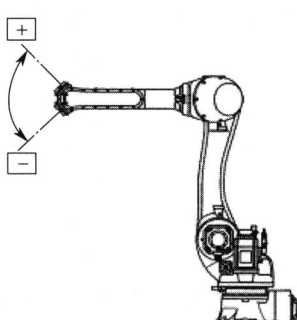

(d)

JT3：手臂上下动作

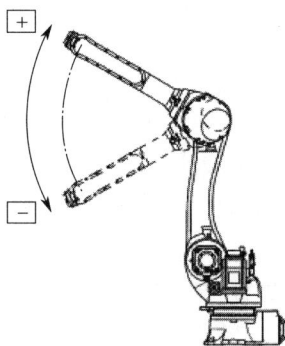

(e)

JT6：手腕旋转(3)

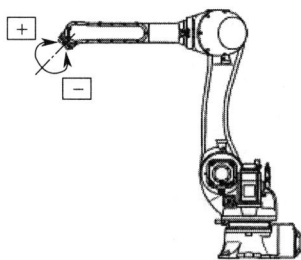

(f)

图 4-17　各轴坐标系模式移动

　　② 基于基础坐标系的手动操作模式如下。按下坐标或坐标系，把手动操作模式显示变为基础坐标系模式显示。当选定此模式时，机器人基于基础坐标系移动。同时按下几个轴键，可以复合移动机器人。

　　基于基础坐标系的机器人的动作根据基础坐标系的登录变换值的不同而不同。如图 4-18 所示，变换值的成分 X、Y、Z、O、A、T 均为 0。

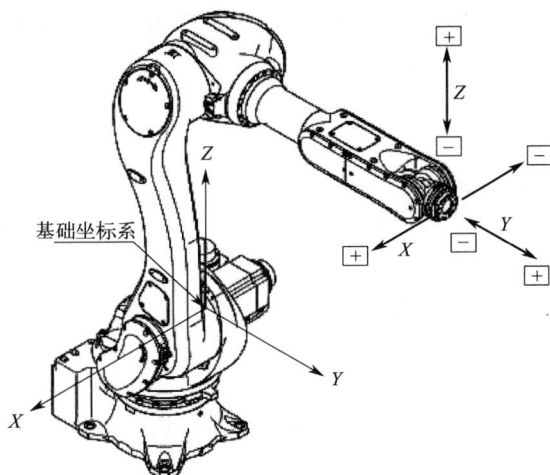

图 4-18　基础坐标系的机器人坐标系示意图

　　基于基础坐标系的机器人动作如图 4-19 所示。当面向每个基础坐标轴的正方向时，旋转的正方向为顺时针。

X：手臂移动，平行于基础坐标系的X轴
（工具姿态保持不变）

RX：绕基础坐标系的X轴旋转(–方向朝向观察
者，工具坐标原点保持不动)

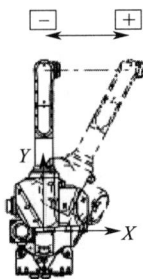

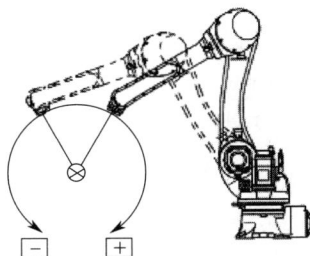

Y：手臂移动，平行于基础坐标系的Y轴
（工具姿态保持不变）

RY：绕基础坐标系的Y轴旋转(+为JT2的
前进方向，TCP保持不动)

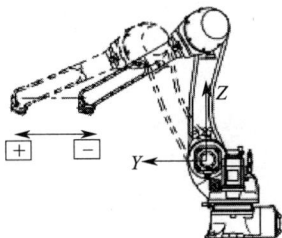

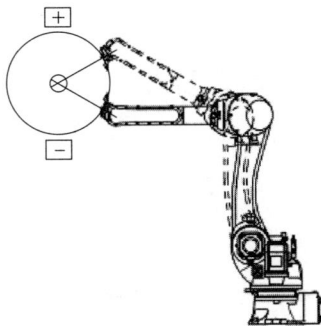

图 4-19

Z：手臂移动，平行于基础坐标系的Z轴
（工具姿态保持不变）

RZ：绕基础坐标系的Z轴旋转(+方向朝向
观察者，TCP保持不动)

图 4-19　基础坐标系的机器人动作示意图

③ 基于工具坐标系的手动操作模式。按下坐标或坐标系，把手动操作的模式显示变为工具坐标系模式显示。当选定此模式时，机器人基于工具坐标系移动。

工具坐标系定义在 JT6 的工具上。工具坐标系随着机器人位姿的改变而改变。基于工具坐标系的机器人的动作根据工具坐标系的登录变换值的不同而不同。即使只有前臂运动而手腕轴不动，当手腕姿态改变时，工具坐标系也改变，如图 4-20～图 4-21 所示。

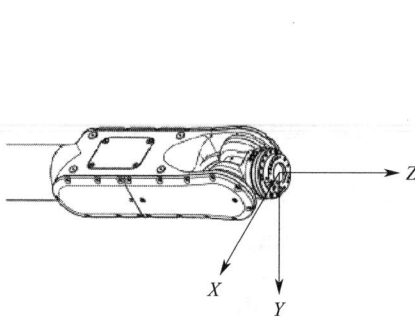

图 4-20　当上部手臂水平时的工具坐标系

图 4-21　当上部手臂面向下时的工具坐标系

基于工具坐标系的机器人动作如图 4-22 所示，当面向每个工具坐标轴的正方向时，旋转的正方向为顺时针。

X：手臂移动，平行于工具坐标系的X
轴(工具姿态保持不变)

RX：绕工具坐标系的X轴旋转(-方向
朝向观察者，TCP保持不动)

Y:手臂移动,平行于工具坐标系的Y 轴(工具姿态保持不变)

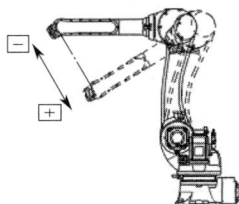

RY:绕工具坐标系的Y轴旋转(-方向 朝向观察者,TCP保持不动)

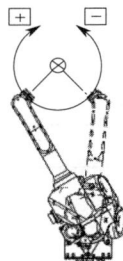

Z:手臂移动,平行于工具坐标系的Z 轴(工具姿态保持不变)

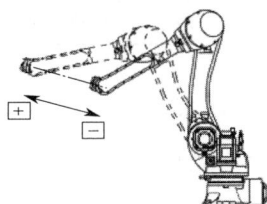

RZ:绕工具坐标系的Z轴旋转(+方向为 JT2的前进方向,TCP保持不动)

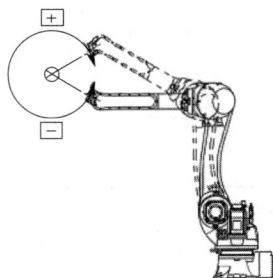

图 4-22　基于工具坐标系的机器人动作示意图

4.3　工业机器人指令

4.3.1　川崎机器人常用指令

川崎机器人常用指令见表 4-5～表 4-8。

表 4-5　运动指令表

指令	格式	示例	作用
JMOVE	JMOVE 位姿	JMOVE p1	各轴移动
LMOVE	LMOVE 位姿	LMOVE p1	直线移动
DELAY	DELAY 时间	DELAY 2	停止运动制定时长
JAPPRO	JAPPRO 位姿,移动量	JAPPRO p1,20	各轴移动到目标上方/下方
LAPPRO	LAPPRO 位姿,移动量	LAPPRO p1,20	直线移动到目标上方/下方
JDEPART	JDEPART 移动量	JDEPART 200	各轴移动离开当前位置
LDEPART	LDEPART 移动量	LDEPART 200	直线移动离开当前位置
HOME	HOME	HOME	各轴移动到原点
DRIVE	DRIVE 关节编号,角度值,速度	DRIVE 3,50,80	单根轴旋转指定的角度和速度
DRAW	DRAW X 平移量,Y 平移量,Z 平移量,O 旋转量,A 旋转量,T 旋转量	DRAW 10,-5,,20,10,5	沿基础坐标系平移运动

续表

指令	格式	示例	作用
ALIGN	ALIGN	ALIGN	将工具和基础坐标系对齐
HMOVE	HMOVE 位姿	HMOVE p1	混合移动
C1MOVE	C1MOVE 位姿	两个指令配合使用	圆弧运动
C2MOVE	C2MOVE 位姿		

表 4-6　监控指令表

指令	格式	示例	作用
SPEED	SPEED 数值	SPEED 50	定义运动速度
ACCURACY	ACCURACY 数值	ACCURACY 100	定义精度
BREAK	BREAK	BREAK	中断程序运行直到到达目标位置
BRAKE	BRAKE	BRAKE	停止当前运动并向下一点运动

表 4-7　夹具指令表

指令	格式	示例	作用
OPENI	OPENI 夹具编号(可省略)	OPENI	打开夹紧信号
CLOSEI	CLOSEI 夹具编号(可省略)	CLOSEI	关闭夹紧信号

表 4-8　其他常用指令表

指令	格式	示例	作用
GOTO	GOTO 编号	GOTO 10	跳转到指定标签位置
IF	IF 条件 GOTO 编号	IF SIG(1002)GOTO 10	判断条件并跳转
CALL	CALL 程序名	CALL pg1	调用执行子程序
RETURN	RETURN	RETURN	返回主程序
WAIT	WAIT 条件	WAIT num=5	等待条件满足
TWAIT	TWAIT 时间	TWAIT 2	停止程序执行指定的时间
RESET	RESET	RESET	关闭所有输出信号
SIGNAL	SIGNAL 信号状态编号	SIGNAL 10,-13,2010	打开/关闭指定的输出信号
PULSE	PULSE 信号编号,时间	PULSE 9,2	输出指定时长的脉冲信号
SWAIT	SWAIT 信号状态编号	SWAIT 1002,-1014	等待指定的信号条件满足
HERE	HERE 位姿	HERE p1	保存当前位置数据
POINT	POINT 位姿 B=位姿 A (或者计算公式等)	POINT p2=p1	将等号后面的位姿数据保存到前面的位姿

4.3.2 AS 语言指令

扫描本书二维码可查看 AS 语言指令。

4.4 工业机器人程序解析

4.4.1 加工机器人程序

1		OPENI	//气爪打开
2	10	SIGNAL-16	//标记10程序段：复位机器人运行中信号
3		JMOVE #h1	//以各轴插补方式移动到#h1安全位置
4		IF SIG(1005)GOTO 20	//当有机器人工位1取料信号时跳转到标记20

程序段

5		IF SIG(1008)GOTO 30	//当有机器人工位2取料信号时跳转到标记30

程序段

6		IF SIG(1011)GOTO 40	//当有机器人工位3取料信号时跳转到标记40

程序段

7		IF SIG(1002)GOTO 50	//当有机器人车床抓取信号时跳转到标记50程

序段

8		IF SIG(1003)GOTO 60	//当有机器人加工中心抓取信号时跳转到标记

60程序段

9		IF SIG(1004)GOTO 70	//当有机器人雕刻机抓取信号时跳转到标记70

程序段

10		IF SIG(-1002,-1003,-1004,-1005,-1008,-1011)GOTO 10 //当上述六个信号

都没有时跳回标记10程序段形成循环

11	20	SIGNAL 16	//标记20程序段：给PLC发送机器人运行中信号
12		OPENI	//气爪打开
13		SWAIT 1017	//气爪打开到位
14		JAPPRO #belt_c,150	//以各轴插补动作接近位置#belt_c(即输送线

工位1托盘停靠处)上方150mm处

15		LMOVE #belt_c	//以直线插补方式移动到位置#belt_c,即输送

线工位1笔筒托盘停靠处

16		CLOSEI	//气爪夹紧
17		SWAIT 1016	//等待气爪夹紧笔筒信号
18		LDEPART 200	//以直线插补动作离开当前位姿到达上方

200mm处

19		SIGNAL 6	//给PLC发送机器人工位1取料完成信号
20		LMOVE #h1	//以直线插补方式移动到位置#h1(安全位置)
21		SIGNAL-6	//复位机器人工位1取料完成信号
22		LMOVE #c_w	//以直线插补方式移动到位置#c_w(车床安全

门外)

23		JAPPRO #c_n,200	//以各轴插补动作接近位置#c_n(车床卡盘)右

侧 200mm 处

24		LMOVE #c_n	//以直线插补方式移动到位置#c_n(车床卡盘处)
25		SIGNAL 7	//给PLC发送机器人车床放料到位信号
26		SWAIT 1006	//等待车床卡盘夹紧信号
27		OPENI	//当有车床夹紧信号时气爪打开
28		SWAIT 1017	//等待气爪打开到位信号
29		SIGNAL-7	//复位机器人车床放料到位信号
30		LDEPART 200	//以直线插补动作离开当前位置到达右侧200mm处
31		LMOVE #c_w	//以直线插补方式移动到位置#c_w(车床安全门外)
32		SIGNAL 14	//给PLC发送机器人上卸料完成信号
33		LMOVE #h1	//以直线插补方式移动到位置#h1(安全位置)
34		SIGNAL-14	//复位机器人上卸料完成信号
35		GOTO 10	//跳转到标记10程序段
36	30	SIGNAL 16	//标记30程序段:给PLC发送机器人运行中信号
37		OPENI	//气爪打开
38		SWAIT 1017	//气爪打开到位信号
39		JAPPRO #belt_j,200	//以各轴插补动作接近位置#belt_j(即输送线工位2托盘料块停靠处)上方200mm处
40		LMOVE #belt_j	//以直线插补方式移动到位置#belt_j,即输送线工位2托盘料块停靠处
41		CLOSEI	//气爪夹紧
42		SWAIT 1018	//等待气爪夹紧料块信号
43		LDEPART 200	//以直线插补动作离开当前位置到达上方200mm处
44		LMOVE #h1	//以直线插补方式移动到位置#h1(安全位置)
45		JMOVE #j_w	//以各轴插补方式移动到位置#j_w(加工中心安全门外)
46		JAPPRO #j_n,200	//以各轴插补动作接近位置#j_n(工装位置)上方200mm处
47		LMOVE #j_n	//以直线插补方式移动到位置#j_n(工装位置)
48		OPENI	//气爪打开
49		SIGNAL 8	//给PLC发送机器人加工中心放料到位信号
50		SWAIT 1009	//等待加工中心夹紧信号
51		SWAIT 1017	//等待气爪打开到位信号
52		SIGNAL-8	//复位机器人加工中心放料到位信号
53		LDEPART 200	//以直线插补动作离开当前位置到达上方200mm处

54		LMOVE ＃j_w	//以直线插补方式移动到位置＃j_w(加工中心安全门外)
55		SIGNAL 14	//给PLC发送机器人上卸料完成信号
56		LMOVE ＃h1	//以直线插补方式移动到位置＃h1(安全位置)
57		SIGNAL-14	//复位机器人上卸料完成信号
58		GOTO 10	//跳转到标记10程序段
59	40	SIGNAL 16	//标记40程序段:给PLC发送机器人运行中信号
60		OPENI	//气爪打开
61		SWAIT 1017	//等待气爪打开到位信号
62		JAPPRO ＃belt_d,150	//以各轴插补动作接近位置＃belt_d(即输送线工位3托盘半成品停靠处)前方150mm处
63		LMOVE ＃belt_d	//以直线插补方式移动到位置＃belt_d(即输送线工位3托盘半成品停靠处)
64		CLOSEI	//气爪夹紧
65		SWAIT 1018	//等待气爪夹紧料块信号
66		JMOVE ＃belt_ds	//以各轴插补方式移动到位置＃belt_ds(即料块上方)
67		JMOVE ＃h1	//以各轴插补方式移动到位置＃h1(安全位置)
68		JMOVE ＃d_w	//以各轴插补方式移动到位置＃d_w(即雕刻机安全门外)
69		JMOVE ＃d_ns	//以各轴插补方式移动到位置＃d_ns(即雕刻机工装上方)
70		JMOVE ＃d_n	//以各轴插补方式移动到位置＃d_n(雕刻机工装处)
71		OPENI	//气爪打开
72		SIGNAL 13	//给PLC发送机器人雕刻机放料到位信号
73		SWAIT 1012	//等待雕刻机夹紧信号
74		SWAIT 1017	//等待气爪打开到位信号
75		SIGNAL-13	//复位机器人雕刻机放料到位信号
76		JMOVE ＃d_ns	//以各轴插补方式移动到位置＃d_ns(即雕刻机工装上方)
77		LMOVE ＃d_w	//以直线插补方式移动到位置＃d_w(即雕刻机安全门外)
78		SIGNAL 14	//给PLC发送机器人上卸料完成信号
79		LMOVE ＃h1	//以直线插补方式移动到位置＃h1(安全位置)
80		SIGNAL-14	//复位机器人上卸料完成信号
81		GOTO 10	//跳转到标记10程序段
82	50	SIGNAL 16	//标记50程序段:给PLC发送机器人运行中信号
83		OPENI	//气爪打开
84		SWAIT 1017	//气爪打开到位信号

85	LMOVE #c_w	//以直线插补方式移动到位置#c_w(车床安全门外)
86	JAPPRO #c_n,150	//以各轴插补动作接近位置#c_n(车床卡盘)右侧150mm处
87	LMOVE #c_n	//以直线插补方式移动到位置#c_n(车床卡盘处)
88	CLOSEI	//气爪夹紧
89	SWAIT 1016	//等待笔筒夹紧到位
90	SIGNAL 3	//给PLC发送机器人车床取件到位信号
91	SWAIT 1007	//等待车床松开信号
92	SIGNAL-3	//复位机器人车床取件到位信号
93	LDEPART 150	//以直线插补动作离开当前位置到达右侧150mm处
94	LMOVE #c_w	//以直线插补方式移动到位置#c_w(车床安全门外)
95	SIGNAL 14	//给PLC发送机器人上卸料完成信号
96	LMOVE #h1	//以直线插补方式移动到位置#h1(安全位置)
97	SIGNAL-14,-16	//复位机器人上卸料完成信号和机器人运行中信号
98	SWAIT 1001	//等待车床成品加工中心处放回信号
99	SIGNAL 16	//给PLC发送机器人运行中信号
100	JAPPRO #c_f,150	//以各轴插补动作接近位置#c_f(即输送线工位2托盘停靠处)上方150mm处
101	LMOVE #c_f	//以直线插补方式移动到位置#c_f(即输送线工位2托盘停靠处)
102	OPENI	//气爪打开
103	SWAIT 1017	//等待气爪打开到位
104	LDEPART 150	//以直线插补动作离开当前位置到达上方150mm处
105	SIGNAL 2	//给PLC发送机器人车床成品放回信号
106	LMOVE #h1	//以直线插补方式移动到位置#h1(安全位置)
107	SIGNAL-2	//复位机器人车床成品放回信号
108	GOTO 10	//跳转到标记10程序段
109	60 SIGNAL 16	//标记60程序段:给PLC发送机器人运行中信号
110	OPENI	//气爪打开
111	SWAIT 1017	//等待气爪打开到位
112	LMOVE #j_w	//以直线插补方式移动到位置#j_w(加工中心安全门外)
113	JAPPRO #j_n,150	//以各轴插补动作接近位置#j_n(工装)上方150mm处

114		LMOVE #j_n	//以各轴插补方式接近位置#j_n(工装)
115		CLOSEI	//气爪夹紧
116		SWAIT 1018	//等待气爪夹紧料块信号
117		SIGNAL 4	//给PLC发送机器人加工中心取件到位信号
118		SWAIT 1010	//等待加工中心松开信号
119		LDEPART 150	//以直线插补动作离开当前位置到达上方

150mm 处

120		SIGNAL-4	//复位机器人加工中心取件到位信号
121		LMOVE #j_w	//以直线插补方式移动到位置#j_w(加工中心安

全门外)

122		SIGNAL 14	//给PLC发送机器人上卸料完成信号
123		LMOVE #hl	//以直线插补方式移动到位置#hl(安全位置)
124		SIGNAL-14	//复位机器人上卸料完成信号
125		JMOVE #j_fs	//以各轴插补方式移动到位置#j_fs(即输送线

工位2托盘停靠处)上方

126		LMOVE #j_fx	//以直线插补方式移动到位置#j_fx(即输送线

工位2托盘停靠处)

127		OPENI	//气爪打开
128		SWAIT 1017	//等待气爪打开到位信号
129		JMOVE #j_fs	//以各轴插补方式移动到位置#j_fs(即输送线

工位2托盘停靠处)上方

130		SIGNAL 15	//给PLC发送机器人成品放回(雕刻完成放回)

信号

131		JMOVE #hl	//以各轴插补方式移动到位置#hl(安全位置)
132		SIGNAL-15	//复位机器人成品放回(雕刻完成放回)信号
133		GOTO 10	//跳转到标记10程序段
134	70	SIGNAL 16	//标记70程序段:给PLC发送机器人运行中信号
135		OPENI	//气爪打开
136		SWAIT 1017	//气爪打开到位
137		JMOVE #d_w	//以各轴插补方式移动到位置#d_w(即雕刻机安

全门外)

138		JMOVE #d_ns	//以各轴插补方式移动到位置#d_ns(即雕刻机

工装上方)

139		JMOVE #d_n	//以各轴插补方式移动到位置#d_n(雕刻机工装

处)

140		CLOSEI	//气爪夹紧
141		SWAIT 1018	//等待料块夹紧到位信号
142		SIGNAL 5	//给PLC发送机器人雕刻机取件到位信号
143		SWAIT 1013	//等待雕刻机松开信号
144		JMOVE #d_ns	//以各轴插补方式移动到位置#d_ns(即雕刻机

工装上方)

145	SIGNAL-5	//复位机器人雕刻机取件到位信号
146	LMOVE #d_w	//以直线插补方式移动到位置#d_w(即雕刻机安

全门外)

147	SIGNAL 14	//给PLC发送机器人上卸料完成信号
148	LMOVE #h1	//以直线插补方式移动到位置#h1(安全位置)
149	SIGNAL-14	//复位机器人上卸料完成信号
150	JMOVE #d_fs	//以各轴插补方式移动到位置#d_fs(即雕刻机

工装产品放回位置上方)

151	JMOVE #d_fx	//以各轴插补方式移动到位置#d_fx(即雕刻机

工装产品放回位置)

152	OPENI	//气爪打开
153	SWAIT 1017	//等待气爪打开到位
154	LDEPART 200	//以直线插补动作离开当前位置到达前方

200mm处

155	SIGNAL 15	//给PLC发送机器人成品放回(雕刻完成放回)

信号

156	JMOVE #h1	//以各轴插补方式移动到位置#h1(安全位置)
157	SIGNAL-15	//复位机器人成品放回(雕刻完成放回)信号
158	GOTO 10	跳转到标记10程序段
	END	

4.4.2 装检机器人程序

1		OPENI	//气爪打开
2	10	JMOVE #h1	//标记10程序段:移动到位置#h1
3		IF SIG(1004)GOTO 20	//当机器人输送线取料信号有信号时程序跳转到

标记20程序段

4		IF SIG(-1004)GOTO 10	//当机器人输送线取料信号无信号时程序跳转到

标记10程序段

5	20	JAPPRO #conveyor_k,100	//标记20程序段:以各轴插补动作接近位置#

conveyor_k右侧100mm处

6		OPENI	//打开气爪
7		SWAIT 1014	//等待气爪打开到位
8		LMOVE #conveyor_k	//以直线插补方式移动到位置#conveyor_k(传

送带料块放置处)

9		CLOSEI	//移动到位置后气爪夹紧
10		SWAIT 1015	//等待气爪夹紧料块到位信号
11		LMOVE #conveyor_ks	//以直线插补方式移动到位置#conveyor_ks
12		JMOVE #h1	//以各轴插补方式移动到#h1(安全位置)
13		JAPPRO #zj_k,150	//以各轴插补动作接近位置#zj_k(装检料块放

置处)上方 150mm 处

| 14 | LMOVE #zj_k | //以直线插补方式移动到位置#zj_k(装检料块 |

放置处)

15	OPENI	//气爪打开
16	SWAIT 1014	//等待气爪打开到位
17	LDEPART 150	//以直线插补动作离开当前位置到达上方

150mm 处

| 18 | JMOVE #h1 | //以各轴插补方式移动到#h1(安全位置处) |
| 19 | JAPPRO #conveyor_zs,150 | //以各轴插补方式接近位置#conveyor_zs 上方 |

150mm 处(传送带笔筒上方)

| 20 | JMOVE #conveyor_zs | //以各轴插补方式移动到#conveyor_zs(传送带 |

笔筒位置)

21	CLOSEI	//气爪夹紧
22	SWAIT 1013	//等待气爪夹紧到位
23	LDEPART 150	//以直线插补动作离开当前位置上方 150mm 处
24	SIGNAL 5	//给 PLC 发送机器人输送线取料完成信号
25	JMOVE #h1	//以各轴插补方式移动到#h1(安全位置处)
26	SIGNAL-5	//复位机器人输送线取料完成信号
27	JAPPRO #zj_zs,150	//以各轴插补动作接近位置#zj_zs 上方 150mm

处(装检笔筒到名片盒上方)

| 28 | JMOVE #zj_zs | //以各轴插补方式移动到#zj_zs(装检笔筒到名 |

片盒处)

29	OPENI	//气爪打开
30	SWAIT 1014	//等待气爪打开到位
31	LDEPART 150	//以直线插补动作离开当前位置装检笔筒到名片

盒上方 150mm 处

32	JMOVE #dy_w	//以各轴插补方式移动到名片盒盖上方#dy_w 处
33	JMOVE #dy_n	//以各轴插补方式移动到名片盒盖处#dy_n
34	CLOSEI	//气爪夹紧
35	SWAIT 1015	//等待气爪夹紧到位
36	JMOVE #dy_w	//以各轴插补方式移动到名片盒盖上方#dy_w 处
37	JMOVE #jg_s	//以各轴插补方式移动到名片盒加盖处上方#jg

_s

38	JMOVE #jg_x	//以各轴插补方式移动到名片盒加盖处#jg_x
39	OPENI	//气爪打开
40	SWAIT 1014	//等待气爪打开到位
41	LMOVE #jg_s	//以直线插补方式移动到位置#jg_s(加盖完移

动到上方)

| 42 | SIGNAL 4 | //给 PLC 发送机器人装配完成信号 |
| 43 | SWAIT 1003 | //等待检测完成抓取信号 |

44	SIGNAL-4	//复位机器人装配完成信号
45	JAPPRO #zj_q,150	//以各轴插补动作接近位置#zj_q上方150mm处(装检名片盒上方)
46	LMOVE #zj_q	//以直线插补方式移动到位置#zj_q(装配检测完成后取名片盒位置)
47	CLOSEI	//气爪夹紧
48	SWAIT 1015	//等待名片盒夹紧到位信号
49	LDEPART 200	//以直线插补动作离开当前位置到达上方200mm处
50	SIGNAL 7	//给PLC发送机器人装检工位取出完成信号
51	JMOVE #h1	//以各轴插补方式移动到#h1(安全位置处)
52	SIGNAL-7	//复位机器人装检工位取出完成信号
53	JAPPRO #conveyor_fs,150	//以各轴插补动作接近位置#conveyor_fs(产品放回输送线处)上方150mm处
54	JMOVE #conveyor_fs	//以各轴插补方式移动到#conveyor_fs(产品放回输送线处)
55	OPENI	//气爪打开
56	SWAIT 1014	//等待气爪打开到位信号
57	LDEPART 150	//以直线插补动作离开当前位置到达上方150mm处
58	SIGNAL 6	//给PLC发送成品放回输送线信号
59	JMOVE #h1	//以各轴插补方式移动到#h1(安全位置处)
60	SIGNAL-6	//复位成品放回输送线信号
61	GOTO 10	//跳转到标记10程序段
	END	//结束

本章小结

本章介绍了川崎工业机器人在工业自动化领域应用的特点,川崎工业机器人以其卓越的性能和广泛的应用领域,赢得了市场的广泛认可。

首先,川崎工业机器人具备高度的灵活性和精度,能够胜任各种复杂的任务。其独特的机械结构和伺服驱动系统,使得机器人在执行动作时既快速又准确,能够满足不同行业的生产需求。

在操作方面,川崎工业机器人提供了友好的用户界面和简洁的操作流程。操作人员通过示教器或编程软件,即可轻松地对机器人进行编程和调试。同时,川崎工业机器人还配备了丰富的安全保护功能,确保操作过程的安全可靠。

本章详细介绍了指令系统。通过编写各种指令,操作人员可以精确地控制机器人的运动轨迹、速度和加速度等参数。这些指令既包括基本的运动指令,也具备高级的逻辑判断和数据处理功能,使得机器人能够执行更为复杂的任务。

本章在系统设置方面，通过合理的参数配置和优化，使机器人能够在各种环境下稳定运行，并保持较高的生产效率。此外，川崎工业机器人还提供了便捷的维护和保养功能，以确保机器人的长期使用。

最后，本章对运行程序进行解析，程序是理解和优化川崎工业机器人应用的关键。通过对程序进行深入分析，操作人员可以了解机器人的运行逻辑和性能瓶颈，从而进行针对性的优化和改进。

习题

一、填空题

1. 基础坐标系为机器人系统的（　　　），其他坐标系，如笛卡儿坐标系均直接或者间接基于此坐标系形成。

2. 机器人的各轴进行（　　　）动作，称为关节坐标系。

3. 川崎 R 系列机器人指令由（　　　）指令、（　　　）指令、（　　　）指令和（　　　）指令组成。

4. 工业机器人与 PLC 的连接使用（　　　）通信协议。

二、选择题

1. 示教点是指（　　　）坐标系中的某个位置点。

A. 工具　　　　　　B. 用户　　　　　　C. 变位机　　　　　　D. 笛卡儿空间

2. 机器人执行 MOVJ 指令时以（　　　）方式移动到指令的位姿。

A. 点到直线　　　　B. 点到点　　　　　C. 直线运动　　　　　D. 圆弧运动

3. MOVL 指令中"V<速度>"参数的单位是（　　　）。

A. mm/s　　　　　　B. m/s　　　　　　　C. mm/min　　　　　　D. m/min

4. 下列指令格式正确的是（　　　）。

A. DELAY T9.99　　　　　　　　　　　B. WAIT IN16，ON，T0

C. WAIT OT16，ON，T1　　　　　　　　D. DOUT IN16，ON，T0

5. 工业机器人作业原点信号输出端口是（　　　）。

A. OT4　　　　　　B. OT5　　　　　　　C. OT6　　　　　　　D. OT7

三、简答题

1. 什么是工业机器人示教？

2. 跳转指令 JUMP 有几种格式？每种格式的含义是什么？

3. 什么是工业机器人作业原点？

扫码查答案

第 5 章

HMI 组态流程

5.1 触摸屏介绍

工业人机界面（human machine interface，HMI）又称触摸屏监控器，是一种智能化操作控制显示装置。HMI 的主要功能有：数据的输入与显示，系统或设备的操作状态方面的实时信息显示，在 HMI 上设置触摸控件可把 HMI 当作操作面板进行控制操作等。

触摸屏又称为触控屏、触控面板，是一种可接收触头等输入信号的感应式液晶显示装置，当接触屏幕上的图形按钮时，屏幕上的触觉反馈系统可根据预先编程的程序驱动各种连接装置，可用于取代机械式的按钮面板，并借由液晶显示画面显示出需要的控制效果。

自动化立体仓库是仓储物流的一个重要环节，其中包括物品的出库、入库等拣选生产控制设备。控制系统的核心部分由西门子 S7-1200 系列 PLC 完成，而系统的手动操作、动画显示和交互式操作界面等任务由 HMI 承担。HMI 主要有以下显示内容：输送设备的手动、自动操作页面，仓库库位是否有料的动态画面。HMI 选用西门子的 SIMATIC 精简系列面板 10 寸显示屏的人机界面。

智能制造技术综合实验平台使用西门子触摸屏，型号为 KTP700 Basic，图 5-1 所示为智能生产线 HMI 主显示界面。

5.1.1 触摸屏特点

KTP700 Basic 人机界面是西门子面向机器自动化领域推出的新一款 HMI，是西门子电气 HMI 家族中的成员，KTP700 Basic 具有 65536 种颜色的创新型高分辨率，宽屏显示屏也适合垂直安装，并且可以 100% 调暗。可用性得到改进的创新型用户界面采用新的控件和图形，提供了各种各样的功能选项。全新的 USB 接口能够连接键盘、鼠标或条形码扫描器，并支持将数据简单地存档到 USB 闪存盘中，以及手动备份和恢复整个面板。借助 PROFINET 或 PROFIBUS 接口及 USB 接口，其连通性也有了显著改善。借助 WinCC（TIA Portal）的最新软件可进行简易编程，从而实现新面板的简便组态与操作。

主要特点如下。

① 水平图像分辨率 800Pixel（像素）、垂直图像分辨率 480Pixel，工程画面更加细腻、清晰。

图 5-1 智能产线 HMI 主显示界面

② 采用高性能 32 位 800MHz RISC CPU 和精简的 Linux 内核，能显示各种真彩图形格式，其出众的处理速度和丰富的软件功能可以满足大多数用户的需要。

③ 液晶显示屏亮度可调节，背景照明半亮度使用寿命（元器件 1 平均无故障时间 MT-BF 1）20000h 具有更高的性价比。

④ 数据存储器 256MB，程序存储器 512MB，大存储空间保证用户能够存储更多图片。

⑤ 支持 BMP、JPG、GIF 等格式的图片导入。

⑥ 支持与绝大多数的 PLC 直接通信，能够轻松实现与其所连设备之间的数据交换。

⑦ 拥有直接在线模拟、间接在线模拟、大容量用户组态程序存储空间、与标准 C 语言兼容的宏指令等功能，能迅速有效地完成现场数据采集、运算、控制等功能。

5.1.2 技术参数

① 性能规格。

显示：屏规格 TFT 宽屏显示器，LED 背景光，屏幕对角线 7in，屏幕宽度 154.1mm，屏幕高度 85.9mm，颜色数量 65536。

背光灯：LED。

触摸屏：4 线精密电阻网络（表面硬度 4H）。

液晶寿命：20000h。

CPU：32 位-800MHz RISC CPU。

存储器：1Gbit NAND Flash＋64MB DDR2-667。

RTC 和配方存储器：实时时钟＋128KB。

可扩展存储器：1USB Host＋1SD 卡。

打印端口：USB/串口。

以太网：支持。

程序下载：1 个 USB2.0/串口/网口。

通信端口：COM0——S232/RS-485-2/RS-485-4；COM1——RS-232/RS-485-2/RS-485-4；COM2——RS-232。

② 电气规格。

额定功率：10W。

额定电压：24V DC。

电压输入范围：21~28V DC。

允许失电：<3ms。

绝缘电阻：500V DC 下绝缘电阻超过 50MΩ。

耐压测试：500V AC，1min。

③ 结构规格。

外壳颜色：冷灰色。

外壳材料：PC 塑料。

外形尺寸：350mm×260mm×54mm。

安装开孔尺寸：340mm×250mm。

质量：4.4kg。

④ 环境规格。

工作温度：-10~55℃。

工作湿度：10%~90%RH（无冷凝）。

存储温度：-20~60℃。

存储湿度：10%~90%RH（无冷凝）。

抗振度：10~25Hz（X、Y、Z 方向 $2g/30min$）。

冷却方式：自然风冷。

5.1.3 PLC触摸屏的作用

触摸屏属于 PLC 人机界面的一种，可以直接通过触摸屏控制 PLC，调整设备参数或监视参数。简单来说，如果只有 PLC，当要控制 PLC 设定具体的参数时，必须用一个电脑终端连接，然后在电脑里面读取具体的参数及设置各种参数。

触摸屏技术就是使用它来绘制画面，在画面中实现显示库位是否有料、货物库位的选定等功能。触摸屏在工业应用中就相当于一个既能显示又能与 PLC 进行通信的一个智能设备。

没有触摸屏时只能连接电脑进行 PLC 设置，而配了有触摸屏的 PLC 控制柜后，可以直接通过触摸屏读取及设置各类参数，从而对受控的设备进行设置。

当 HMI 与 PLC 之间的通信用于 PLC 控制系统时，HMI 与 PLC 之间通过 PC/IE 网线接线方式进行通信。在该方式下，HMI 根据要求直接读入 PLC 的数据或把数据写入 PLC 相应的地址中，大大减少了 PLC 用户的程序负担，在系统设计时，直接指定控制部件与其对应的 PLC 的输入输出（I/O）、中间寄存器（M）、数据块的地址，运行时 HMI 就能自动和 PLC 进行数据交换，直接读取或改写 PLC 相应地址的内容，并据此改变在画面上显示的内容，同时通过对 HMI 的触摸操作，可向 PLC 相应的地址输入数据。

5.2 通信组态

整个控制系统由垛机作为主要控制组成部分，采用 S7-1200 系列 PLC 实现其自动控制。这里的 PLC 和别的相同，编程器是其基本组成部分，如遇系统扩展需要，系统组件还应包括：数字扩展单元模块、模拟扩展单元模块、网络、通信模块、HMI 等。如图 5-2 所示，通过 PC/IE 网线建立 S7-1200 CPU 与伺服驱动及 HMI 的连接。

5.2.1　S7-1500 PLC 的以太网通信

S7-1500 PLC 与 S7-300/400 PLC 之间的通信方式相对要多些，可以采用下列方式通信：TCP、ISO on TCP 和 S7 通信。

采用 TCP 和 ISO on TCP 这两种协议通信所使用的指令是相同的，在 S7-1500 PLC 中使用 T-Block 指令编程通信。如果使用以太网模块，则在 S7-300/400 PLC 使用 AG SEND 和 AG RECV 编程通信。如果使用 PROFINET 接口，则调用 OPEN IE 指令（如建立通信连接指令 TCON、断开通信连接指令 TDISCON、发送数据指令 TSEND、接收数据指令 TRCV 等）进行编程通信。S7-1500 PLC 中所有需要编程的以太网通信都使用开放式以太网通信指令 T-Block 来实现。

5.2.2　组态实现的过程

在 TIA Portal 软件中，组态包括：添加各种类型的 PLC 控制器和 HMI，配置各种规模的站点以及网络拓扑图。本文的系统模块组态依次由 PLC 模块 CPU 1516-3 PN/DP、驱动模块 SINAMICS-V90、人机界面模块 HMI KTP1000 精智面板等几大模块组成。在 TIA Portal 项目中，可以添加很多类型的 HMI 和 PLC 控制器，S7-1500 PLC 支持模块检测功能。首次连接 S7-1500 PLC 时，可以插入一个"非指定的 CPU1500"，点击获取命令并选择联机的网卡，此时 TIA Portal 将会自动搜索网络上所有的站点，选择需要的站点，TIA Portal 将自动检测站点上所有的模块并按出厂设置的参数上传，完成高效组态。

配置一个 PROFINET 站点，可以打开网络视图，在分布式 I/O 中选择需要配置站点的接口模块，以 ET200SP 站点为例，将其拖放到网络视图中，为了便于管理，可以更改站点名称，使用鼠标拖放的方式，可以非常简单地将 ET200SP 站点连接到网络上，连接成功后，分布式 I/O 站点上带有蓝色主站标识符，表示已经分配到一个主站上，此时点击 ET200SP 站点的 PROFINET 接口，在属性中显示已经自动分配了 IP 地址，如图 5-2 所示，也可以根据实际要求手动更改。

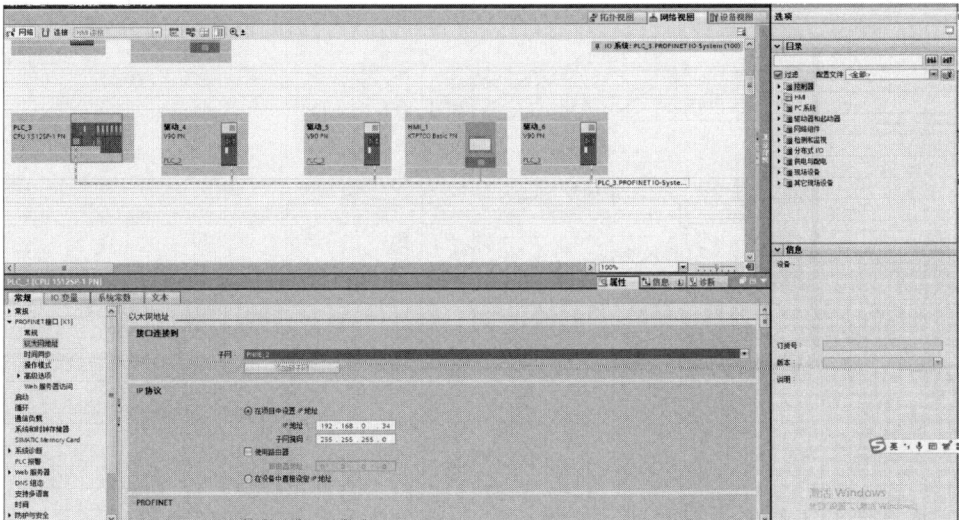

图 5-2　配置 PROFINET 接口

配置网络拓扑结构可以得到网络上设备与设备之间关系的信息，这样可以诊断端口连接是否正确，同时，在分布式 I/O 接口模块故障替换时不需要再联机分配设备名称。

进入拓扑视图可以看到每个设备上具有的 PROFINET 接口数量，鼠标点击接口，在下面的表格中可以看到设备端口自动索引，可通过拖放快速连接设备的端口，同时表格中也将建立端口连接关系，将配置信息下载到 CPU 中，再次切换到在线，可以看到端口连线是红色的，表示配置与实际的连线不匹配，然后，在表格中选择比较离线/在线功能，系统将自动扫描端口的连接信息，可以采用实际端口的连接信息作为离线的配置信息，将配置信息再次下载到 CPU 中，端口连接状态正确，网络拓扑信息存储于 CPU 的 SD 卡中，这样更换接口模块时，CPU 将根据端口的连接信息自动为新的接口分配设备名称和 IP 地址。图 5-3 所示为已连接的网络拓扑图。

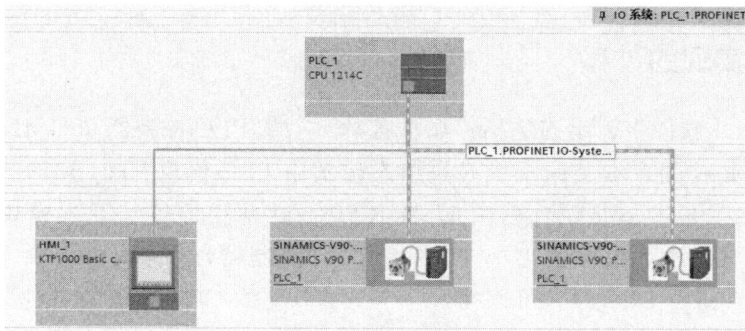

图 5-3　网络拓扑图

5.3　功能组态

系统设计的控制界面包括手动模式选择和自动模式选择的运行界面。图 5-4 所示为立体仓库运行监控界面。以手动模式下的出入库运行控制界面为例，界面上显示货架的运行状态、仓库的运行状态、剩余的仓位、仓位是否有料，同时还指定仓位出入库操作按钮等。

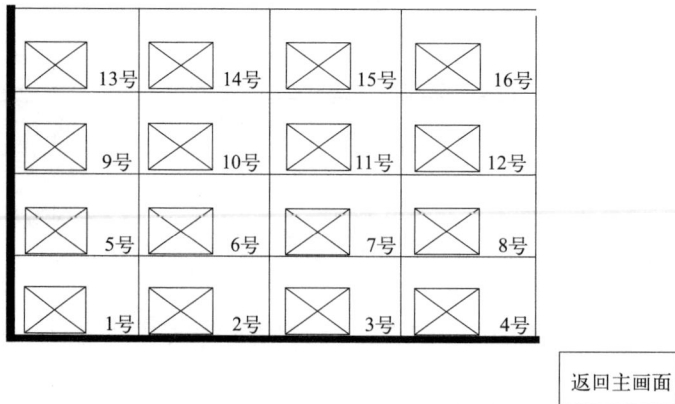

图 5-4　立体仓库运行监控界面

出入库系统的工作方式有两种（见图 5-5），分别是手动模式和自动模式。手动模式下，出入库系统处于点动状态，操作人员可以根据实际需要控制系统运行状态；自动模式下，出入库系统根据库位和货物情况自动进行出库入库操作，无需操作人员干预。

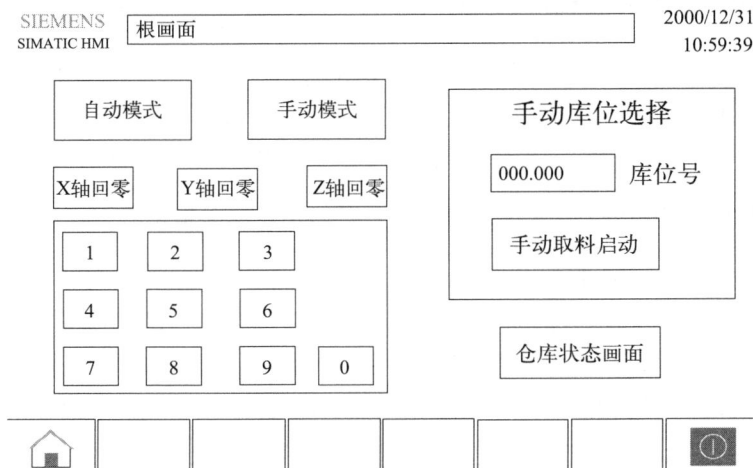

图 5-5　仓库取料控制图

在实际操作过程中，为了观察和使用方便，在 PLC 外部连接了触摸屏，在触摸屏上，随意输入库位号进行取货或存货，还可以在触摸屏上得知此库位是否有货，如果取货时无货则报警灯闪烁，并提示重新输入，反之，存货时此库位如果有货，则报警灯闪烁，并提示重新输入。这样就可以很方便地观察货物的出入库情况。

5.3.1　仓库监控界面组态步骤

在 HMI＿RT＿1 的画面中添加一个新画面，在新画面中添加手动按钮、自动按钮、仓库库位、库位料块等虚拟仿真画面。在新画面外点击库→选择工具箱→打开元素→选择长方形按钮，把文本 Test 修改为手动，对手动按钮与 PLC 变量进行事件链接，完成按钮的虚拟仿真。

复制一个刚才的启动按钮，修改文本为自动，对自动按钮与 PLC 变量进行事件链接，完成按钮的虚拟仿真。

当西门子 PLC 程序及触摸屏虚拟仿真画面相关变量设置都完成后，可进行最后的仿真效果模拟。项目树中下级菜单中有一个选项为 HMI 变量，进入后可看到连接，如图 5-6 所示，打开后里面有 HMI＿连接＿1，拖拽画面到下面可看到访问点 S7ONLINE，这个访问点的作用是可更改 PG/PC 之间的接口连接名称，但这个名称需与 PG/PC 之间的接口连接名称相同，不相同则无法仿真通信，在此暂不做更改，使用默认名称。

图 5-6　项目树中的下级菜单

假设想修改通信接口连接名称，方便自己辨识，例如修改为 home 这个名称，如：拖拽画面到下面可看到访问点 S7ONLINE，把 S7ONLINE 这个名称删除，添加上 home 这个名称即可，在下面的删除窗口会显示出 home 这个名称，表示已添加成功，当然，如不需要这个名称，也可在此处删除。

Windows 10 系统属性中有个控制面板，打开控制面板选择设置 PG/PC 接口（32 位），双击进入，下拉应用程序访问点（A），选择添加/删除，进入后在新建访问点处选择 STEP7 这个名称，然后再为使用的接口分配参数 PLCSIM.TCPIP.1，点击添加后确定即可，这代表 STEP7 名称与西门子仿真网络地址相关联了。

5.3.2 虚拟仿真触摸屏程序运行

西门子 TIA Portal 软件 V15.1 安装在电脑上后，Windows 10 屏幕上会自动生有 S7-PLCSIM V15.1 的图标。这个图标代表的就是西门子设备的仿真软件。在使用这个仿真软件前，我们需要先编译控制器 PLC 的主程序仿真图形。编译后可双击 S7-PLCSIM V15.1 的图标，选择 S7-1200 系列 PLC 仿真，再点击开关图标，开启虚拟仿真，把仿真软件缩小。

回到西门子 TIA Portal 软件 V15.1，点击控制器 PLC 的主程序进行虚拟下载，选择网卡时注意选择 PLCSIM 才能与虚拟网络联机，然后点击在线，PLC 完成虚拟仿真。打开项目树，选中 HMI_RT_1，然后在在线项目中选中仿真启动，这样一个简单的启、停电路会在电脑显示器上全屏仿真出触摸屏的显示效果，通过鼠标可点击显示程序运行效果。

5.4 地址分配

根据本书中 PLC 输入输出的控制要求，得出 PLC 的输入输出 I/O 分配如表 5-1 所示。

表 5-1 I/O 分配表

%I0.0	启动	%M0.2	X 轴复位完成
%I0.1	复位	%M0.3	X 轴停止完成
%I0.2	停止	%M0.4	X 轴归零
%I0.3	急停	%M0.5	X 轴归零完成
%I0.4	原料仓库位 1	%M0.6	X 轴点动正向
%I0.5	原料仓库位 2	%M0.7	X 轴点动反向
%I0.6	原料仓库位 3	%M1.0	X 轴定位启动
%I0.7	原料仓库位 4	%M1.1	X 轴定位启动完成
%I1.0	原料仓库位 5	%M1.2	Y 轴使能
%I1.1	原料仓库位 6	%M1.3	Y 轴复位完成
%I1.2	原料仓库位 7	%M1.4	Y 轴归零
%I1.3	原料仓库位 8	%M1.5	Y 轴归零完成
%I1.4	原料仓库位 9	%M1.6	Y 轴停止完成
%I1.5	原料仓库位 10	%M1.7	Y 轴点动正向
%I1.6	原料仓库位 11	%M2.0	Y 轴点动反向
%I1.7	原料仓库位 12	%M2.1	垛机上升取料
%I2.0	叉车气缸伸出检测	%M2.2	Y 轴定位启动完成
%I2.1	叉车气缸缩回检测	%M2.3	库位 1 有料
%I2.2	叉车传送托盘检测	%M2.4	库位 2 有料
%I2.3	垛机 X 轴正限位	%M2.5	库位 3 有料
%I2.4	垛机 X 轴原点	%M2.6	库位 4 有料
%I2.5	垛机 X 轴负限位	%M2.7	库位 5 有料
%I2.6	垛机 Y 轴负限位	%M3.0	库位 6 有料
%I2.7	垛机 Y 轴原点	%M3.1	库位 7 有料
%I3.0	垛机 Y 轴正限位	%M3.2	库位 8 有料
%I3.1	垛机 X 轴伺服就绪	%M3.3	库位 9 有料
%I3.2	垛机 Y 轴伺服就绪	%M3.4	库位 10 有料
%I3.3	垛机 X 轴伺服故障	%M3.5	库位 11 有料
%I3.4	垛机 Y 轴伺服故障	%M3.6	库位 12 有料

5.5　上传和下载工程

5.5.1　保存工程

工程组态完成后，单击基本工具栏的图标或按键盘 Ctrl＋S 组合键，也可以通过文件菜单中的保存工程按键对编辑好的工程画面进行保存。

5.5.2　工程模拟

在完成工程组态的编辑后，可通过离线模拟功能来仿真组态工程运行时的效果，而不必每次下载工程到 HMI 中，可以极大地提高编程效率。离线模拟前要先将组态工程进行编译。

（1）编译工程

① 点击系统快捷工具栏中的编译图标或点击编辑工具菜单中的编译按键对工程进行编译，检验组态工程的正确性。

② 编译结果显示在软件底部的编译信息窗口中，可查看工程的警告和错误信息，如图 5-7 所示。

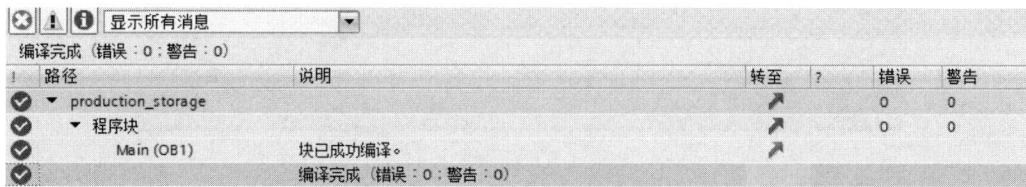

图 5-7　编译信息窗口

（2）工程模拟

编译成功后，单击系统快捷工具栏的离线模拟图标或点击编辑工具菜单中的仿真按键，弹出仿真画面，仿真画面只能够反映工程画面显示效果。若涉及 PLC 设备数据的采集和输入输出控制，组态工程需要下载到 HMI 里面运行，并与 PLC 设备建立通信才能看到实际的运行结果（也可以打开 TIA Portal、S7-PLCSIM Advanced V2.0 进行虚拟 PLC 仿真）。

5.5.3　下载工程

工程下载操作步骤如下。

（1）选择下载方式

单击系统快捷工具栏的下载方式选择图标或点击编辑工具菜单中的下载方式选择按键，弹出工程设置选项对话框，根据当前设备通信方式选择下载方式，以当前设备以太网通信为例，下载方式选择网口，IP 地址设置为 192.168.0.42（通信组态时分配的 IP 地址），端口号采用系统默认值无须更改。

(2) 下载工程

① 组态工程下载前，可以根据实际需要设置下载密码、上传密码和反编译密码，以防止未经授权的操作。鼠标左键双击 HMI，系统弹出 HMI 属性页面，切换到触摸屏扩展属性页面，设置下载密码、上传密码和反编译密码。

② 单击系统快捷工具栏的下载图标 或点击工具菜单中的下载按键，系统弹出扩展下载到设备对话框，选择要下载的 HMI，单击下载按钮，开始下载，如图 5-8 所示。

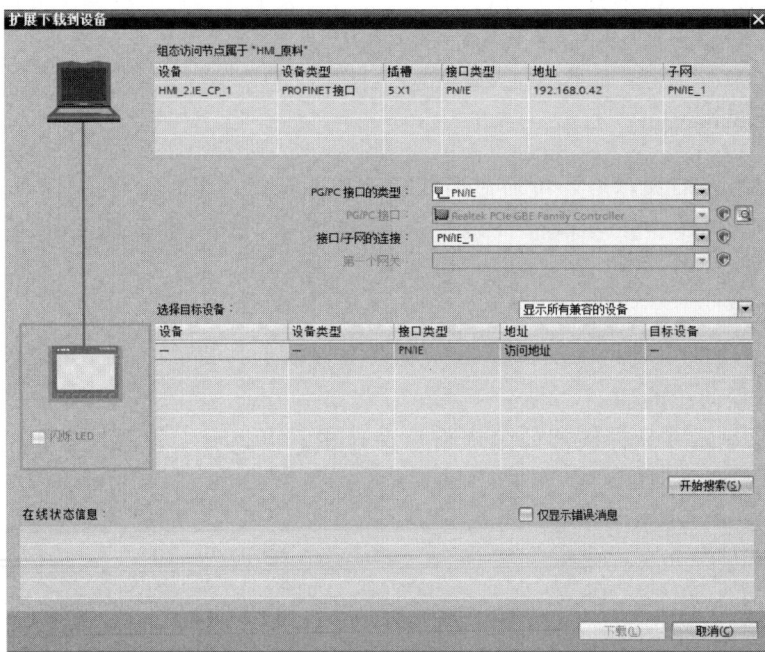

图 5-8　程序下载

5.5.4　上传工程

现场调试时，如果一时找不到计算机上组态工程保存的路径，可通过上传 HMI 工程的操作，读取 HMI 上当前运行的工程。

工程上传操作步骤如下。

① 单击工具菜单，选择上传工程按键，弹出 KHManager 对话框。

② 设置通信 IP（192.168.0.42），点击上传工程。

③ 选择需要上传的文件，点击确定。

④ 选择工程保存路径，输入文件名，点击保存，即可将工程上传至计算机。

5.6　触摸屏功能控制

5.6.1　建立文本和图形显示

HMI 各界面除了要添加各种元件外还要添加相应的文字说明及部分图形使界面显示更

加生动，点击绘图菜单或快捷工具栏，可增加相应的图形符号及静态文字，如图5-9所示。

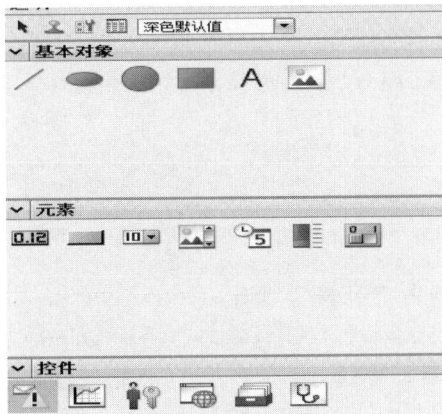

图 5-9　绘图菜单

双击 KTP700 Basic，打开 HMI 属性窗口，点击触摸屏扩展属性，选择初始窗口名称，选择的窗口即设置为主窗口，HMI 一上电即显示主窗口。

5.6.2　手动控制界面地址分配

① 手动控制界面进行地址分配。通过手动模式选择相应的库位按键来控制垛机实现相应库位的货料存取。

② 立体料仓界面显示状态。立体料仓界面实时状态显示每个料仓的存储情况和当前物料状态。描述立体仓库界面的地址分配机制，确保每个料仓具备唯一标识，以便 MES 系统在发送 RFID 信息时进行精准跟踪。

📖 **本章小结** ────────

西门子触摸屏作为工业自动化领域的重要设备，其通信组态、功能组态以及地址分配等功能的合理运用，对于提升生产效率、保障设备稳定运行具有重要意义。

在通信组态方面，西门子触摸屏支持多种通信协议，如 MODBUS、PROFIBUS 等，可轻松实现与 PLC、变频器等设备的无缝连接。通过简单的设置，即可实现数据的实时传输与监控，确保生产线的顺畅运行。

功能组态是西门子触摸屏的另一大亮点。用户可根据实际需求，在触摸屏上自定义各种功能界面，如参数设置、数据显示、报警提示等。这些界面不仅直观易懂，而且操作简便，极大地提高了操作人员的工作效率。

地址分配是确保触摸屏与 PLC 等设备正确通信的关键步骤。西门子触摸屏提供了灵活的地址分配方式，用户可根据设备的实际连接情况，为触摸屏上的每个元件分配唯一的地址。这样，当触摸屏接收到 PLC 等设备发送的数据时，就能准确地识别并显示相应的信息。

西门子触摸屏还支持工程文件的上传和下载功能。当需要对触摸屏进行维护或升级时，用户只需将工程文件下载到本地计算机进行修改，然后再上传至触摸屏。这一过程无需拆卸触摸屏，极大地降低了维护成本和减少了时间。

综上所述，本章主要讲解 HMI 组态流程及人机界面的原理功能，这些技术细节共同确保了界面的高效性、直观性和易用性。在实际应用中，我们需要根据具体需求选择合适的技术方案，以实现最佳的用户体验和设备控制效果。

习题

一、填空题

1. 西门子 HMI 的组态画面中有按钮组态、（　　　　）、（　　　　）、图形输入输出对象的组态、时钟和日期的组态、符号 I/O 域组态、画面切换等。

2. 完成工程组态的编辑后，可通过（　　　）功能来仿真组态工程运行。

3. HMI 是 human machine interface 的缩写，也叫（　　　）。

二、简答题

1. HMI 触摸屏的作用有哪些？

2. HMI 如何与 PLC 进行连接？

3. HMI 如何进行仿真测试？

扫码查答案

第 6 章
PLC 组态流程

6.1 SIMATIC S7-1500 编程软件

6.1.1 TIA Portal 简介

TIA Portal（totally integrated automation portal）在单个跨软件平台中提供了实现自动化任务所需的所有功能。TIA Portal 是首个用于集成工程组态的共享工作环境，在单一的框架中提供了各种 SIMATIC 系统。因此，TIA Portal 还支持可靠且方便的跨系统协作。所有必需的软件包，包括从硬件组态到编程到过程可视化的软件，都集成在一个综合的工程组态框架中。

在使用 TIA Portal 时，以下功能在实现自动化解决方案期间提供高效支持，体现出了 TIA Portal 的优势。

① 使用统一操作概念的集成工程组态，过程自动化和过程可视化"齐头并进"。

② 通过功能强大的编辑器和通用符号实现一致的集中数据管理，数据一旦创建，就在所有编辑器中都可用。更改及纠正内容将自动应用和更新到整个项目中。

③ 完整的库概念，可以反复使用现成的指令及项目的现有部分。

TIA Portal 是可用于 SIMATIC S7-1500/1200/400/300 创建可编程逻辑控制程序的软件，可使用梯形逻辑图、功能块图和语句表。它是 SIEMENS SIMATIC 工业软件的组成部分。TIA Portal 以其强大的功能和灵活的编程方式广泛应用于工业控制系统，总体说来，它有如下功能特性：

① 可通过选择 SIMATIC 工业软件中的软件产品进行扩展；

② 为功能模板和通信处理器赋参数值；

③ 强制和多处理器模式；

④ 全局数据通信；

⑤ 使用通信功能块的事件驱动数据传送；

⑥ 组态连接。

6.1.2 TIA Portal 的安装

包含五种语言的 TIA Portal V13 版本能够在 Windows 7 Professional 操作系统上运行。

将 TIA CD 放入 PC 机的 CD-ROM 驱动器，安装程序将自动启动，根据安装程序界面的提示即可安装完毕。如果安装程序没有自动启动，可在 CD-ROM 的以下路径中找到安装程序：/TIA/Disk1/setup. exe。一旦安装完成并已重新启动计算机，TIA Portal V13（SIMATIC 管理器）的图标将显示在 Windows 桌面上。

6.1.3　TIA Portal 的硬件配置和程序结构

一般来说，要在 TIA Portal 中完成一个完整自动控制项目的下位机程序设计，要经过设计自动化任务解决方案、生成项目、组态硬件、生成程序、传送程序到 CPU 并调试等步骤。

从流程来看，设计自动化任务解决方案是首要的，它根据实际项目的要求进行设计，本实验对此不做过多阐述。下面从生成项目开始，逐步介绍如何完成一个自动化控制项目的下位机程序设计。

① 生成项目并组态硬件、编程。

PC 机和 CPU 的通信接口选择：设置 PG/PC 接口为 Realtek PCIe GBE Familier。

② 程序结构。配置好硬件之后，回到 TIA Portal 管理器界面窗口，鼠标左键单击窗口左边的程序选项，则右边窗口中会出现 OB1 图标，OB1 是系统的主程序循环块，OB1 里面可以写程序，也可以不写程序，根据需要确定。TIA Portal 中有很多功能各异的块，分别描述如下。

a）组织块（oganization block，OB）。组织块是操作系统和用户程序间的接口，它被操作系统调用。组织块控制程序执行的循环和中断、PLC 的启动、发送错误报告等，可以通过在组织块里编程来控制 CPU 的动作。

b）功能块（function block，FB）。功能块为 TIA Portal 系统函数，每一个功能块完成一种特定的功能，可以根据实际需要调用不同的功能块。

c）函数（function，FC）。函数是为了满足用户一种特定的功能需求而由用户自己编写的子程序，函数编写好之后，用户可对它进行调用。

d）数据块（data block，DB）。数据块是用户为了对系统数据进行存储而开辟的数据存储区域。

如果要加入某种块，可在左边窗口（即出现 OB1 的窗口）空白处双击添加新块选项，在其子菜单中鼠标左键单击所要的块即可。

添加好了所要的块之后就是程序编写了，鼠标左键双击所要编写程序的块即可编写程序。

还可以给使用的变量和常量定义变量名，在左侧项目树栏中，找到 plc 变量一项，单击展开，然后双击添加新变量表创建新变量表。可以在变量表中定义变量的名称。

程序写好并编译通过之后，点击 TIA Portal 管理器界面窗口中的下载图标，下载到 CPU 中，把 CPU 置于 RUN 状态即可运行程序。

6.1.4　编程语言

TIA Portal 标准软件包支持三种编程语言：梯形图 LAD，语句表 STL 和功能块图 FBD。不同的编程语言为具有不同知识背景的编程人员提供了选择。LAD：梯形图和电路图很相似，采用诸如触点和线圈等符号。这种编程语言适用于对接触器控制电路比较熟悉的技术人员。STL：语句表包含了丰富的 TIA Portal 指令，采用文本编程方式。熟悉其他编程语言的程序员对这种编程语言比较容易理解。FBD：功能块图使用不同的功能盒。盒中的符号表示功能（例如：& 指"与"逻辑操作）。即使像过程工程师一样的"非程序员"也可以使用这种编程语言。

这三种编程语言中，LAD 和 FBD 都是图形化的编程语言，特点是容易理解、易使用，但是灵活性相对较差，STL 是更接近程序员的语言，能够实现指针等非常灵活的控制，TIA Portal 还支持将符合一定语法规则的 STL 文本源程序直接导入。但是 STL 不够直观，需要记忆大量的编程指令，而且要求对 CPU 内部的寄存器等结构了解比较深刻。为了充分发挥不同编程语言的优势，TIA Portal 支持这三种语言的混合编程以及它们之间的转化。一般来说，LAD 和 FBD 都可以通过 TIA Portal 自动转换成 STL，但是并非所有的 STL 都可以转换成 LAD 和 FBD。

6.1.5 TIA Portal 中的视图

通过以下两种不同的视图，可以从不同角度了解 TIA Portal。

(1) Portal 视图

下面给出了 Portal 视图和项目视图的功能的说明。可以在 TIA Portal 信息系统中找到有关本主题的其他信息。

Portal 视图提供了所有组态步骤的概述并以基于任务的方式开始构建自动化解决方案。

各个 Portal（启动、设备与网络、PLC 编程、可视化和在线与诊断等）显示了实现结构清晰的自动化任务的所有必需步骤。在这里，可以快速确定要执行的操作并启动所需的相关工具。

图 6-1 是 Portal 视图的布局。

① 用于实现各种任务的 Portal：Portal 提供了用于各个任务的基本功能。在 Portal 视图中提供的各种 Portal 取决于所安装的产品。

② 所选 Portal 对应的操作：此处提供了在所选 Portal 中可使用的操作。可以在每个 Portal 中打开上下文相关的帮助信息。

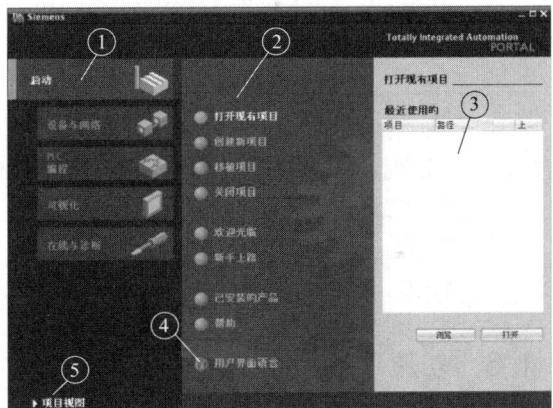

图 6-1 Portal 视图的布局

③ 所选操作的选择窗口：所有 Portal 中都提供了选择窗口。该窗口的内容取决于当前的选择。

④ 选择用户界面语言。

⑤ 切换到项目视图。

(2) 项目视图

项目视图是项目中所有组件的分层结构化视图。项目视图允许快速且直观地访问项目中的所有对象、相关工作区和编辑器。使用提供的编辑器，可以创建和编辑项目中需要的所有对象。

各个工作窗口显示了所选对象的全部对应数据。

图 6-2 显示了项目视图的布局。

图 6-2　项目视图的布局

① 菜单栏：菜单栏包含工作所需的全部命令。

② 项目树：通过项目树可以访问所有组件和项目数据。

③ 工具栏：工具栏提供了常用命令的按钮。这种设置提供了一种比菜单栏中的菜单更快的命令访问方式。

④ 工作区：为进行编辑而打开的对象将显示在工作区内。

⑤ 任务卡：可用的任务卡取决于所编辑或选择的对象。可以在画面右侧的栏中找到任务卡。可以随时折叠和重新打开这些任务卡。

⑥ 巡视窗口：巡视窗口显示有关所选对象或已执行动作的其他信息。

⑦ Portal 视图：切换到 Portal 视图。

⑧ 详细视图：详细视图显示了所选对象的特定内容。这可能包括文本列表或变量。

6.1.6　创建项目

创建项目的步骤如下。

① 单击创建新项目（图 6-3）。

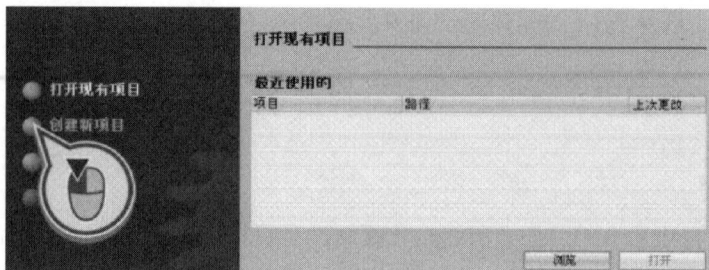

图 6-3　创建新项目

② 在项目名称文本字段中输入名称 materials station，然后单击创建按钮（图 6-4）。

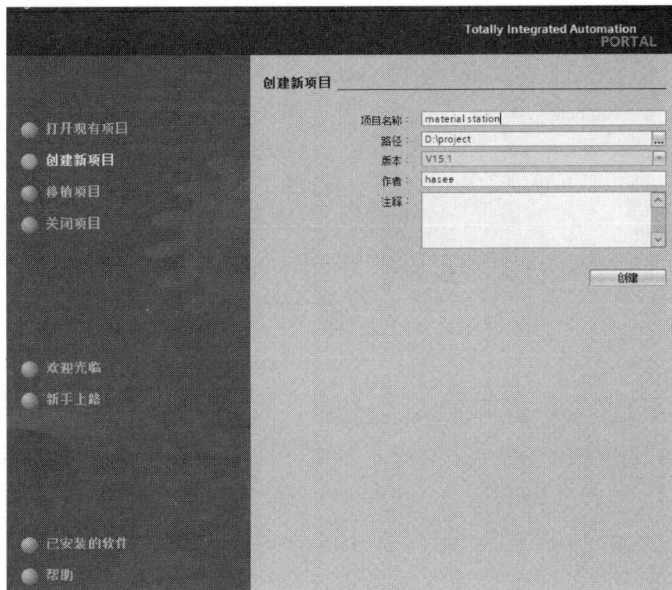

图 6-4　创建项目名称

6.2　PLC 硬件组态

6.2.1　组态 CPU

(1) 单击组态设备 (图 6-5)

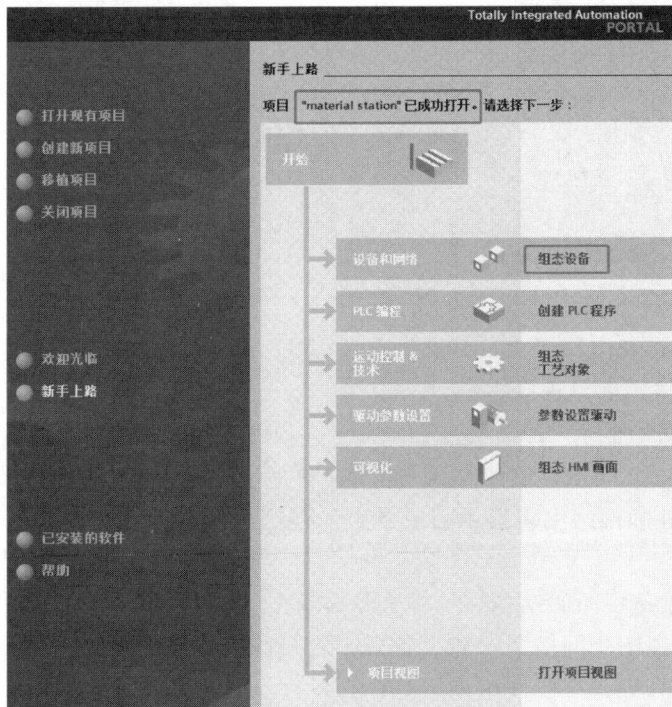

图 6-5　单击组态设备

（2）单击添加新设备（图 6-6）

图 6-6　添加新设备

（3）创建 CPU（图 6-7）

① 在设备名称文本字段中输入名称或选择默认的 PLC_1。

② 选择 CPU 1516-3 PN/DP：要执行此操作，应单击控制器并打开文件夹"SIMATIC S7-1500"→"CPU"→"CPU 1516-3 PN/DP"，然后选择带有编号 6ES7 516-3AN00-0AB0 的 V1.8 版本。

③ 确保选择了打开设备视图选项。如果未选择该选项，请将其选中。

④ 单击添加按钮。

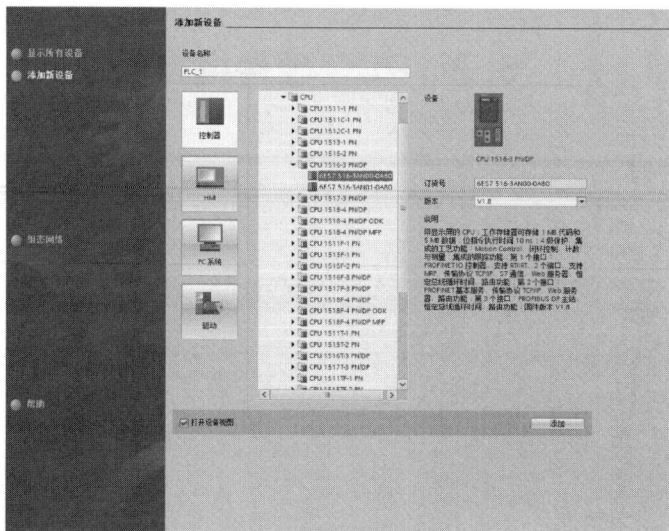

图 6-7　创建 CPU

已在样本项目 material station 中成功插入 CPU 1516-3 PN/DP。这样，TIA Portal 将自动从 Portal 视图切换到项目视图。

（4）在设备视图中显示 CPU

在样本项目 material station 中插入的 CPU 将显示在硬件和网络编辑器的设备视图中。

设备视图是硬件和网络编辑器中的三个工作视图之一，可以在此视图中组态和设置设备及模块的参数。

图 6-8 显示了设备视图的结构。

① 用于在拓扑视图、网络视图和设备视图之间切换的选项卡。

② 设备视图工具栏：可以使用该工具栏在各种设备之间切换以及显示和隐藏某些信息。使用缩放功能可以更改图形区域中的显示。

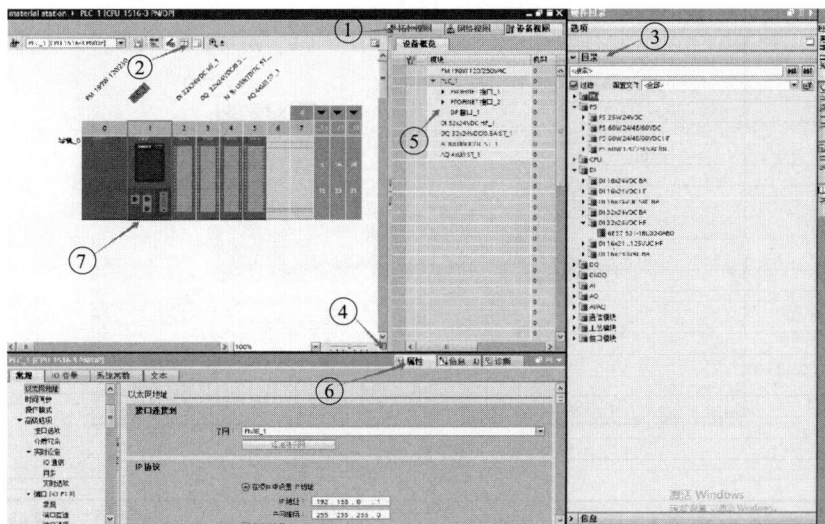

图 6-8　设备视图的结构

③硬件目录任务卡：硬件目录允许轻松地访问各个硬件组件。可将自动化任务所需的设备和模块从硬件目录拖到设备视图的图形区域。

④ 总览导航：单击总览导航可在图形区域中总览所创建的对象。按住鼠标按钮，可以快速浏览到所需的对象并在图形区域中显示这些对象。

⑤ 设备视图的表格区域：通过设备视图的表格区域可总览所用的模块以及最重要的组件和技术数据。

⑥ 巡视窗口：巡视窗口显示当前所选对象的相关信息。可以在巡视窗口的属性选项卡中编辑所选对象的设置。

⑦ 设备视图的图形区域：设备视图的图形区域显示硬件组件以及（在需要时）通过一个或多个机架指定给硬件组件的相关模块。对于带有机架的设备，可以将其他硬件对象从硬件目录拖到机架插槽中，然后组态这些对象。

说明：在 TIA Portal 中设置工作区域，通过单击可以关闭任务卡、项目树和巡视窗口。这样可增加工作区域。若要返回到前一视图，可以随时再次将窗口最大化。

6.2.2　组态 CPU 接口

在以下部分中，将组态 CPU 1516-3 PN/DP 的以太网接口，可以使用此接口将 DP 从站（分布式 I/O 站）与 CPU 联网，在项目的进一步构建过程中，可继续添加这些从站。

要求：在硬件和网络编辑器的设备视图中已打开 PLC ＿ 1 [CPU 1516-3 PN/DP]。

要组态 CPU 的以太网接口，按以下步骤操作。

① 双击 CPU 的以太网接口。

这样会在巡视窗口（图 6-9）中显示以太网接口的属性。

② 在巡视窗口的属性选项卡（图 6-10）中，单击以太网地址。在项目中 IP 地址下的 IP 地址文本框中输入以下 IP 地址：192.168.0.1。

③ 单击工具栏上的保存项目按钮或者按 Ctrl＋S，可以保存项目。

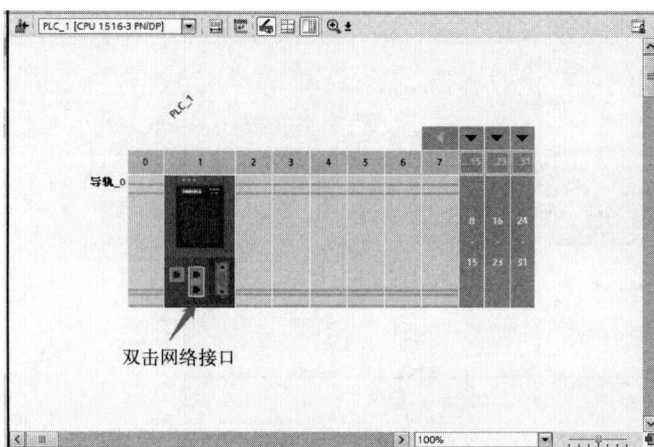

双击网络接口

图 6-9　CPU 的巡视窗口

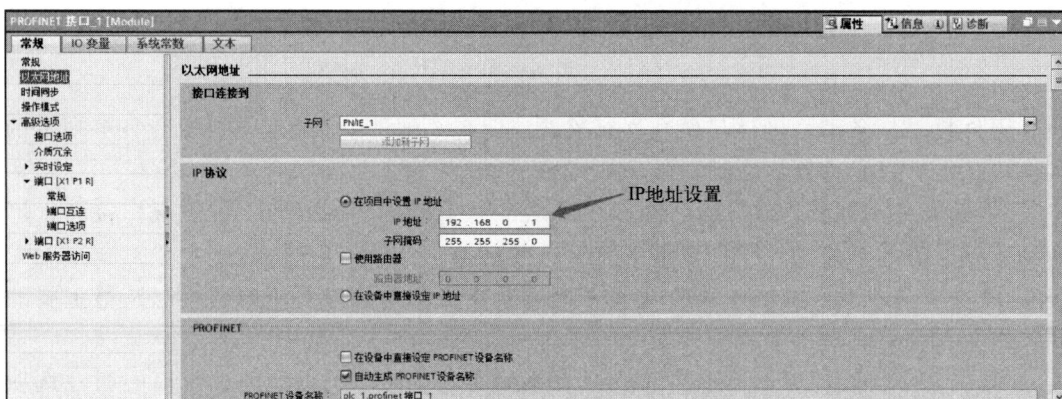

图 6-10　巡视窗口的属性

6.2.3　在设备组态中插入电源和信号模块

下面在设备组态中插入电源"PM 190W 120/230VAC"和数字量输入模块"DI 32x24VDC HF＿1"、数字量输出模块"DQ 32x24VDC/0.5A ST＿1"、模拟量输入模块"AI 8xU/I/RTD/TC ST＿1"、模拟量输出模块"AQ 4xU/I ST＿1"。电源（PS）提供负载电源。可以使用数字量输入/输出模块来调节 CPU 中的输入和输出信号。

在硬件和网络编辑器的设备视图中已打开 PLC＿1［CPU 1516-3 PN/DP］。

要插入电源和数字量输入/输出模块，按以下步骤操作。如图 6-11 所示。

① 通过单击任务卡中的硬件目录来打开硬件目录。

② 检查是否在硬件目录中选择了过滤选项。如果未选择，请在该复选框中设置复选标记以将其选中。

说明：可以使用过滤选项以限制所显示的硬件组件的数目。选择过滤后，仅当前可选择的那些组件会显示在硬件目录中。禁用过滤选项后，将显示整个硬件目录。

③ 将编号为"6EP1333-4BA00"的电源"PM 190W 120/230VAC"从硬件目录拖到安装导轨的第一个插槽中，如图 6-11 所示。

④ 将编号为"6ES7 521-1BL00-0AB0"的数字量输入模块"DI 32x24VDC HF＿1"从

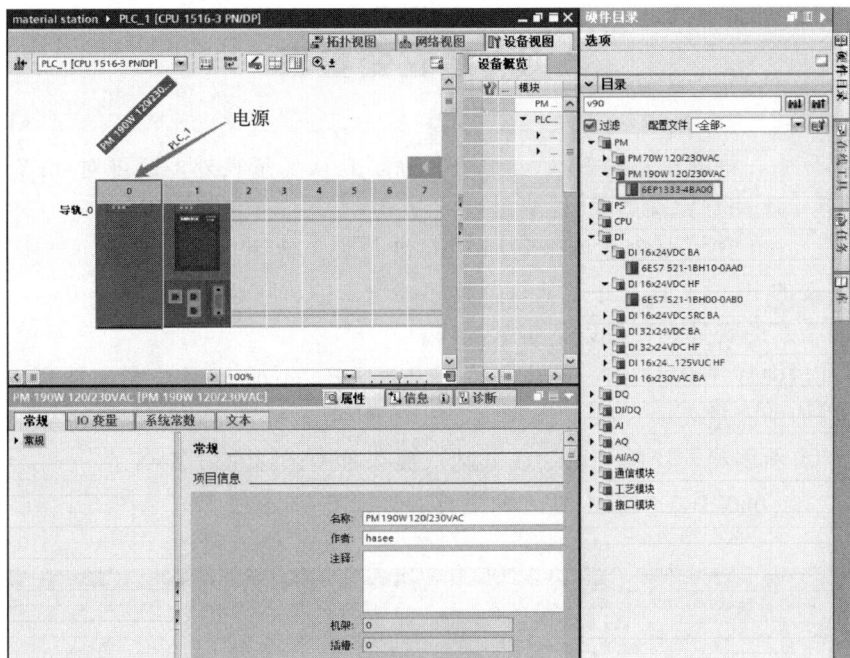

图 6-11　硬件选择

硬件目录拖到插槽 2 中，将编号为"6ES7 522-1BL00-0AB0"的数字量输出模块"DQ 32x24VDC/0.5A ST_1"从硬件目录拖到插槽 3 中，将编号为"6ES7 531-7KF00-0AB0"的模拟量输入模块"AI 8xU/I/RTD/TC ST_1"从硬件目录拖到插槽 4 中，将编号为"6ES7 532-5HD00-0AB0"的模拟量输出模块"AQ 4xU/I ST_1"从硬件目录拖到插槽 5 中，如图 6-12。

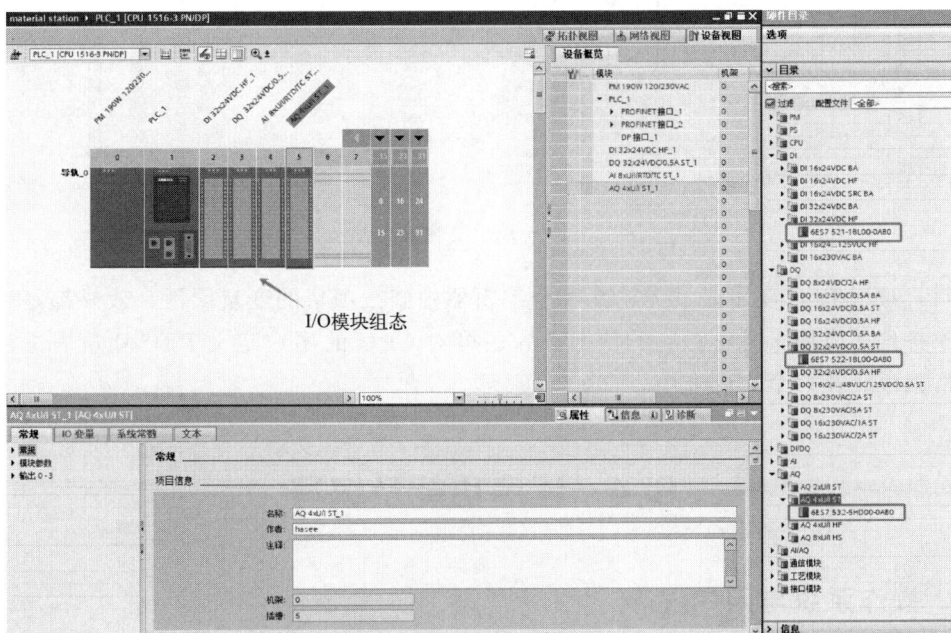

图 6-12　I/O 模块组态

6.3 建立变量表

在以下部分中，将创建新的 PLC 变量表。除了默认变量表外，还可对 TIA Portal 中的每个 CPU 创建多个用户定义的 PLC 变量表。

对项目 material station 创建四个附加 PLC 变量表。使用这些变量表可清晰地按项目组件来组织已定义的 PLC 变量，并可从每个程序编辑器中访问这些变量表。

要创建四个新的变量表，按以下步骤操作。

① 在项目树中打开 PLC _ 1［CPU 1516-3 PN/DP］下的 PLC 变量文件夹。

② 双击添加新变量表项。

③ 右键单击新创建的变量 table _ 1 并从快捷菜单中选择重命名。

④ 指定 Tags material［124］作为新名称，如图 6-13。

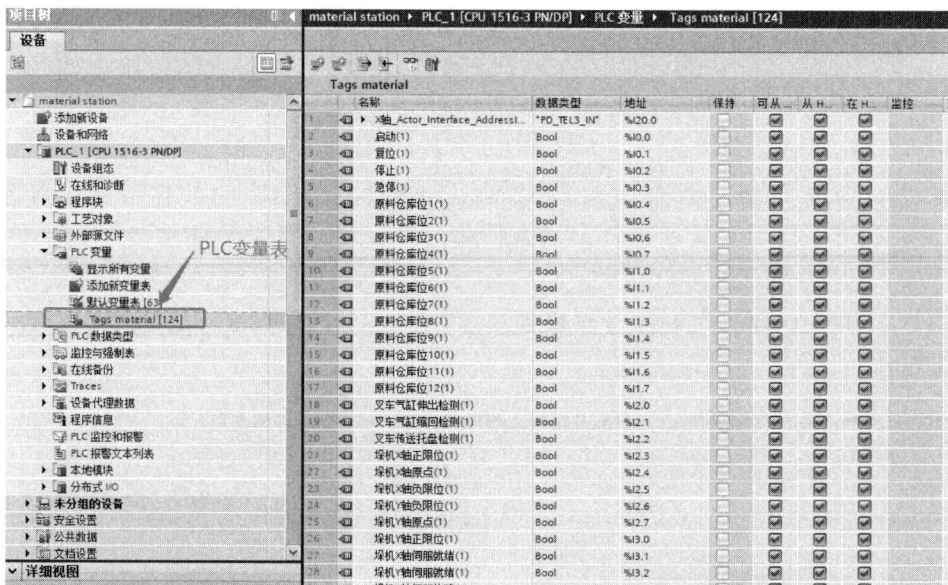

图 6-13　变量表

说明：对于 PLC 变量表，无论在哪个编辑器中修改项目的变量属性，效果都是一样的。所有更改将自动应用于各个对应的使用点。还可对 CPU 的用户定义 PLC 变量表进行分组，方法是将其存储在一个文件夹中。

6.4 程序功能及编写

6.4.1 操作系统与用户程序

SIMATIC 控制器由操作系统和用户程序组成（图 6-14）。操作系统管理所有未与特定控制任务连接的函数和序列（例如：处理重启、更新过程映像、调用用户程序、处理错误、管理内存等）。操作系统是控制器不可分割的一部分。用户程序包括处理特定自动化任务所需的所有块。可用程序块对用户程序进行编程，并加载到控制器上。

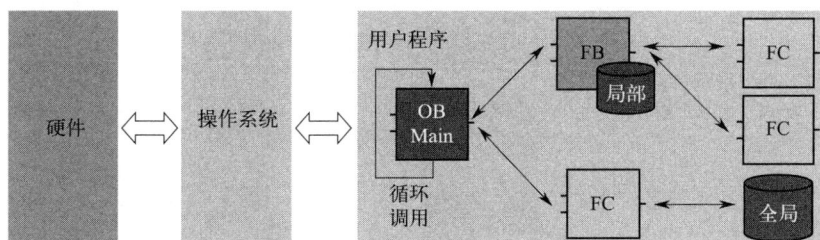

图 6-14　操作系统与用户程序

对于 SIMATIC 控制器，用户程序总是循环执行。在 STEP 7 中创建控制器后，Main 循环 OB 已经存在于程序块文件夹中。该块由控制器处理，并被无限循环调用。

6.4.2　程序块

在 STEP 7（TIA Portal）中，有所有熟悉的块类型来自之前的 STEP 7 版本：组织块、功能块、函数、数据块。有经验的 STEP 7 用户会马上知道它们的使用方法，新用户可以很容易地熟悉编程。

优势：使用不同的块类型让程序有一个清晰的结构。基于一个良好的结构化的程序，可以得到许多函数单元，它们可以在一个项目和其他项目中多次重复使用。这些函数单元通常只在不同配置上有所不同。项目或工厂将变得更加透明，也就是说，一个工厂的错误状态可以更容易地被检测、分析和消除。换句话说，工厂的可维护性变得高了。对于编程中的错误也是如此。

结构化自动化任务。将工厂的整个功能划分为独立的区域，形成子函数单元。将这些函数单元再次划分为更小的单元和函数。直到得到可以多次使用并带有不同参数的函数。然后指定函数单元之间的接口，为将要由"外部伙伴"交付的函数定义独特的接口。

所有组织块、功能块和函数都可以用以下语言编程，见表 6-1。

表 6-1　S7-1200/1500 PLC 控制器可使用的编程语言类型

编程语言	S7-1200 PLC	S7-1500 PLC
梯形图（LAD）	是	是
函数块图（FBD）	是	是
结构化控制语言（SCL）	是	是
Graph	否	是
语句表（STL）	是	是

① 组织块（OB）。OB 是操作系统和用户程序之间的接口，由操作系统调用并控制，例如控制器的启动行为、循环程序处理、中断控制程序处理、错误处理。根据控制器的不同，可以使用许多不同的 OB 类型。

OB 由控制器的操作系统调用，可以在一个程序中创建多个主 OB。OB 按 OB 号顺序被处理（图 6-15）。

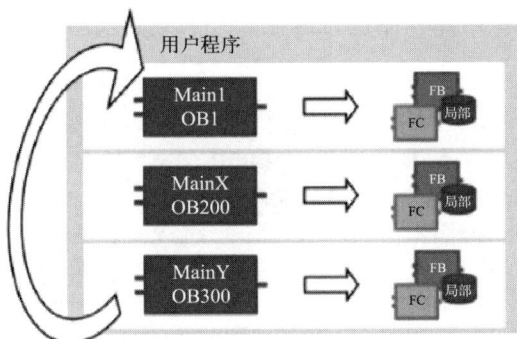

图 6-15　OB 按 OB 号顺序被调用和处理

如此可避免不同主 OB 之间的通信，从而可以相互独立地使用它们。如果是在各个主 OB 之间交换数据，需使用全局 DB（数据块）。

② 函数（FC）。FC 是没有循环数据存储的块（图 6-16）。这就是参数值不能保存到下一次调用，并且在调用时必须提供实际参数的原因。

图 6-16　FC 创建

FC 的特点：在非优化块中调用临时变量时，临时变量未被定义。在优化块中，该值始终预置为默认值（S7-1500 和 S7-1200 固件 V4 及更高版本）。因此，由此产生的特性不是偶然的，而是可复现的。为了永久保存 FC 的数据，可以使用全局数据块的功能。FC 可以有多个输出。函数值可以直接在 SCL 中的公式被再次使用。

对于被多次调用且频繁重复出现的应用程序，可在用户程序的不同位置使用这些函数。使用该选项可以在 SCL 中直接重用函数值。

例如：在下面的示例中，在 FC 中编写了一个数学公式。计算结果直接被声明为返回值，函数值可以直接重复使用，如图 6-17。

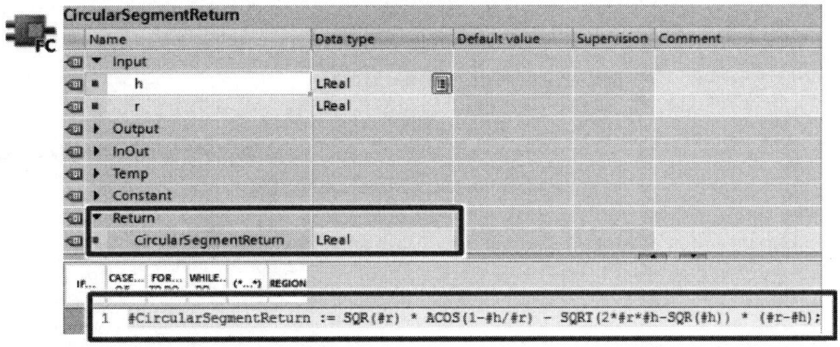

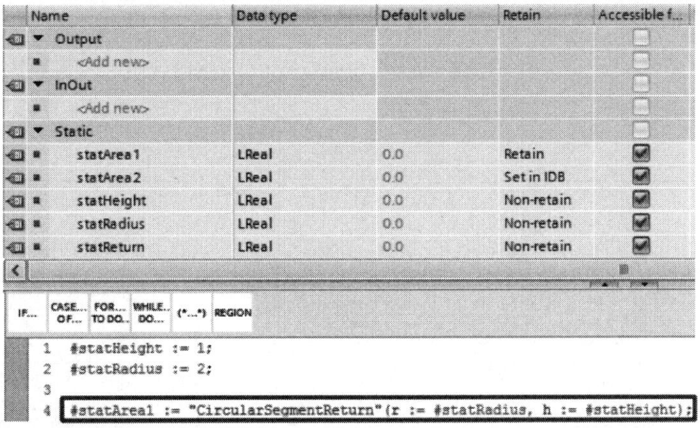

步骤	说明
①	使用数学公式(圆弓形)创建一个 FC,并定义返回值作为公式的结果 CircularSegmentReturn | Name	Data type	Default value	Supervision	Comment
▼ Input				
h	LReal			
r	LReal			
▶ Output				
▶ InOut				
▶ Temp				
▶ Constant				
▼ Return				
CircularSegmentReturn	LReal				 IF... CASE... FOR... WHILE... (*...*) REGION `1  #CircularSegmentReturn := SQR(#r) * ACOS(1-#h/#r) - SQRT(2*#r*#h-SQR(#h)) * (#r-#h);`
| ② | 在任意块(SCL)中调用 FC 使用圆段计算<br>\<Operand\>;=\<FC name\>(parameter list);<br><br>| Name | Data type | Default value | Retain | Accessible f... |<br>| ▼ Output | | | | |<br>| \<Add new\> | | | | |<br>| ▼ InOut | | | | |<br>| \<Add new\> | | | | |<br>| ▼ Static | | | | |<br>| statArea1 | LReal | 0.0 | Retain | ☑ |<br>| statArea2 | LReal | 0.0 | Set in IDB | ☑ |<br>| statHeight | LReal | 0.0 | Non-retain | ☑ |<br>| statRadius | LReal | 0.0 | Non-retain | ☑ |<br>| statReturn | LReal | 0.0 | Non-retain | ☑ |<br><br>IF... CASE... FOR... WHILE... (*...*) REGION<br><br>```
1  #statHeight := 1;
2  #statRadius := 2;
3
4  #statArea1 := "CircularSegmentReturn"(r := #statRadius, h := #statHeight);
``` |

图 6-17　FC 函数定义步骤

③ 功能块（FB）。FB 具有循环数据存储的块，其中的值是永久存储的。循环数据存储在背景数据块中。在非优化块中调用临时变量时，未定义临时变量。在优化块中，该值始终预置为默认值（S7-1500 和 S7-1200 固件 V4）。

功能块（FB）的使用：使用功能块来创建子程序和构造用户程序。功能块也可以在用户程序的不同位置被多次调用。这使得频繁重复的程序部分的编程更容易。如果功能块在用户程序中多次应用，应使用单个实例，最好是多重实例。如图 6-18 所示。

功能块的调用被称为实例。实例正在使用的数据保存在背景数据块中。背景数据块总是根据 FB 接口中的规范创建，因此其结构不能在背景数据块中更改。如图 6-19。

背景数据块由包括输入、输出、InOut 和静态接口的永久内存组成（图 6-19）。临时变量存储在易失性存储器（L栈）中。L栈始终只对当前进程有效。也就是说，临时变量必须在每个周期中初始化。

背景数据块总是被分配给 FB。背景数据块不需要在 TIA Portal 中手动创建，而是可以在调用 FB 时自动创建。背景数据块的结构在相对应的 FB 中指定，并且只能在那里更改。

④ 全局数据块（DB）。全局数据块（DB）定义数据块用于存储程序数据。因此，数据块包含由用户程序使用的变量数据。全局数据块存储所有其他块都可使用的数据。全局数据
```

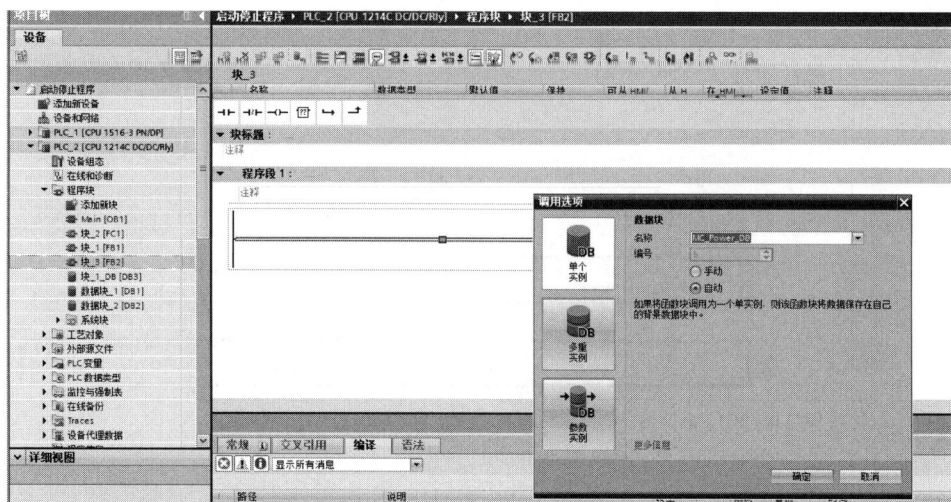

图 6-18 功能块（FB）调用选项

图 6-19 功能块调用

块的最大容量因 CPU 的不同而各异。可以以自己喜欢的方式定义全局数据块的结构，还可以选择使用 PLC 数据类型（UDT）作为创建全局数据块的模板。用户程序中的每个功能块、函数或组织块都可以从全局数据块中读取数据或向其中写入数据。即使在退出数据块后，这些数据仍然会保存在其中。可以同时打开一个全局数据块和一个背景数据块，如图6-20。

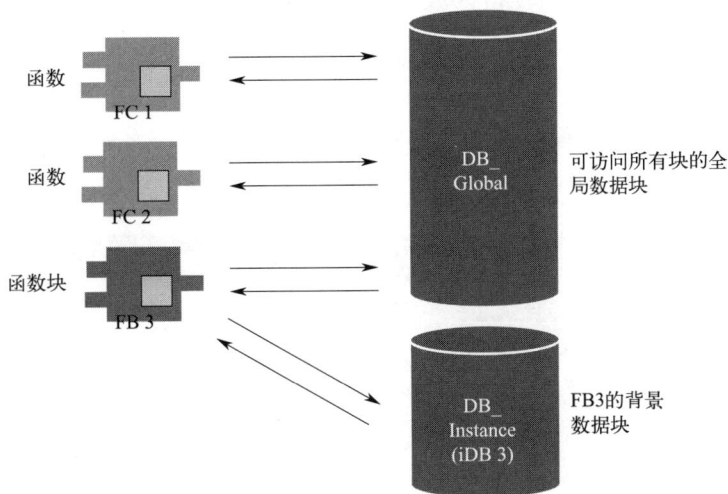

图 6-20　数据块

6.5　程序编译和下载

为确保所创建的 PLC 程序可在自动化系统中执行，首先需编译离线创建的程序数据，然后再下载到设备中。程序数据可加载到设备和存储卡中。编译 PLC 程序块时通常进行完整编译，以保持程序的保存一致。首次下载 PLC 程序时，将完全加载程序数据。在后期进行下载过程中，仅下载更改部分。下载到设备时，需包含块、PLC 数据类型和 PLC 变量的所有更改，以确保数据的一致性。

6.5.1　程序编译

用户程序必须先经过编译才能在 CPU 中执行。每次进行更改后都需要重新编译程序。编译期间会执行以下步骤：检查用户程序的语法错误，从用户程序中删除不需要的指令，检查被编译块中的所有块的调用。如果更改了被调用块的接口，则会在信息窗口的编译选项卡中显示错误信息。必须先更正这些错误。

编译的作用：

① 检查程序的错误以及警告等。

② 把程序转换成 CPU 可以识别的指令代码。

编译方法：可在以下窗口或编辑器中启动编译。在项目树中的编译块选项用于编译单个块或同时编译程序块文件夹中的一个或多个块。在程序编辑器中的编译块选项用于编译单个打开的块。调用结构或属性结构中的编译块用于编译个别的块。

编译选项：如果要在项目树中编译块，可选择更多选项。软件（仅更改）将编译所选块中的所有更改的程序。如果已选择了块文件夹，那么将编译该文件夹中包含的块的所有变更的程序。软件（编译所有块）编译所有块。建议在第一次编译时以及在进行了重大修订后执行此操作。软件（重置预留存储器）将所选块接口的预留区域中声明的所有变量都移动到接口的标准区域中。现在，存储器预留区域可用于进行接口扩展。

6.5.2　下载程序

为确保 CPU 可执行用户程序，首先需要编译该程序数据，之后再下载到设备中。程序数据可下载到设备和存储卡中。如图 6-21 所示。

图 6-21　程序下载

6.6　调试运行

6.6.1　仿真

可使用 TIA Portal 在仿真环境下运行和测试项目的硬件和软件。可直接在 PG/PC 上执行仿真，无需附加硬件。仿真软件提供一个图形用户界面来监视和更改组态。它随当前选定的设备而变。

一些设备可通过附加软件进行仿真，因此，并不需要实际设备即可对项目进行综合测试。若要启动仿真软件，执行以下步骤：

① 在项目树中选择要仿真的设备。

② 在在线菜单中，依次选择仿真、启动命令。该操作可调用仿真软件。

6.6.2　程序调试过程与步骤（仿真运行）

① 分析阶段：仔细审查梯形图，理解程序逻辑，识别潜在问题。

② 设置断点：在关键代码行设置断点或设置强制信号，以便在运行时暂停程序执行。

③ 启动执行：逐步执行 FB、FC 模块，观察变量变化，检查程序行为。

④ 检查错误信息：注意编译或运行时生成的错误信息，定位问题所在，从而进行修改，在调试过程必须加急停和中断信号，以保证程序的安全可靠。

在所有调试都没有问题的情况下，可以将程序下载到真实 CPU 中进行试运行，检查运行结果是否与设计相一致。

本章小结

　　SIMATIC S7-1200 PLC 是一款紧凑型、模块化的 PLC，可完成简单逻辑控制、高级逻辑控制、HMI 和网络通信等任务。TIA Portal V15.1 是一款由西门子打造的全集成自动化编程软件，多用于 PLC 编程与仿真操作。智能制造单元 PLC 程序，由主程序开始执行，块调用程序块调用所有功能模块程序，主程序再调用块调用程序块，程序结构清楚，方便编程和调试。本章介绍了项目视图，对视图的各个功能区域进行了讲解，方便学习人员对项目理解。

习题

一、填空题

1. SIMATIC S7-1500 PLC 由（　　　）、（　　　）、（　　　）、（　　　）、（　　　）组成。

2. 智能制造单元中 PLC 物理 I/O 地址变量表的数据类型为（　　　）。

3. 智能制造单元 PLC 程序由（　　　）。

4. DB：用于保存（　　　），如存储通信时的读写数据。

二、简答题

1. 如何对 PLC 硬件设备进行组态？

2. 如何创建变量表以及变量有哪些类型？

扫码查答案

第 7 章
数控车床编程与操作

数控车床主要用于加工轴类、盘套类等回转体零件，能够通过程序控制自动完成内外圆柱面、锥面、圆弧、螺纹等工序的切削加工，并进行切槽、钻、扩、铰孔等工作。近年来研制出的数控车削中心和数控车铣中心，可在一次装夹中完成更多的加工工序，提高了加工质量和生产效率，因此特别适合复杂形状的回转体零件的加工。

7.1 数控车床编程基础

数控机床是采用计算机控制的高效能自动化加工设备，而数控加工程序是数控机床运动与工作过程控制的依据。因此程序编制是数控加工中的一项重要工作。理想的加工程序保证能加工出符合产品图样要求的合格工件，同时也能使数控机床的功能得到合理的应用和充分的发挥，使数控机床安全、可靠、高效地工作，加工出高质量的产品。从零件图纸到获得合格的数控加工程序的过程便是数控编程。

数控编程技术与数控机床二者的发展是紧密相关的，数控机床的性能提升推动了编程技术的发展，二者相互依赖，现代数控技术正在朝高精度、高效率、高柔性和智能化方向发展，编程方式也越来越丰富。

数控设备的核心是数控系统，数控机床是典型的数控设备，它的产生和发展是数控技术产生和发展的重要标志。现代数控机床（CNC）组成如图 7-1 所示。

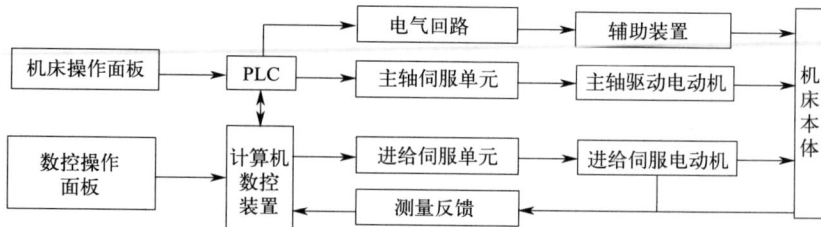

图 7-1 数控机床的组成

7.1.1 手动编程

对几何形状不复杂、加工程序不长、计算不繁琐的零件，如点位加工或几何形状不复杂的轮廓加工，一般选用手工编程，其流程图如图 7-2 所示。手工编程的重要性是不容忽视的，它是编制加工程序的基础，是机床现场加工调试的主要方法，是机床操作人员必须掌握的基本功，但它也有以下缺点：

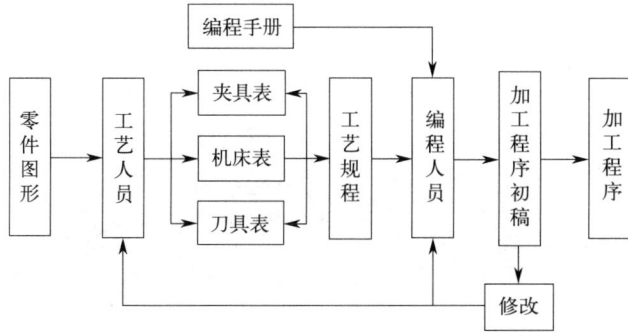

图 7-2　手动编程流程

① 人工完成各个阶段的工作，效率低、易出错；
② 每个点的坐标都需要计算，工作量大、难检查；
③ 对于复杂形状的零件，如螺旋桨的叶片形状，不但计算复杂，有时也难以实现。

7.1.2 自动编程

但上述问题若由计算机进行处理，难题就迎刃而解了。自动编程是指在计算机及相应软件系统的支持下，自动生成数控加工程序的过程。除分析零件图样和制订工艺方案由人工进行外，其余均由计算机自动完成，故又称计算机辅助编程，它充分利用了计算机快速运算和存储的功能。

如图 7-3 所示，编程人员将零件形状、几何尺寸、刀具路线、工艺参数、机床特征等按照一定的格式和方法输入计算机内，再由自动编程软件对这些输入信息进行编译、计算等处理生成刀具路径文件和机床的数控加工程序，通过通信接口将加工程序送入机床数控系统以备加工。对于形状复杂，比如具有非圆曲线轮廓、三维曲面等的零件，采用自动编程方法效率高、可靠性高。

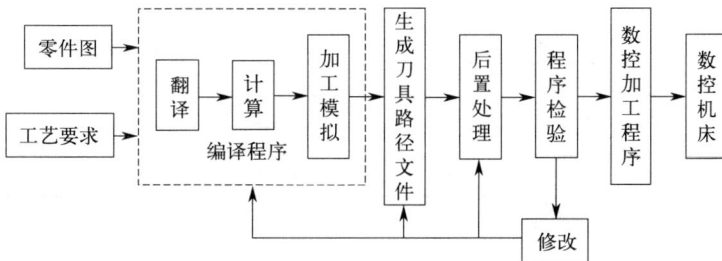

图 7-3　自动编程流程

程序分为模拟程序和加工程序两种。

(1) 模拟程序 (L002. MPF)

运行前提条件：毛坯件库位托盘内不放毛坯件，对应车床机器人选择程序名为 L002.MPF 的程序 (表 7-1)。

程序解析：进行程序模拟是为了确保数控加工过程的正确性，保证程序按照设定的运动轨迹进行自动加工，并可以直观地观测到程序的完整加工路径，对于后续可能遇到的问题可及时进行调整。之后进行加工程序段的工作，工件在智能传输线的作用下运转到数控车床的装夹范围之内，由机器人夹取至数控车床的位置进行装夹固定以及后续的加工。图 7-4 为加工具体实物图，加工程序如表 7-2、表 7-3 所示。

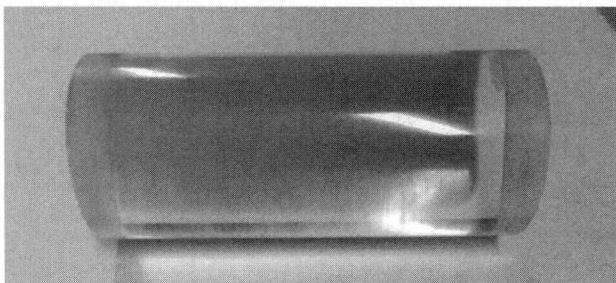

图 7-4　车床加工实物图

表 7-1　加工程序样例表

L002. MPF	主程序名称
BB:	跳转标志
CXKT	程序开头（子程序）
T1	加工程序
M3 S100	加工程序
G64 G0 Z2	加工程序
X100	加工程序
M05	加工程序
CXJS	程序结束（子程序）
GOTO BB	跳转到标志
M30	程序结束

(2) 加工程序 (CXKT 和 CXJS)

表 7-2　加工程序 1

CXKT. SPF	程序开头（子程序名称）	M51	卡盘松开
$ A_DBB[26]=0	第一次上料判断	M54	要料
G90 G0 G153 X-10	X 轴上料位置	M50	卡盘夹紧
G90 G0 G153 Z-30	Z 轴上料位置	M53	关门
M52	开门	M17	子程序结束

表 7-3　加工程序 2

CXJS. SPF	程序结束（子程序名称）	M55	卸料
M05	主轴停止	$ A_DBB[26]=1	中间上料判断
G90 G0 G153 X-10	X 轴上料位置	M51	卡盘松开
G90 G0 G153 Z-30	Z 轴上料位置	STOPRE	停止预读
M52	开门	M17	子程序结束

程序中的加工程序部分可根据不同的工件或加工要求自己编写，其他程序为机器人和机床之间的通信程序，禁止更改。

(3) 加工程序（L001.MPF）

运行前提条件：毛坯件库位托盘内放毛坯件，对应车床机器人选择程序名为 L001.MPF 的程序（表 7-4）。

表 7-4　程序解析表

加工程序	
L001.MPF	主程序名称
BB：	跳转标志
CXKT	程序开头（子程序）
T1 ⋮ M05	加工程序（程序根据实际情况自行编写）
CXJS	程序结束（子程序）
GOTO BB	跳转到标志
M30	程序结束

程序中加工程序部分可根据不同的工件或加工要求自己编写，其他程序为机器人和机床之间的通信程序，禁止更改。

7.1.3　程序基本指令

(1) M 代码

① M00、M01、M02、M30、M98、M99、M198 一般在一个程序段中单独指定，当与其他 M 代码一起指定时，系统中忽略其他 M 代码，而只执行上述 M 代码，当上述 7 个 M 代码在同一程序段中指定时，第一个被指定的 M 代码有效。

② M05、M9、M11、M13、M33 辅助指令与 G 指令（运动代码）共段时，可以有两种执行方式：

(a) 运动代码和辅助功能代码同时执行。

(b) 在运动代码执行完成后执行辅助功能代码。

具体按哪种方式执行可参照机床制造商说明书。在多数标准梯形图中，仅以第二种方式执行。

(2) S 代码（主轴功能）

S 代码用于控制主轴的转速，CNC 输出 0～10V 模拟电压信号给主轴伺服装置或变频器，实现主轴转速无级调速。

代码格式：S□□□□□。

代码功能：设定主轴的转速，CNC 输出模拟电压控制主轴伺服装置或变频器，实现主轴的无级变速，S 代码值掉电不记忆，上电时置 0。

代码说明：用模拟电压控制主轴转速代码。

□□□□□表示设定的主轴转速，如果设定的主轴转速超出参数 3772 设定的范围，则 S 值被更改为参数 3772 设定的主轴上限转速。如果在 S 值的指定中输入了小数，系统则报警。可通过参数 3031 设置 S 代码的位数。

（3）T 代码（刀具功能）

SIEMENS 808D 系列的刀具功能（T 代码）具有两个作用：自动换刀和执行刀具偏置。自动换刀的控制逻辑由 PLC 梯形图处理，刀具偏置由 CNC 处理。

代码功能：自动刀架换刀到目标刀具号刀位，并按指令的刀具偏置号执行刀具偏置。刀具偏置号可以和刀具号相同，也可以不同，即一把刀具可以对应多个偏置号。在执行了刀具偏置后，再执行 T□□00，CNC 将按当前的刀具偏置反向偏移，CNC 由已执行刀具偏置状态改变为未补偿状态，这个过程称为取消刀具偏置。上电时，T 代码显示的刀具号为掉电前的状态，刀具偏置号为取消状态（即 00 状态）。

（4）F 代码（进给功能）

进给功能 F 代码，在 G98/G99 指令下使用。在 G98 指令下使用时，用于设定进给方式为每分钟进给。在 G99 指令下使用时，用于设定进给方式为每转进给。

每分钟进给量＝每转进给量×转速

7.2　数控车床基础操作

数控车床采用 SIEMENS 808D 控制系统，可完成铣、镗、钻、铰、攻丝等多种工序的加工，若选用数控转台，可扩大为四轴控制，实现多面加工，广泛应用于汽车、军工、航天航空等领域中典型零件的高速精密加工和复杂型面的轮廓加工。系统由系统主机面板及机床操作面板组成，如图 1-2 所示。

数控车床操作步骤如下。

（1）开机

① 打开机床电源；

② 打开数控系统电源；

③ 打开急停开关。

（2）回零（建立机床坐标系）

① 先在手轮方式下，分别选择 X 轴、Z 轴"－"向移动至 X200、Z200（可以按下POS 键来观察）。

② 选择回参考点方式，按下＋X、＋Z，直到显示 X0.000，Z0.000（指示灯亮时），表示已经完成回零操作。

（3）安装工件与安装刀具

工件要留有一定的夹持长度，其伸出长度要考虑零件的加工长度及必要的安全距离（机床已经调整为 6mm 左右）。如要夹持部分已经经过加工，必须在外圆上包一层铜皮，以防止外圆面损伤。

① 安装前保证刀杆及刀片定位面洁净、无损伤。

② 将刀杆安装在刀架上时，应保证刀杆方向正确。

③ 安装刀具时需注意使刀尖等高于主轴的回转中心。

④ 车刀不能伸出过长，一般为 20～25mm。

（4）对刀（建立工件坐标系）

特别提示：根据车刀安装，选择正反转。

通常将工件坐标系原点建立在工件右端面的中心，手轮方式进行对刀（车刀离工件较远时，选 X100 挡，靠近后选择 X10 挡）。

① 先让主轴旋转，分别选择 X 轴、Z 轴 "－" 向移动至靠近棒料右端面处。

② 对 Z 原点：分别选择 X 轴、Z 轴并移动刀尖使其轻碰右端面，用很小的切削量切平端面后，沿＋X 方向退出，主轴停止。在手动数据输入方式下，按 OFFSET 按钮—形状—光标移到与程序对应的刀补号里，输入 "Z0"，点击测量。

③ 对 X 原点：刀尖轻碰外圆，并用很小的切削量切一段外圆（千分尺能测量即可），然后沿＋Z 方向退出，主轴停止。在手动数据输入方式下，按 OFFSET 按钮—形状按钮，并将光标移到与程序对应的刀补号里，输入用千分尺测量的试切外圆的直径（如 X56.23），点击测量。

④ X 方向预留加工余量：在手动数据输入方式下，按 OFFSET 按钮—磨损按钮，并将光标移到与程序对应的刀补号里，输入余量（如：X2.0），点击输入，加工完后，各档外圆尺寸均比图纸尺寸大 2mm。

（5）程序输入

选择程序编制方式，按下 PRGRM 按钮，先输入文件名（必须以英文字母 O 开头，后面加四位数字），如按下 O1111 后，按 Insert 键，再按 "；"，即 "O1111；"，然后输入程序内容，每一段程序的结束符均为 "；"，再按 Insert 键，一段程序输入完成，重复上述步骤，直到全部输入。

（6）图形模拟

选择自动循环方式，按下 GRAPH 按钮，并点亮机床锁住和空运行按钮。选中程序后，循环启动，观察运动轨迹和图纸是否相同。

（7）粗加工

选择自动循环方式，选中程序。

特别提示：点亮单段方式先来检验对刀是否正确，一般运行三段程序。如，假设毛坯直径为 50mm，运行：

T0101；

M3 S800；

G0 X52 Z5；

车刀应停在毛坯的右上方，如果不是，应重新对刀，正确的话，则按单段方式，再按循环启动，开始粗加工。

粗加工结束后用游标卡尺测量外圆尺寸，此时各档外圆尺寸应比图纸尺寸大了约 2mm。

（8）精加工

① 修改程序，在 "G71……" 程序段前加上跳段符号 "/"，同时按亮面板上的程序跳段按钮。

② 假设余量分两刀来完成，第一刀先车削 1.1mm，则输入 "X-1.1"，然后点＋输入，按循环启动。

③ 用千分尺测量，得出实际的余量还剩多少。例如，还大了 0.92，则输入 "X-0.92"，然后点＋输入，按循环启动。

精加工结束，外圆尺寸到位。

如果在一次装夹中，需同时保证两档外圆的尺寸精度，则可采取以下两种方法：

① 第一刀精加工后，比较两档外圆的实际余量，以余量小的为基准修改 X 上磨损的数据，另一档则把修改完后还多余的数据在程序中减去；

② 精加工分三刀完成时，先把上偏差大的尺寸放大 0.5mm，然后在两刀的精加工中只考虑一档尺寸先到位，第三刀时，把另一档外圆的余量直接在程序中减去（此方法较难保证粗糙度要求）。

（9）加工结束

注意机床保养。

（10）关机

① 关闭急停开关；

② 关闭数控系统电源；

③ 关闭机床电源。

7.2.1 操作面板及显示菜单

1）系统主机面板

SIEMENS 808D 控制系统主机面板由显示页面区、USB 接口、编辑键盘区组成，如图 7-5 所示。

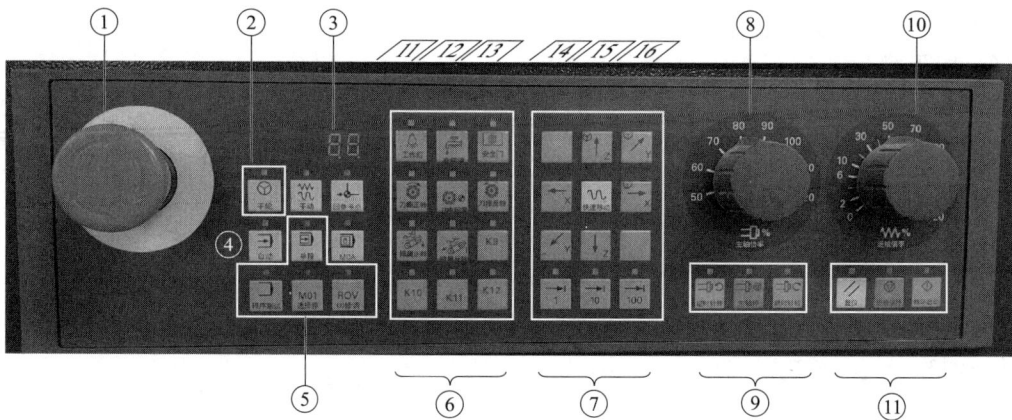

图 7-5　系统主机面板

主机面板按键定义如表 7-5 所示。

表 7-5　主机面板按键定义

①	急停按钮的预留孔	⑦	轴运行键
②	手轮按键 用外部手轮控制轴运行	⑧	主轴倍率开关 [不可用于带手轮预留孔的垂直版 MCP(机床操作面板)]
③	刀具数量显示 显示当前刀具数量	⑨	主轴状态键
④	操作模式键	⑩	进给倍率开关 以特定进给倍率运行选中的轴
⑤	程序控制键	⑪	程序启动、停止和复位键
⑥	用户定义键		

2）机床操作面板

CK6140 全功能数控机床操作面板中状态指示及按键的功能由 PLC 程序（梯形图）定义，如图 7-6 所示。

图 7-6　机床操作面板

（1）状态指示定义键（如表 7-6 所示）

表 7-6　状态指示定义键

用户定义键	工作灯	在任何操作模式下按该键可以开关灯光 LED 亮:灯光开 LED 灭:灯光关
	冷却液	在任何操作模式下按该键可以开关冷却液供应 LED 亮:冷却液供应开 LED 灭:冷却液供应关
	换刀	按下该键开始按顺序换刀(仅在 JOG 模式下有效) LED 亮:机床开始按顺序换刀 LED 灭:机床停止按顺序换刀
	卡盘夹紧	在任何操作模式下按该键可以激活夹具夹紧/松开工件 LED 亮:激活夹具夹紧工件 LED 灭:激活夹具松开工件
	内/外卡	仅可在主轴停止运行时按下该键 LED 亮:激活外部夹具向内夹紧工件 LED 灭:激活内部夹具向外夹紧工件
	尾座	在任何操作模式下按该键可以移入/退回尾座 LED 亮:向工件方向移入尾座直到稳定接合工件末端 LED 灭:尾座不动

（2）PPU 键盘功能

SIEMENS 808D 数控单元（以下简称为 PPU）用于向 CNC 输入数据以及导航至系统的操作区域。如图 7-7 所示。

PPU 屏幕右侧有 8 个垂直排列的软键，由其右侧对应位置的按键激活。PPU 屏幕下方有 8 个水平排列的软键，由其下侧对应位置的按键激活。

（3）MCP 键盘功能

SIEMENS 808D 机床控制面板（以下简称为 MCP）用于选择机床的操作模式，如手动、MDA、自动。如图 7-8 所示。

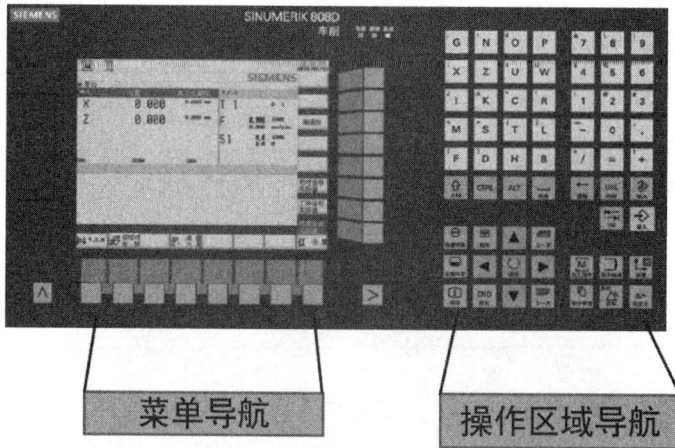

图 7-7 PPU 键盘界面

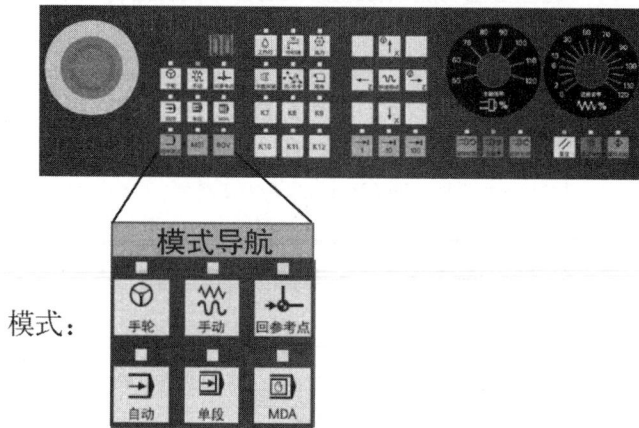

图 7-8 机床控制面板操作模式选择

MCP 用于控制轴的手动操作。通过 MCP 面板所示按键来移动机床。如图 7-9 所示。

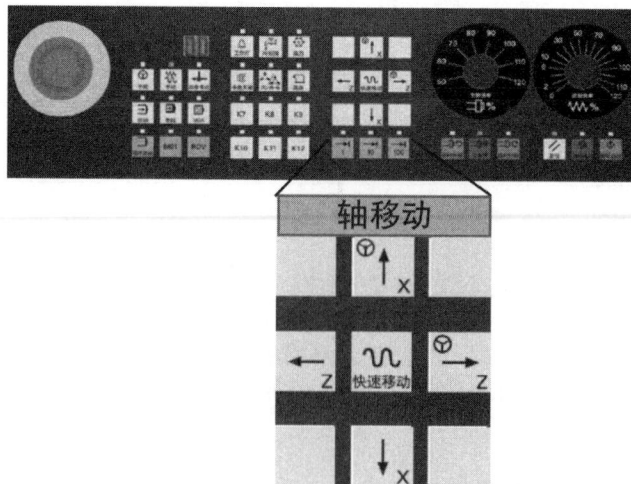

图 7-9 轴移动按键

SIEMENS 808D 机床控制面板（MCP）用于控制 OEM 机床（原始设备制造商机床）功能。通过 MCP 面板所示的按键可以激活这些功能（图 7-10）。

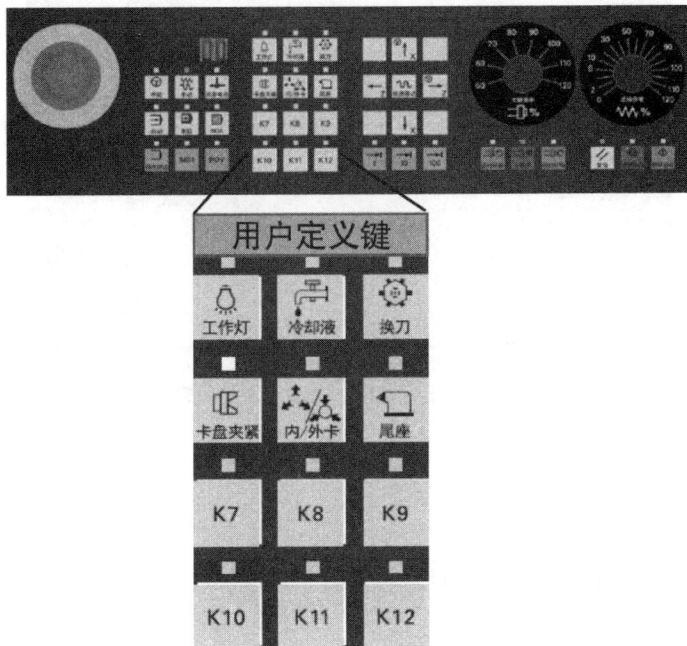

图 7-10　用户自定义功能键

3）显示菜单

SIEMENS 808D 系统 MDI 面板（手动数据输入面板）上包含了位置、程序、设置等 6 个功能键，每个功能键对应一个页面集，每个页面集下又有多个子页面和操作软键。下面内容说明按了各个功能键后显示是如何改变的。

软键为在屏幕下方的 8 个软键，使用功能键进行页面集的切换后，就可以使用对应的软键来显示当前页面集中的某一个子页面的内容，或者对当前页面进行操作输入。

软键的作用：

① 在当前页面集内进行子页面的切换；

② 作为当前显示的子页面的操作输入，如编辑修改数据或显示内容等。

(1) 位置页面集

系统上电后初始显示页面为位置页面集，如图 7-11 所示，按功能键进入位置页面集，位置页面集包括工件坐标实际值、相对坐标实际值、机床坐标实际值等子页面，通过按相应的软键可查看各页面显示的内容。

① 将实际值窗口缩放。

② 进行程序测试、空运行、有条件停止、程序段跳过和辅助功能关闭。

③ 搜索所需程序段位置。

④ 修正错误程序段。所有修改会立即被保存。

⑤ 激活模拟功能。

⑥ 设置常用设定数据。

⑦ 显示重要的 G 功能。

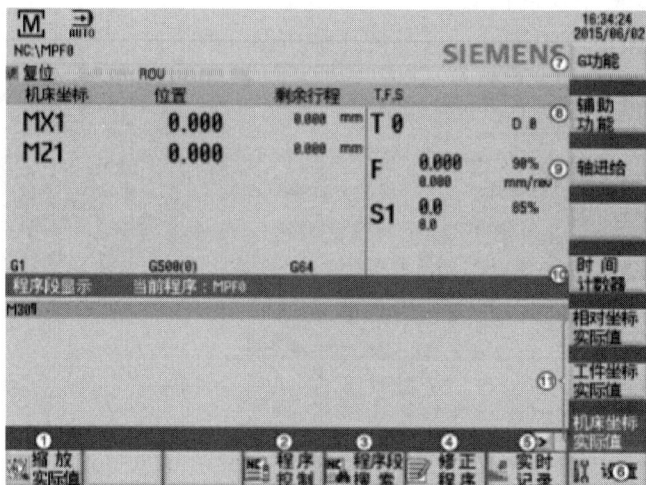

图 7-11　位置页面集

⑧ 显示当前有效的辅助功能和 M 功能。

⑨ 显示所选坐标系中的轴进给率。

⑩ 显示零件加工时间（零件计时器）以及零件计数器的信息。

⑪ 在实际值窗口中切换坐标系。

（2）程序页面集

按 ▢ 功能键进入程序页面集，程序页面集主要有编辑、重编号、激活、模拟，当有 U 盘插入时，还有 U 盘目录显示，如图 7-12 所示。

图 7-12　程序页面集

（3）系统页面集

按 ⬆ + ⬛ 功能键进入系统页面集，系统页面集主要包括调试、机床数据、驱动系统、系统数据和调试存档等子页面。可通过相应的软键查看各页面下显示的内容，如图 7-13 所示。

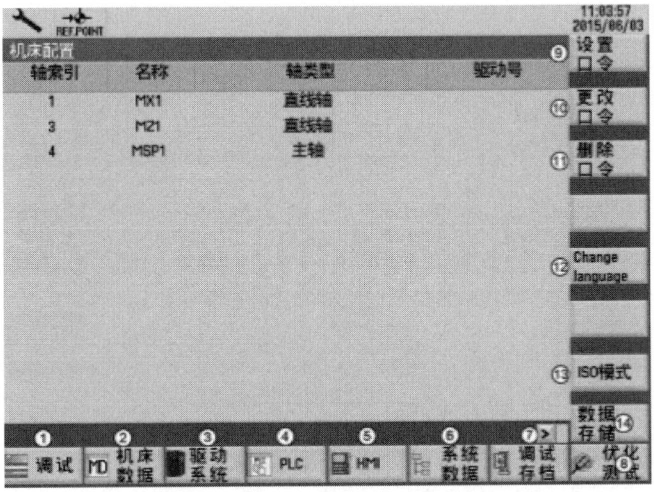

图 7-13 系统页面集

① 设置 CNC、PLC 以及 HMI 启动模式。

② 设置系统机床数据。

③ 配置已连接的驱动和电机。

④ 提供 PLC 调试与诊断功能。

⑤ 设置系统日期及时间、调节屏幕亮度。

⑥ 备份、恢复系统数据。

⑦ 创建并恢复调试存档、数据存档。

⑧ 执行轴优化。

⑨ 根据不同的访问级别输入相应的口令（如制造商口令、最终用户口令）。

⑩ 根据相应存取级别来改变口令。

⑪ 删除当前口令。

⑫ 选择用户界面语言。请注意：选择一种新语言后，HMI 会自动重启。

⑬ 切换到 ISO 编程模式。

⑭ 将易失性存储器中的内容保存在非易失性存储器中。

（4）报警操作页面集

按 ![系统诊断] 功能键进入报警操作页面集，可以使用软键查看 CNC 和驱动报警。PLC 报警未分类。其软键层次结构如图 7-14 所示。

① 所有报警的显示按照优先级排序，最高优先级的报警位于列表的开始位置。

② 报警的显示按照发生的时间排序，最后发出的报警位于列表的开始位置。

③ 报警的显示按照发生的时间排序，最早发出的报警位于列表的开始位置。

④ 显示驱动报警。

⑤ 停止/开始更新待解决的报警。

⑥ 浏览和管理报警记录。

⑦ 配置以太网远程控制的访问权限。关于该软键功能的详细信息，参考《SINUMERIK 808D ADVANCED 调试指南》。

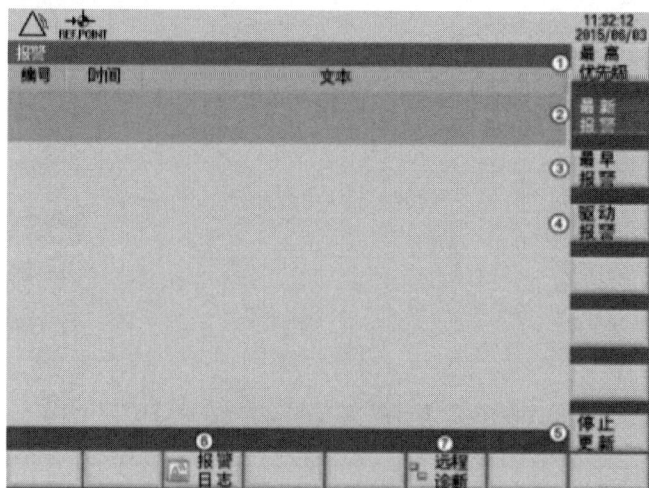

图 7-14　报警操作页面集

（5）偏置操作页面集

在系统页面集下，按 [图] 软键进入偏置操作区域显示页面。页面软键层次结构如图 7-15 所示。

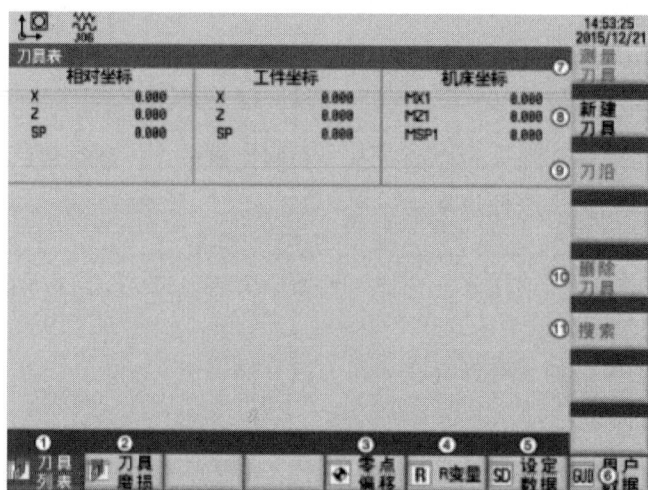

图 7-15　偏置操作页面集

① 显示并修改刀具偏移数据。

② 显示并修改刀具磨损数据。

③ 显示并修改工件偏移数据。

④ 显示并修改 R 变量。

⑤ 配置并显示设定数据列表。

⑥ 显示定义的用户数据。

⑦ 手动测量刀具（仅在 JOG 模式下且光标位于刀具长度输入框上时有效）。

⑧ 创建新刀具。

⑨ 打开刀沿设置的下级菜单。

⑩ 从刀具列表中删除当前选中的刀具。

⑪ 通过刀具号搜索刀具。

(6) 帮助页面集

按功能键进入帮助页面集。帮助页面集主要包括操作帮助、编程帮助、报警帮助、参数帮助等子页面，通过相应的软键来查看各页面显示的内容，页面软键层次结构如图 7-16 所示。

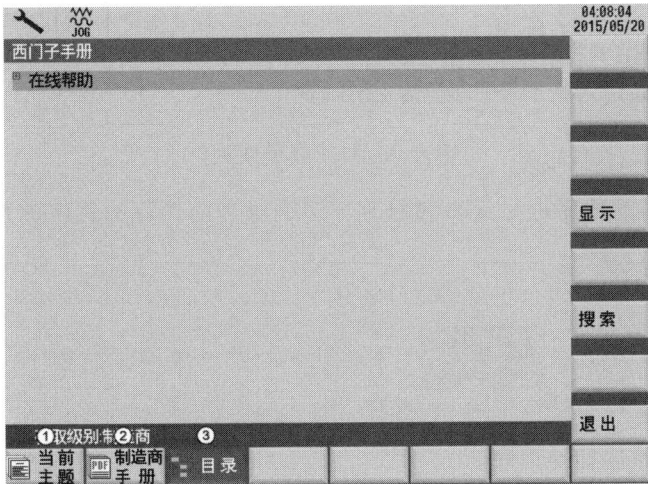

图 7-16　帮助页面集

7.2.2　程序编辑

在程序页面集下，可查找、新建、选择、修改、复制、删除程序，也可实现程序的导入、导出处理。

(1) 新建程序

① 新程序通过程序管理来创建。可以通过使用 PPU 上的按键选择程序管理。

② 选择 NC 作为程序的存储位置，能够在 NC 中创建程序。

③ 可使用 PPU 上屏幕右侧的软键新建来创建一个新程序。如图 7-17 所示。

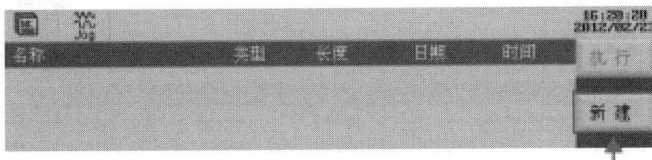

图 7-17　程序编辑页面 1

(2) 打开程序

① 按 功能键进入程序页面集。

② 在程序页面集中，按 上下移动光标选择要打开的程序，或按软键进行查找。输入要打开的程序名，再按软键进行查找，则光标定位到该程序名处，被选中的程序名

背景变成黄色。按软键，可以在屏幕中打开显示被选中程序的代码，如图 7-18 所示。

程序段显示　　　当前程序：EXAMPLE.MPF

```
N5 G17 G90 G54 G71
N10 T1 D1
N15 S5000 M3 G95 F0.3
N20 G00 X100 Z2
N25 G01 Z-5
N30 X105
N35 G00 SUPA X300 Z50 D0
```

图 7-18　程序编辑页面 2

此时，可以对当前程序进行编辑和修改。但是对当前执行的程序进行编辑时，必须在编辑方式下。

（3）删除程序

① 在程序页面集中，按 ▲ ▼ 上下移动光标选择要删除的程序，被选中的程序背景变成绿色。

② 按软键，删除选择的程序。

（4）编辑程序

新建一个程序，如图 7-19 所示。

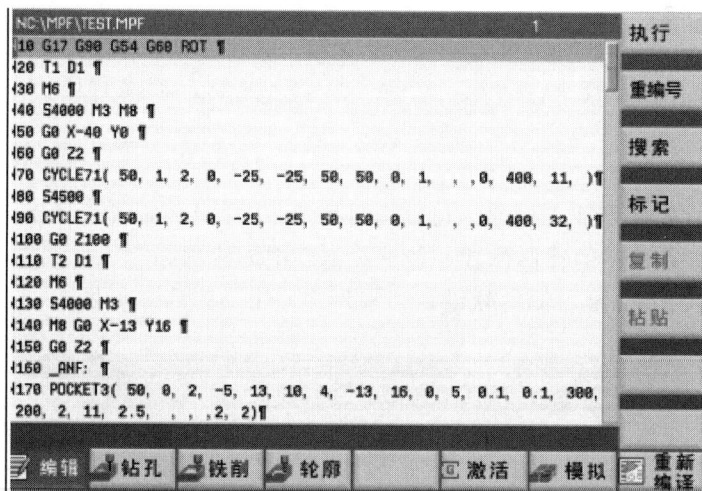

图 7-19　程序编辑界面 3

编辑页面下的软键介绍。

重编号：使用该软键可修改程序编辑器窗口中打开的程序段编号（Nxx）。按下该软键后，系统以 10 为升序梯级将程序段编号并插入每个程序段的开头（例如 N10、N20、N30）。

搜索：按下此软键打开搜索对话框。使用搜索功能可以在一个大型程序中迅速找到需要修改的部分。可选择相应软键按指定的文本或行号进行搜索。

标记 ：在已打开的程序编辑器窗口中按下该软键插入标记符。

复制 ：按下该软键将所选内容复制到缓存中。

DEL 删除 ：按下该键删除所选程序段并将其复制到缓存中。

粘贴 ：将光标移至所需的插入点并按下此软键，缓存中的内容被粘贴到此插入点。

(5) 模拟程序

① 零件程序必须要使用 PPU 上的程序管理打开（图 7-20）。

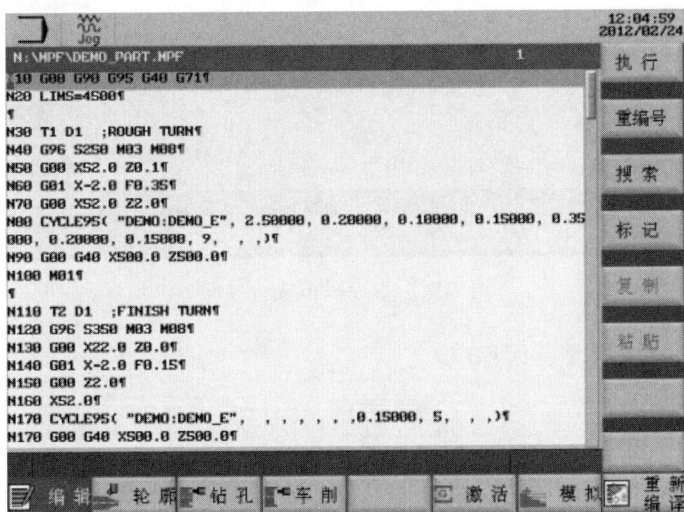

图 7-20　程序管理界面

② 按 PPU 上的 **模拟**（图 7-21）。如果没有在正确的模式下进行操作，屏幕下方会出现提示信息。

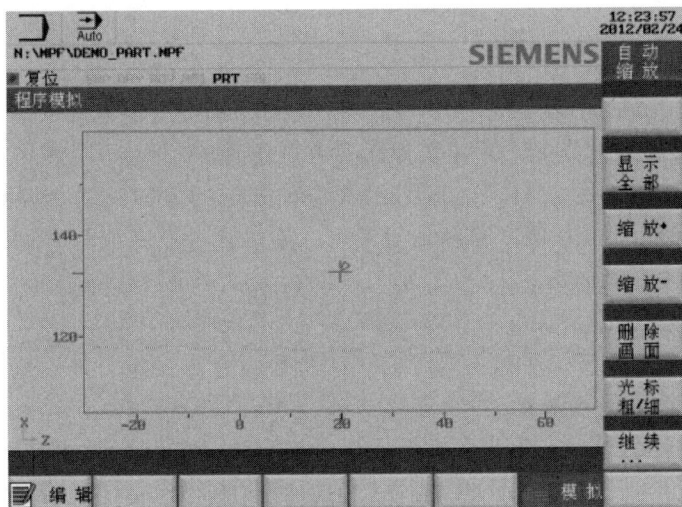

图 7-21　程序模拟开始界面

③ 如果出现屏幕下方的提示信息，按 MCP 上的 ⇥ 自动 。

④ 按 MCP 上的 ◇ 循环启动 ，开始模拟，直到模拟完成（图 7-22）。

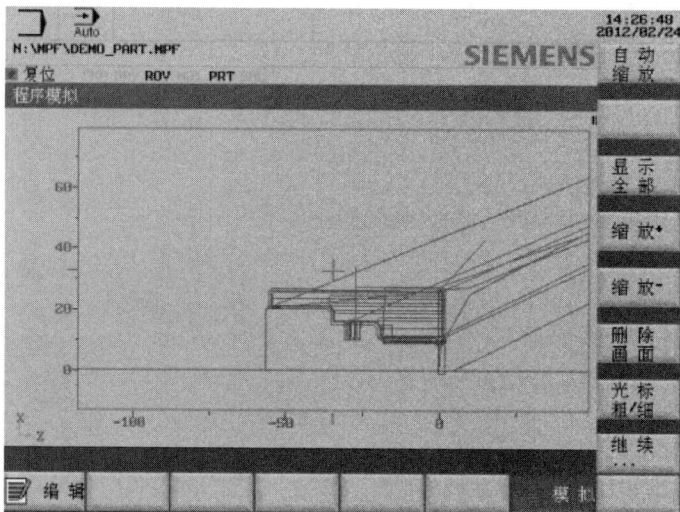

图 7-22 程序模拟成功界面

⑤ 按 PPU 上的 ▤ 编 辑 返回程序。

7.2.3 常用手动操作

7.2.3.1 手动返回参考点

CNC 有一个特定点，它用来决定机床工作台的位置，该特定点称为参考点，可在此位置进行换刀或坐标系设定。通常在电源接通之后，刀具移动到参考点。手动返回参考点是利用操作面板上的开关和按钮将刀具移动到参考点。

SIEMENS 808D 系列回参考点的设定方式有：有挡块回零、无挡块回零和绝对式编码器回零三种方式。

（1）有挡块参考点

当参数 DLZx（1005 号第 1 位）为 0 时，无挡块参考点设定无效（即有挡块参考点设定有效），机床需要安装减速开关，才能实现回参考点位置。

具体过程：刀具按参数 ZMI（1006 号第 5 位）规定的方向移动，刀具按快速移动速度移动到减速点上，然后按 FL 速度移动到参考点。返回参考点完成灯（LED）点亮，参考点返回结束，并自动设置坐标系。

（2）无挡块参考点

当参数 DLZx（1005 号第 1 位）为 1 时，无挡块参考点设定有效。机床可以不用安装减速开关，就能实现回参考点位置。

具体过程：机床每次上电返回参考点，刀具按参数 ZMI（1006 号第 5 位）规定的方向移动，当系统检测到电机的第一个 PC 信号后，返回参考点完成灯（LED）点亮，参考点返回结束，并自动设置坐标系。

（3）绝对式编码器参考点

当机床配置绝对式编码器且绝对式编码器回参考点功能有效时，在系统尚未建立参考点的情况下，则需要执行绝对式编码器的回参考点操作。当刀具返回到参考点后，返回参考点完成灯（LED）点亮，并自动设置坐标系。

返回参考点步骤：

① 按返回参考点开关。

② 为了减小速度，按一个快速移动倍率开关。

③ 按下返回参考点相应的进给轴和方向选择开关，开始返回参考点操作。刀具以快速移动速度移动到减速点（绝对式编码器回零没有减速点，而是直接快速回到参考点），然后按参数中设定的 FL 速度移动到参考点。当刀具返回到参考点后，返回参考点完成灯（LED）点亮。

④ 对其他轴也执行同样的操作。

7.2.3.2 手动进给

在手动方式下，按机床操作面板上的进给轴和方向选择开关，机床沿选定轴的选定方向移动。各轴手动连续进给速度由参数（1423号）设定，各轴手动连续进给速度可用手动连续进给速度倍率刻度盘调节，如图 7-23 所示。

按快速移动开关，以快速移动速度（1424号参数）移动机床，不管手动进给速度倍率刻度盘的位置在何处，此功能称为手动快速移动。手动操作可以多轴同时运动。

手动进给步骤如下。

① 按手动连续开关。

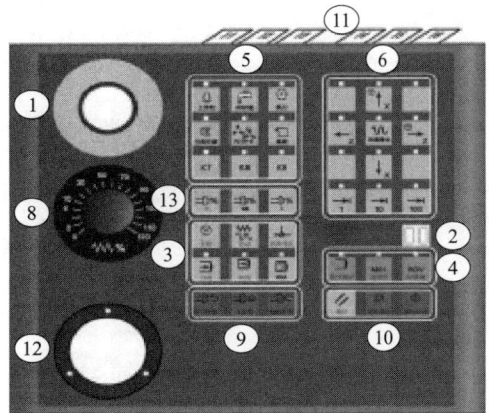

图 7-23 进给速度倍率刻度盘

② 按住进给轴和方向选择开关，机床沿相应的轴的相应方向移动。在开关被按期间机床按参数（1423号）设定的进给速度移动，开关一释放，机床进给就停止。

③ 手动连续进给速度可由手动连续进给速度倍率刻度盘调整。

④ 若在按进给轴和方向选择开关期间按了快速移动开关，则在快速移动开关被按期间机床按快速移动速度运动，在快速移动期间快速移动倍率选择有效。

7.2.3.3 手脉进给

在手脉方式下，机床可由旋转机床操作面板上的手摇脉冲发生器作用而连续不断地移动。用开关选择移动轴。当手摇脉冲发生器转过一个刻度时，机床移动的最小距离等于最小输入增量与当前倍率的乘积。

手脉进给步骤如下。

① 按 ⬚ 进入手脉进给方式。

② 按手脉进给轴选择开关选择一个机床要移动的轴。

③ 按手脉进给倍率开关选择机床移动的倍率。当手摇脉冲发生器转过一个刻度时，机床移动的最小距离等于最小输入增量与当前倍率的乘积。

④ 旋转手脉机床沿选择轴移动，旋转手脉 360°，机床移动距离相当于当前脉冲当量×100 的距离。手脉进给方向由手摇脉冲发生器旋转方向决定。一般情况下，手摇脉冲发生器顺时针旋转为正向进给，逆时针旋转为负向进给。

7.2.4 自动操作

(1) 自动运行

程序预先存在存储器中，当选定了一个程序并按了机床操作面板上的循环启动按钮时，开始自动运行程序。而且循环启动灯点亮。在循环启动期间，当按了机床操作面板上的进给保持按钮时，自动运行暂时停止。当再按一次循环启动按钮时，自动运行恢复。当按下面板上的复位键时，自动运行结束并进入复位状态。

(2) 运行程序的测试

在自动模式下装载并执行零件程序之前，必须使用程序编辑界面中的模拟功能对程序进行检测。

① 按 PPU 上的偏置键 。

② 按 PPU 上的设定数据键 。

③ 使用上下移动键 ▼ ▲ 移至想要输入数据的位置，此时该位置颜色变深，屏幕上会显示"DRY"标记，同时空运行进给量软键会变蓝。

④ 按 PPU 上的输入键 。

⑤ 按 PPU 上的加工操作键 。

⑥ 按 PPU 上的程序控制键 。

⑦ 按 PPU 上的空运行进给量键 。

⑧ 按 PPU 上的返回键 。

7.2.5 录入操作

MDI 方式下的程序编辑运行。

① 在程序页面集下，按 进入 MDI 操作方式。此时显示页面如图 7-24 所示。

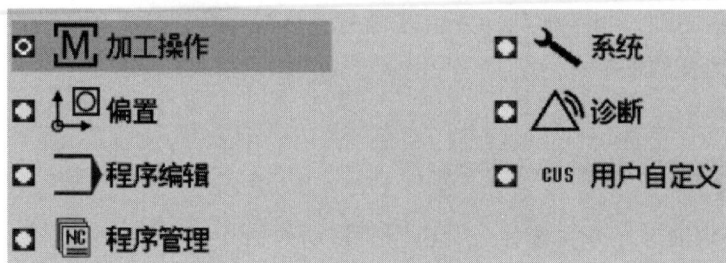

图 7-24 MDI 程序页面

② 在程序编辑栏中输入运行的程序段（最多 10 行），与普通程序编辑方法类似。在 MDI 方式中建立的程序，对字的修改、删除都是有效的。

③ 程序段输入后，需将光标移到程序头，从程序开头开始执行（若光标在程序中某一段处，则从那段程序开始执行）。从光标所在行开始执行 MDI 指令字。当程序运行结束执行 M02 程序结束代码后光标不返回程序头，执行 M30 程序结束代码后光标返回程序头，程序运行结束后系统进入停止状态。

7.2.6 对刀及刀偏修改

(1) 偏置值或磨损值清零

如图 7-25 所示，在设置页面集下，按 进入刀具偏置管理页面，在刀具偏置管理页面下，通过上翻页键、下翻页键选择页面，上下方向键选择需要修改的刀偏号，左右方向键选择需要修改的轴刀偏数据或磨损值，按软键可以把当前选择的对应轴的刀偏值、磨损值或假想刀尖方向号清零。

刀具表				几何数据	
类型	T	D	H	长度	半径
⊿	1	1	0	0.000	1.000
⊿		2	0	0.000	0.000

图 7-25 刀偏值设置界面

(2) 试切对刀

用此对刀方法不存在基准刀、非基准刀问题，在刀具磨损或调整任何一把刀时，对此刀进行重新对刀即可。对刀前回一次机械零点，断电后上电，回一次机械零点后即可继续加工，操作简单方便。

试切对刀是在坐标系建立的情况下，利用测量输入方式对刀具偏置值（刀偏值）进行设置。如图 7-26，以工件端面建立工件坐标系，操作步骤如下。

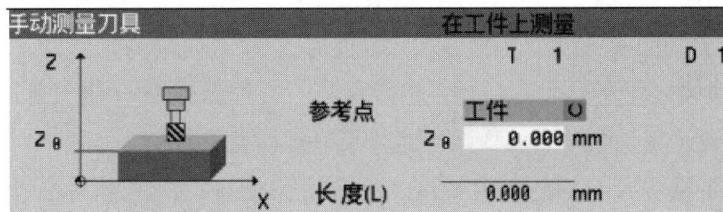

手动测量刀具		在工件上测量
		T 1 D 1

参考点   工件   0

Z_8 0.000 mm

长度(L)   0.000 mm

图 7-26 以工件端面建立工件坐标系

① 确保机床各轴已返回机械零点。

② 选择任意一把刀，使刀具中的偏置号为 00（如 T0100，T0300）。

③ 使刀具沿 A 表面切削。

④ 在 Z 轴不动的情况下沿 X 轴退出刀具，并且停止主轴旋转。

⑤ 在设置页面集下，按 进入刀具偏置管理页面，通过按 刀具列表 选择刀偏号，或上翻页键、下翻页键选择页面，上下方向键选择需要修改的刀偏号，左右方向键选择需要修改

的轴刀偏数据或磨损值。

⑥ 按 ![输入], 进入测量输入页面, 在输入页面中输入 Z0, 然后按软键, Z 轴的刀具偏置值或者磨损值被设置到相应的偏置号中。

⑦ 使刀具沿 B 表面切削。

⑧ 在 X 轴不动的情况下, 沿 Z 轴退出刀具, 并且停止主轴旋转。

⑨ 测量直径 α (假定 $\alpha = 15.0$)。

⑩ 按 ![输入], 进入测量输入页面, 在输入页面中输入 X15.0, 然后按软键, X 轴的刀具偏置值或者磨损值被设置到相应的偏置号中。

⑪ 移动刀具至安全换刀位置, 换另一把刀。

⑫ 如图 7-27 所示, 使刀具沿 A1 表面切削。

⑬ 在 Z 轴不动的情况下沿 X 轴退出刀具, 并且停止主轴旋转, 测量 A1 表面与工件坐标系原点之间的距离 β' (假定 $\beta' = 1.0$)。

⑭ 在设置页面集下, 按 ![偏置] 软键进入刀具偏置管理页面, 通过按软键选择对应的刀偏号, 上翻页键、下翻页键选择页面, 上下方向键选择需要修改的刀偏或者磨损数据。

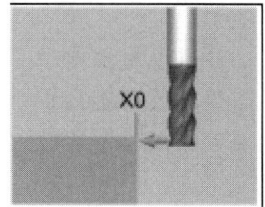

图 7-27 以工件端面建立工件坐标系

⑮ 按 ![输入], 进入测量输入页面, 在输入页面中输入 Z−1.0, 然后按软键, Z 轴的刀具偏置值或者磨损值被设置到对应的偏置号中。

⑯ 使刀具沿 B1 表面切削。

⑰ 在 X 轴不动的情况下, 沿 Z 轴退出刀具, 并且停止主轴旋转。

⑱ 测量距离 α' (假定 $\alpha' = 14.5$)。

⑲ 按 ![输入], 进入测量输入页面, 在输入页面中输入 X14.5, 然后按 ![确认], X 轴的刀具偏置值或者磨损值被设置到对应的偏置号中。

⑳ 其他刀具对刀方法重复步骤⑪～⑲。测量输入法是将刀具参考位置 (如刀尖位置) 与加工中实际使用的刀具的刀尖位置之间的差值设定为刀偏值。例如: 当表面 B 的坐标值为 50.0 时, 实际测量的 $\alpha = 49.0$, 于是该号刀偏的 X 向刀偏量为 1.0。

注意: 偏置值回机械零点或磨损对刀值修改后, 不能使用 G50 指令设定工件坐标系。

① 在刀偏值设置页面集下, 按 ![偏置] 软键进入刀具偏置管理页面。

② 通过上翻页键、下翻页键选择页面, 上下方向键选择需要修改的刀偏号, 左右方向键选择需要修改的轴刀偏数据或磨损值。

③ 按 ![输入], 可以向当前选中的刀偏值或磨损值加上一个输入值, 显示页面如图 7-28 所示。

类型	T	D	磨损	
			长度	半径
![图标]	1	1	0.200	0.000
![图标]		2	0.000	0.000

刀具磨损 <绝对 输入 >

图 7-28 磨损值设置界面

④ 在长度中输入一个数值，输入的数值可以为负值。按 ✓确认 完成输入。

⑤ 偏置值计算：偏置值或磨损值＝原偏置值或磨损值＋输入的数值。

7.2.7 参数设置操作

① 选择软键，输入相应的密码后，按软键，把当前的操作权限修改为 2 级。

② 打开参数开关进行 SIEMENS 808D 系统参数及伺服参数的修改、备份和恢复，必须在录入方式下，参数开关处于打开状态，且操作权限在 3 级以上，一些特殊参数的操作权限需要 2 级。参数页面如图 7-29 所示。

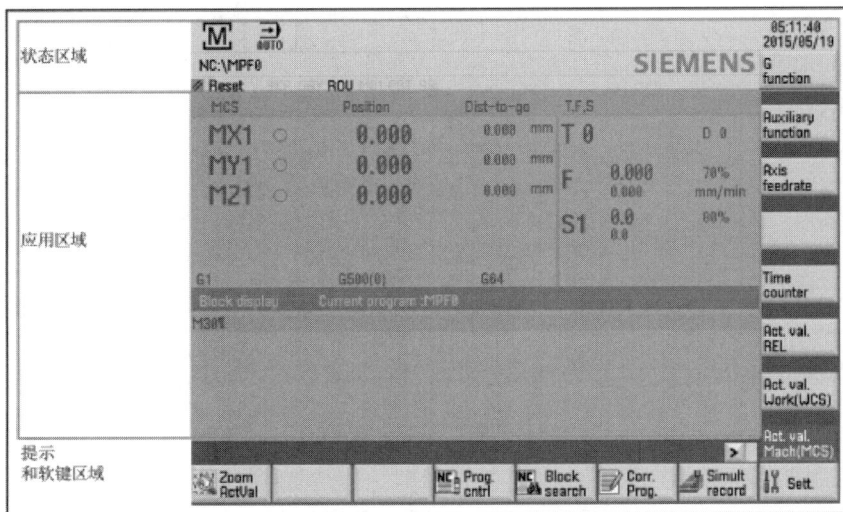

图 7-29　SIEMENS 808D 参数页面

③ 编程举例　如下，车削零件加工图如图 7-30 所示。

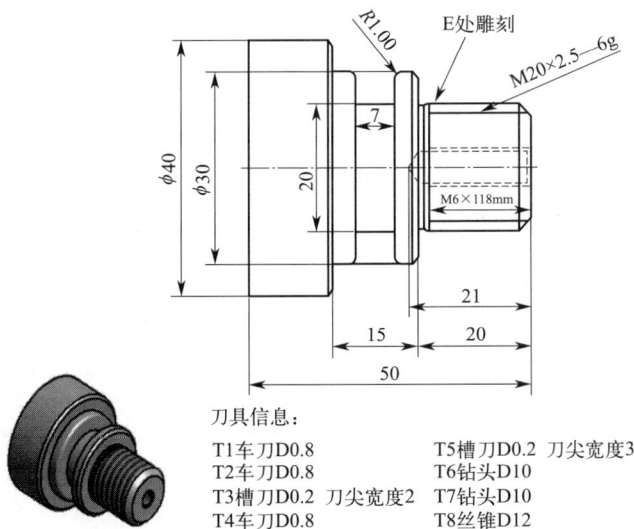

刀具信息：

T1车刀D0.8　　　　　　T5槽刀D0.2 刀尖宽度3
T2车刀D0.8　　　　　　T6钻头D10
T3槽刀D0.2 刀尖宽度2　T7钻头D10
T4车刀D0.8　　　　　　T8丝锥D12

图 7-30　车削零件加工图

N10 G00 G90 G95 G40 G71　　　　　　N10 主轴进给率单位为 mm/r

N20 LIMS＝4500　　　　　　　　　　N20 设定主轴转速上限为 4500r/min

; ＝＝＝＝Start Contour turning roughing＝＝＝＝＝　; ＝＝＝＝＝＝＝开始轮廓车削粗加工＝＝＝＝＝＝＝

N30 T1 D1 ；ROUGH TURN　　　　　　N30

N40 G96 S250 M03 M08　　　　　　　N40 刀具切削速度恒定为 250m/min

N50 G00 X52.0 Z0.1　　　　　　　　N50 进给率为 0.35mm/r

N60 G01 X-2.0 F0.35　　　　　　　　N60

N70 G00 X52.0 Z2.0　　　　　　　　N70

N80 CYCLE95（" DEMO：DEMO _ E"，2.5，　N80 最大进刀深度 2.5mm，纵向轴精加工余量 0.2mm，横

0.2，0.1，0.15，0.35，0.2，0.15，9,,,）　向轴精加工余量 0.1mm，轮廓精加工余量 0.15mm，粗加工

N90 G00 G40 X500.0 Z500.0　　　　进给率为 0.35mm/r，底切时插入进给率 0.2mm/r，沿 Z 轴

N100 M01　　　　　　　　　　　　　负方向进刀，进行完整加工

　　　　　　　　　　　　　　　　　N90 G40：取消刀具半径补偿

　　　　　　　　　　　　　　　　　N100 暂停换刀

; ＝＝＝＝Start Contour turning finishing ＝＝＝＝　; ＝＝＝＝＝＝＝开始轮廓车削精加工＝＝＝＝＝＝＝

N110 T2 D1 ；FINISH TURN　　　　　N110

N120 G96 S350 M03 M08　　　　　　N120

N130 G00 X22.0 Z0.0　　　　　　　　N130

N140 G01 X-2.0 F0.15　　　　　　　N140

N150 G00 Z2.0　　　　　　　　　　　N150

N160 X52.0　　　　　　　　　　　　N160

N170 CYCLE95（" DEMO：DEMO _ E",,,　N170 精加工进给率 0.15mm/min，沿 Z 轴负方向进刀，进

,,,,0.15，5,,,）　　　　　　　　　行完整加工

N180 G00 G40 X500.0Z500.0　　　　N180

N190 M01　　　　　　　　　　　　　N190

; ＝＝＝＝＝＝＝Start Grooving＝＝＝＝＝＝＝　; ＝＝＝＝＝＝＝＝开始切槽＝＝＝＝＝＝＝＝

N200 T3 D1 ；GROOVE　　　　　　　N200

N210 G96 S200 M03 M08　　　　　　N210

N220 G00 X55.0 Z0.　　　　　　　　N220

N230 CYCLE93（30，−30.5，7，5，0，0，　N230 切槽起点（X30，Y-30.5），槽宽 7mm，深 5mm，轮

0，1，1,,0，0.2，0.1，2.5，0.5，11,）　廓与 Z 轴夹角 0°，槽底精加工余量 0.2mm，两侧槽腰与 X

N240 G00 G40 X500.0Z500.0　　　　轴夹角 0°，齿面处精加工余量 0.1mm，进刀深度 2.5mm，

N250 M01　　　　　　　　　　　　　切槽基础处停留 0.5s，以输入倒角腰长的方式定义倒角

; ＝＝＝＝＝＝＝Grooving End＝＝＝＝＝＝＝　（CHR 方式）

　　　　　　　　　　　　　　　　　N240

　　　　　　　　　　　　　　　　　N250

　　　　　　　　　　　　　　　　　; ＝＝＝＝＝＝＝＝结束切槽＝＝＝＝＝＝＝＝

; ＝＝＝＝＝＝＝＝THREAD＝＝＝＝＝＝＝＝　; ＝＝＝＝＝＝＝＝开始螺纹切削＝＝＝＝＝＝＝＝

N260 T4D1；THREAD　　　　　　　　N260

N270 G95 S150 M03 M08　　　　　　N270 G95：主轴进给率单位为 mm/r

N280 G00 X50.0 Z10.0　　　　　　　N280

N290 CYCLE99（0，20，−18，20，2，0，1，0.01，　N290 螺纹尺寸 2.5mm，Z 轴方向上螺纹起点→终点为：0

29，0，8，2，2.5，300103，1，0，0，0，0，0，0，0，　→20，起始点/终点的螺纹直径均为 20mm，倒入位移 2mm，

1,,,,0）　　　　　　　　　　　　　收尾位移 0mm，螺纹深度 1mm，精加工余量为 0.01mm，

N300 G00 G40 X500.0 Z500.0　　　进给角度 29°，首个螺纹线起始点偏移 0mm，粗加工切削 8

N310 M01　　　　　　　　　　　　　次，空走刀切削 2mm，螺纹加工方式，螺纹线数量为 1

; ＝＝＝＝＝＝＝CENTRE DRILL＝＝＝＝＝＝＝　N300 G40：取消刀具半径补偿

N355 T6 D1 ；CENTRE DRILL　　　　N310 暂停换刀

N360 G95 S1000 M03 M08　　　　　; ＝＝＝＝＝＝＝＝开始钻中心孔＝＝＝＝＝＝＝＝:

N370 G17 G00 X0 Z5　　　　　　　　N355

N375 CYCLE82 (5, 0, 2, -5, 0, 0.5)
N380 G00 G40 X500 Z500
; =============DRILL===========
N390 T7 D1 ; DRILL
N400 G95 S1000 M03 M08
N410 G00 X0 Z5
N420 CYCLE82 (5, 0, 2, -20, 0, 0.5)
N430 G00 G40 X500 Z500
; =========TAP HOLE=========
N440 T8 D1; TAP HOLE
N450 G95 S500 M3 M08
N460 G00 X0 Z5
N470 CYCLE84 (5, 0, 2, -18, 0, 0.5,
3, 12,, 0, 200, 200, 3, 0, 0, 0,, 0)
N480 G0 G40 X500 Z500

N360
N370
N375 钻孔深度5mm，在最终钻削深度的停留（断削）时间为 0.5s
N380
; =========开始钻孔=========
N390
N400
N410
N420 钻孔深度 20mm，在最终钻削深度的停留（断削）时间为 0.5s
N430
; ========开始攻丝孔=========:
N440
N450
N460
N470 攻丝深度 18mm，钻深暂停（断削）0.5s，退回时主轴旋转方向 M3，螺纹尺寸为 M12，主轴停止位置0°，攻丝速度和返回速度均为 200mm/min，刀具轴为 Z 轴，加工方式为攻丝，回退路径（断削）为 1mm
N480

; =======CUT OFF=========
N320 T5 D1 ; CUT-OFF
N330 G18 G96 S200 M03 M08
N340 G00 X55.0 Z10.0
N350 CYCLE92 (40, -50, 6, -1, 0.5,, 200, 2500, 3, 0.2, 0.08, 500, 0, 0, 1, 0, 11000)
N351 G00 G40 X500 Z500
N360 G00 G40 X500.0 Z500.0
N370 M30
; * * * * * * CONTOUR * * * * * * * *
DEMO:
; #7_ _ DlgK contour definition begin-Don't change !;
* GP *; * RO *; * HD *
G18 G90 DIAMON; * GP *
G0 Z0 X16 ; * GP *
G1 Z-2 X20 ; * GP *
Z-15 ; * GP *
Z-16. 493 X19. 2 RND=2.5; * GP *
Z-20 RND=2. 5 ; * GP *
X30 CHR=1 ; * GP *
Z-35 ; * GP *
X40 CHR=1 ; * GP *
Z-55 ; * GP *
X50 ; * GP *
; CON, V64, 2, 0.0000, 4, 4, MST: 1, 2, AX:
Z, X
; K, I; * GP *; * RO *; * HD *
; S, EX: 0, EY: 16, ASE: 0; * GP *; * RO *; *
HD *
; LA, EX: -2, EY: 20; * GP *; * RO *; * HD *

; ===========切断==========
N320
N330
N340
N350 切割起始点（X40，Y-50），减少速度的深度（直径）为6mm，最终深度-1mm，切削深度倒角半径 0.50000mm，恒定切削速度200mm/min，恒定切削速度下最大转速2500r/min，主轴旋转方向为M3，到达转速速度时的深度进给率为0.2mm/min，降低的进给率（直至最终深度）为 0.08mm/min，降低的转速（直至最终深度）500r/min，加工方式为退回基准面，切断时零件根部为倒角
N351
N360
N370

```
; LL，EX：—20；＊GP＊；＊RO＊；＊HD＊
; AB，IDX：8；＊GP＊；＊RO＊；＊HD＊
; LU，EY：30；＊GP＊；＊RO＊；＊HD＊
; F，LFASE：1；＊GP＊；＊RO＊；＊HD＊
; LL，DEX：—15；＊GP＊；＊RO＊；＊HD＊
; LU，EY：40；＊GP＊；＊RO＊；＊HD＊
; F，LFASE：1；＊GP＊；＊RO＊；＊HD＊
; LL，EX：—55；＊GP＊；＊RO＊；＊HD＊
; LU，EY：50；＊GP＊；＊RO＊；＊HD＊
; ＃End contour definition end-Don't
change !；＊GP＊；＊RO＊；＊HD＊
DEMO _ E;；＊ ＊ ＊ ＊CONTOUR ENDS＊ ＊ ＊ ＊
```

CONTOUR 段为毛坯切削 CYCLE95
循环编写完毕之后，由系统自动生成的附加
描述信息，不影响系统的运行

本章小结

1. 数控车床编程就是把零件的外形尺寸、加工工艺过程、工艺参数、刀具参数等信息，按照 CNC 专用的编程代码编写加工程序的过程。

2. CNC 执行程序完成机床进给运动、主轴启停、刀具选择、冷却、润滑等控制，从而实现零件的加工。

3. 西门子加工中心程序文件名的命名规则非常严格，必须按照以下格式进行命名：程序号-程序名-程序版本号 .NC。

4. G 代码通过使用特定的指令可以在编程中设定机床的工作坐标，并进行一系列的操作，由 G 和其后的代码值组成，用来规定刀具相对工件的运动方式。

5. M 代码由代码地址 M 和其后的数字组成，用于控制程序执行的流程或输出 M 代码到 PLC。

6. S 代码用于控制主轴的转速，CNC 输出 0～10V 模拟电压信号给主轴伺服装置或变频器，实现主轴转速无级调速。

7. 数控车床的刀具功能（T 代码）具有两个作用：自动换刀和执行刀具偏置。自动换刀的控制逻辑由 PLC 梯形图处理，刀具偏置由 CNC 处理。

8. 进行程序新建、编辑操作，CNC 系统操作权限等级必须等于或高于 4 级。

9. CNC 系统执行加工程序时，需在复位状态下，选择要执行的程序按下执行软键。此时被选中的程序被加载到位置页面集中的程序段区域中，成为当前可执行的程序。

10. 试切对刀法不存在基准刀、非基准刀问题，在刀具磨损或调整任何一把刀时，对此刀进行重新对刀即可。

11. CNC 系统参数及伺服参数的修改、备份和恢复，必须在录入方式下，参数开关处于打开状态，且操作权限在 3 级以上，一些特殊参数的操作权限需要 2 级。

12. 数控车床 CNC 系统设置 IP 地址后需要重启系统才能生效。

一、填空题

1. G 代码分为两类：（　　　）和（　　　）。

2. S 代码用于控制（　　　）。

3. 数控车床编程就是把零件的（　　　）等信息，按照 CNC 专用的编程代码编写加工程序的过程。

4. SIEMENS 808D 系统在操作权限等级等于或高于（　　　）时，才能进行程序新建、编辑操作。

5. CNC 有一个特定点，它用来决定机床工作台的位置，该特定点称为（　　　）。

二、选择题

1. （　　　）是刀具功能代码。

A. M　　　　　B. S　　　　　　　C. T　　　　　　　　D. F

2. 下列说法正确的是（　　　）。

A. CNC 自动运行程序过程中，当机床进给轴正在移动时按下机床操作面板上的进给保持按键，进给保持灯亮而循环启动灯灭，进给运行立刻停止

B. CNC 自动运行程序过程中，当 M、S、T 功能被执行时按下机床操作面板上的进给保持按键，进给保持灯亮而循环启动灯灭，M、S、T 立刻运行停止

C. CNC 自动运行程序过程中，按 MDI 面板上的复位键，自动运行结束并进入复位状态

D. 以上说法都不正确

3. SIEMENS 808D 系统参数及伺服参数的修改、备份和恢复，必须在（　　　）方式下进行。

A. 编辑　　　　B. 自动　　　　　C. 录入　　　　　　D. 手动

4. SIEMENS 808D 系控制统参考点的设定方式有（　　　）。

A. 有挡块回零、无挡块回零

B. 无挡块回零、绝对式编码器回零

C. 有挡块回零、绝对式编码器回零

D. 有挡块回零、无挡块回零、绝对式编码器回零

5. SIEMENS 808D 控制系统需要在（　　　）时，才能进行程序新建、编辑操作。

A. 5 级　　　　B. 等于或高于 4 级　　C. 等于或高于 3 级　　D. 高于 3 级

三、简答题

1. SIEMENS 808D 控制系统的刀具功能（T 代码）的作用有哪些？

2. SIEMENS 808D 控制系统的 M 代码在应用时要注意哪些问题？

扫码查答案

第 8 章
加工中心编程与操作

加工中心（machining center，MC）是从数控机床发展而来的，是由机械设备与数控系统组成的适用于复杂零件加工的高效自动化机床。由于它带有刀库和自动换刀装置，工件经一次装夹后，数控系统能控制机床按不同工序自动选择和更换刀具，自动对刀，自动改变机床主轴转速、进给量和刀具相对工件的运动轨迹及实现其他辅助功能，连续地对工件各加工表面自动进行铣（车）、钻、扩、铰以及控制机床攻螺纹等多种工序的加工，可减少工件装夹、测量、机床调整、工件周转等许多非加工时间，可加工形状比较复杂、工序多、精度要求较高的凸轮、箱体、支架、盖板、模具等各种复杂型面的零件。加工中心使切削利用率高于普通数控机床 2～3 倍，从而大大降低操作者的劳动强度且提高加工精度，具有良好的经济效益。

8.1　加工中心编程基础

数控编程的过程不仅仅单一指编写数控加工指令的过程，它还包括从零件分析到编写加工指令，再到制成控制介质以及程序校核的全过程。

在编程前首先要进行零件的加工工艺分析，确定加工工艺路线、工艺参数、刀具的运动轨迹、位移量、切削参数（切削速度、进给量、背吃刀量）以及各项辅助功能（换刀、主轴正反转、切削液开关等），然后，根据数控机床规定的指令及程序格式编写加工程序单，再把这一程序单中的内容记录在控制介质上（如移动内存、硬盘），检查正确无误后采用手工输入方式或计算机传输方式输入数控机床的数控装置中，从而控制机床加工零件。

8.1.1　加工中心主要功能和程序

各种类型数控机床所配置的数控系统虽然功能各有不同，但其主要功能基本相同。加工中心也能实现这些功能。

① 点位控制功能。此功能可以实现对相互位置精度要求很高的孔系加工。

② 连续轮廓控制功能。数控铣床一般应具有三坐标以上联动功能，此功能可以实现直线、圆弧的插补功能及非圆曲线的逼近加工，自动控制旋转的铣刀相对于工件运动进行铣削加工。坐标联动轴数越多，对工件的装夹要求就越低，加工工艺范围越大。

③ 刀具半径补偿功能。此功能可以根据零件图样的标注尺寸来编程，而不必考虑所用刀具的实际半径尺寸，从而减少编程时的复杂数值计算。

④ 刀具长度补偿功能。此功能可以自动补偿刀具的长短，以适应加工中对刀具长度尺寸调整的要求。

⑤ 比例及镜像加工功能。比例功能可将编好的加工程序按指定比例改变坐标值来执行。镜像加工又称轴对称加工，如果一个零件关于坐标轴对称，那么只要编出一个或两个象限的程序，其余象限的轮廓就可以通过镜像加工来实现。

⑥ 旋转功能。该功能可将编好的加工程序在加工平面内旋转任意角度来执行。

⑦ 公制英制单位转换。可以根据图样的标注选择公制单位（mm）和英制单位（in）进行程序编制，以适应不同企业的具体情况。

⑧ 子程序调用功能。有些零件需要在不同的位置上重复加工同样的轮廓形状时，可将这一轮廓形状的加工程序作为子程序，在需要的位置上重复调用，从而完成对该零件的加工。

⑨ 宏程序功能。该功能可用一个总指令代表实现某一功能的一系列指令，并能对变量进行运算，使程序更方便且更具灵活性。

⑩ 数据输入、输出及 DNC（分布式数控）功能。

⑪ 数据采集功能。

⑫ 自诊断功能。

程序分为模拟程序和加工程序两个。

(1) 模拟程序（L002. MPF）

运行前提条件：毛坯件库位托盘内不放毛坯件，对应加工中心机器人选择程序名为 L002. MPF 的程序，如表 8-1。

表 8-1　加工程序样例

L002. MPF	主程序名称
BB:	跳转标志
CXKT	程序开头（子程序）
T1M6	加工程序
G54	
M3 S500	
G64 G0 X0 Y0	
Z2	
MCALL CYCLE81(5,0,2,−20,0)	
HOLES2(0,0,50,0,0,6)	
MCALL	
M05	
CXJS	程序结束（子程序）
GOTO BB	跳转到标志
M30	程序结束

程序解析：首先进行程序模拟是为了确保数控加工过程的正确性，保证程序按照所设定运动轨迹进行自动加工，并可以直观地观测到程序的完整加工路径，对于后续可能遇到的问题可及时进行调整。之后进行加工程序段的工作，工件在智能传输线的作用下运转到数控车床的装夹范围之内，由机器人夹取至数控车床的位置进行装夹固定。工件装夹好后，选择合

适的刀具，进行中心定位，之后进行深槽的内轮廓的粗加工，在完成粗加工之后，可进行余量测量，以便于满足后续精加工，并保证工件的加工精度。图 8-1 为加工具体实物图。

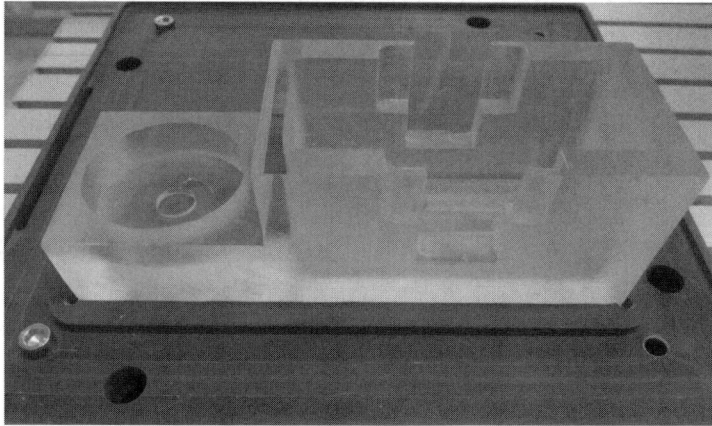

图 8-1　工件实物

　　程序中加工程序部分可根据不同的工件或加工要求自己编写。其他程序为机器人和机床之间的通信程序，禁止更改。

　　子程序如表 8-2、表 8-3 所示。

表 8-2　子程序（CXKT）

CXKT. SPF	程序开头:子程序名称
\$ A_DBB［26］=0	第一次上料判断
G90 G0 G153 Z0	Z 轴上料位置
G90 G0 G153 Y0X-455	X、Y 轴上料位置
M52	开门
M51	工装松开
M54	要料
M50	工装夹紧
M53	关门
M17	子程序结束

表 8-3　子程序（CXJS）

CXJS. SPF	程序结束:子程序名称
M05	主轴停止
G90 G0 G153 Z0	Z 轴上料位置
G90 G0 G153 Y0X-455	X、Y 轴上料位置
M52	开门
M55	卸料
\$ A_DBB［26］=1	中间上料判断
M51	工装松开
STOPRE	停止预读
M17	子程序结束

（2）加工程序（L001. MPF）

　　运行前提条件：毛坯件库位托盘内放毛坯件，对应加工中心机器人选择程序名为 L001. MPF 的程序，如表 8-4。

表 8-4　程序解析

L001. MPF	主程序名称
BB：	跳转标志
CXKT	程序开头(子程序)
T1M6 ⋮ M05	加工程序(程序根据实际情况自行编写)
CXJS	程序结束(子程序)
GOTO BB	跳转到标志
M30	程序结束

程序中加工程序部分可根据不同的工件或加工要求编写。其他程序为机器人和机床之间的通信程序，禁止更改。

8.1.2　G 代码

(1) 模态、非模态

① G 代码是规定程序内各程序段动作模式的指令。

② G 代码分为模态指令与非模态指令。

③ 模态指令：对于组内的 G 代码，通常将 1 个 G 代码指定为 1 个 NC 动作模式。取消指令或重新指定相同组内其他 G 代码前，保持该动作模式。

④ 在指定非模态指令时，仅在当前程序段内有效，对下一程序段无效，后续段需显式重复调用。

(2) 常用 G 代码

常用 G 代码一览表如表 8-5 所示。

表 8-5　常用 G 代码一览表

G 代码	使用说明	编程示例
G00	当程序中 G00 指令生效时,轴以最大轴速度沿直线移动	N10 G17 G90 G54 G71 N20 T1 D1 M6 N30 S5000 M3 G94 F300 N40 G00 X50 Y50 Z5 N50 G01 Z-5 N60 Z5 N70 G00 Z500 D0
G70	在程序开头使用 G70,几何数据采用英制单位,而进给率不受影响,仍然采用公制单位	N10 G17 G90 G54 G70 N20 T1 D1 M6 N30 S5000 M3 G94 F300 N40 G00 X3.93 Y3.93 Z5 N50 G01 Z-0.787 N60 Z0.196 N70 G00 Z19.68 D0
G71	在程序开头使用 G71,几何数据及进给率均采用公制单位	N10 G17 G90 G54 G71 N20 T1 D1 M6 N30 S5000 M3 G94 F300 N40 G00 X100 Y100 Z5 N50 G01 Z-5 N60 Z5 N70 G00 Z500 D0

G 代码	使用说明	编程示例
G500	所有绝对路径数据对应当前位置。位置值写入 G500（基本）的零点偏移	N10 G17 G90 G500 G71 N20 T1 D1 M6 N30 S5000 M3 G94 F300 N40 G00 X50 Y50 Z5 N50 G01 Z-20 N60 Z5 N70 G00 Z500 D0
G54～G59	G500＝0 时,工件零偏可被存储在 G54～G59 零点偏移平面	N10 G17 G90 G54 G71 N20 T1 D1 M6 N30 S5000 M3 G94 F300 N40 G00 X0 Y0 Z5 N50 G01 Z-20 N60 Z5 N70 G00 Z500 D0
G500＋G54	G500 ≠0 被激活时,实际偏移量是 G500 与 G54 中的数值之和	N10 G17 G90 G500 G71 N20 T1 D1 M6 N30 S5000 M3 G94 F300 N40 G00 G54 X20 Y20 Z5 N50 G01 Z-20 N60 Z5 N70 G00 G53 Z500 D0
G90	在程序开头使用 G90（绝对位移）时,接下来编写的几何数据的起点对应程序中激活使用的零点,通常使用的是 G54、G500 或 G500＋G54 平面	N10 G17 G90 G54 G71 N20 T1 D1 M6 N30 S5000 M3 G94 F300 N40 G00 X100 Y100 Z5 N50 G01 Z-20 N60 Z5 N70 G00 Z500 D0
G91	使用 G91（增量位移）可以在程序中增加一段路径数值（即将当前轴位置作为起点的增量位移）,随后须使用 G90 将程序切换至绝对位移形式	N10 G17 G90 G54 G70 N20 T1 D1 M6 N30 S5000 M3 G94 F300 N40 G00 X3.93 Y3.93 Z0.196 N50 G01 G91 Z-0.787 N60 Z0.196 N70 G00 G90 Z19.68 D0

注意事项:

① G 代码有两类非模态 G 代码,仅在被指定的程序段内有效;模态 G 代码是同一组的其他 G 代码被指定之前均有效的 G 代码。

② 带 "×" 的 G 代码表示接通电源时,即为该 G 代码指定状态,G01、G90、G91 可由参数设定选择。

③ 00 组的 G 代码为非模态 G 代码,只限定在被指定的程序段中有效;其余组的 G 代码属于模态 G 代码。

④ 一旦指定了 G 代码中没有的 G 代码,即显示报警（NO.010）。

⑤ 不同组的 G 代码在同一个程序段中可以使用多个,但如果在同一个程序段中使用了两个或两个以上同一组的 G 代码,则只有最后一个 G 代码有效。

⑥ 在固定循环中,如果使用了 01 组的 G 代码,则固定循环将被自动取消,变为 G80

的状态，但是 01 组的 G 代码不受固定循环 G 代码的影响。

8.1.3 M、S、T、F 代码

(1) M 指令代码

辅助功能指令以 M 代码表示。

常用 M 代码一览表，如表 8-6 所示。

表 8-6 常用 M 代码一览表

M 代码	代码功能	M 代码	代码功能
M00	程序暂停	M29	刚性攻丝
M01	选择停止	M30	程序运行结束并返回
M02	程序结束	M54	主轴松刀
M03	主轴顺时针转	M55	主轴紧刀
M04	主转逆时针转	M60	刀库选刀(斗笠刀库)
M05	主轴停止	M61	换刀条件检查
M06	换刀	M62	机床安全门打开
M07	工件吹气冷却	M63	机床安全门关闭
M08	冷却液开	M65	刀库前进/刀套垂直
M09	冷却液、工件吹气冷却	M66	刀库后退/刀套水平
M12	卡盘夹紧	M98	子程序调用
M13	卡盘松开	M99	返回主程序
M19	主轴定向		

注意事项如下。

① 在同一段程序中，既有 M 指令又有其他指令时，M 指令与其他指令执行时的先后次序由机床系统参数设定。

② 为保证程序以正确的次序执行，一些 M 指令，如 M30、M02、M98 等，最好以单独的程序段进行编程。

(2) S 指令代码

S 指令代码具有控制主轴转速功能，亦称为 S 功能，由地址 S 和其后缀数字组成。根据加工需要，主轴的转速分为恒线速度和转速两种。

① 转速 S 代码的单位是 r/min，用准备功能 G97 来指定，其值为大于 0 的常数，如 G97 S1000，主轴转速为 1000r/min。

② 在加工过程中为了保证工件表面的加工质量，转速用恒线速度来指定。

恒线速度的单位为 mm/min，用准备功能 G96 来指定。采用恒线速度进行编程时，为防止转速过高引起事故，需使用最高转速限制指令"G50S＿"。

(3) T 指令代码

① 刀具功能是指系统进行选刀或换刀的功能指令，亦称为 T 功能。刀具功能用地址 T 及后缀的数字来表示，加工中心常用 T2 位数法刀具功能指定刀具号。

② T2 位数法。T2 位数法仅能指定刀具号，刀具补偿编号则由其他代码（如 D 或 H 代码）进行选择。刀具号与刀具补偿编号不一定要相同，如：T05 D01 表示选用 5 号刀具及选用 1 号刀具补偿编号中的补偿值。

(4) F 指令代码

F 指令代码用来指定刀具相对于工件运动的速度，由地址 F 和其后缀的数字组成。根据加工的需要，进给功能分每分钟进给和每转进给两种。

① 每分钟进给。直线运动的单位为 mm/min，如果主轴是回转轴，则其单位为（°）/min。每分钟进给通过准备功能字 G98（数控铣床及部分数控车床系统采用 G94）来指定，其值为大于零的常数，如：

G98 G01 X20.0 F100

进给速度为 100mm/min。

② 每转进给。在加工螺纹、镗孔过程中，常使用每转进给来指定进给速度，其单位为 mm/r，通过准备功能字 G99（数控铣床及部分数控车床系统采用 G95）来指定，如：

G99 G01 X20.0 F0.2

进给速度为 0.2 mm/r。

在编程时，进给速度不允许用负值来表示，一般也不允许用 F0 来控制进给停止。但在实际操作过程中，可通过机床操作面板上的进给倍率开关来对进给速度值进行修正，因此，通过倍率开关，可以控制进给速度的值为零。

8.2　加工中心基础操作

SIEMENS 808D 数控系统具有集成式操作面板，共分为 LCD（液晶显示）区、编辑键盘区、页面显示方式区和机床控制区等几大区域，如图 1-3 所示。

8.2.1　操作面板及显示菜单

（1）系统主机面板

① 编辑键盘区。如图 8-2 所示，编辑键盘区的按键可细分为 11 个小区，具体每个分区的使用说明如表 8-7 所示。

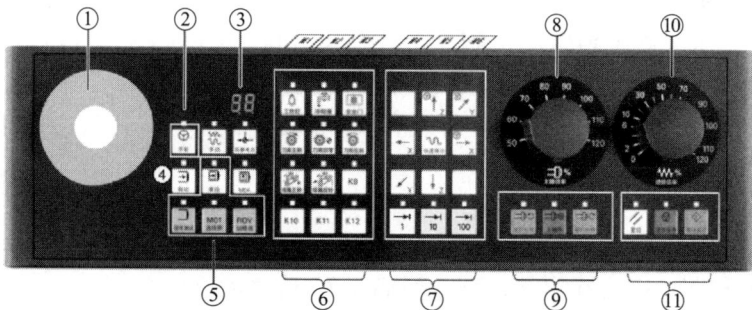

图 8-2　SIEMENS 808D 横式编辑键盘区

表 8-7　编辑键盘分区

①	急停按钮的预留孔	⑦	轴运行键
②	手轮按键 用外部手轮控制轴运行	⑧	主轴倍率开关 （不可用于带手轮预留孔的垂直版 MCP）
③	刀具数量显示 显示当前刀具数量	⑨	主轴状态键
④	操作模式键	⑩	进给倍率开关 以特定进给倍率运行选中的轴
⑤	程序控制键	⑪	程序启动、停止和复位键
⑥	用户定义键		

② 屏幕操作键。SIEMENS 808D控制系统在操作面板上共布置了8个用户定义键，如表8-8所示。

表8-8 用户定义键说明

用户定义键		
	工作灯	在任何操作模式下按该键可以开关灯光 LED亮：灯光开 LED灭：灯光关
	冷却液	在任何操作模式下按该键可以开关冷却液供应 LED亮：冷却液供应开 LED灭：冷却液供应关
	安全门	当进给轴和主轴全部停止工作时，按下此键可以解锁安全门 LED亮：安全门解锁 LED灭：安全门锁定
	刀库正转	按下此键使刀库顺时针转动(仅在JOG模式下有效) LED亮：刀库顺时针转动 LED灭：刀库停止顺时针转动
	刀库回零	按下此键使刀库回参考点(仅在JOG模式下有效) LED亮：刀库回到参考点 LED灭：刀库还未回到参考点
	刀库反转	按下此键使刀库逆时针转动(仅在JOG模式下有效) LED亮：刀库逆时针转动 LED灭：刀库停止逆时针转动
	排屑正转	在任意操作模式下按下此键使排屑器开始向前转动(仅在JOG模式下有效) LED亮：排屑器开始向前转动 LED灭：排屑器停止转动
	排屑反转	在任意操作模式下按住此键可以使排屑器反转。松开此键则排屑器向前转动或停止转动(仅在JOG模式下有效) LED亮：排屑器开始反转 LED灭：排屑器停止反转

(2) 页面显示

① 位置页面。可调零点偏移指定机床上工件零点的位置（相对于机床零点的工件零点偏移）。将工件夹到机床中时确定该偏移，并且操作员必须将该偏移输入对应的数据字段中。通过从六个可能的组中选择由程序激活的值：G54～G59。如图8-3所示。

② 程序页面。按面板上的确定键进入程序页面，程序页面显示有编辑、执行、重编号、搜索和标记，如图8-4所示。

③ 偏置设定页面。按键进入刀具表及设定页面，在此页面中有新建刀具、测量刀具、刀具列表、R变量、刀具磨损、零点偏移等分页面，可通过相应软键进行查看或修改，也可用方向键来切换各个页面。如图8-5所示。

④ 图形页面。切削过程数字化显示可以帮助编程人员更好优化加工效果、刀具轨迹。

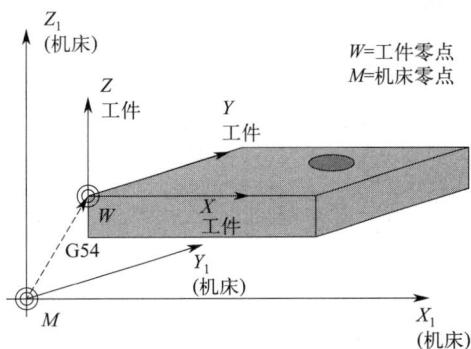

图8-3 绝对坐标页面

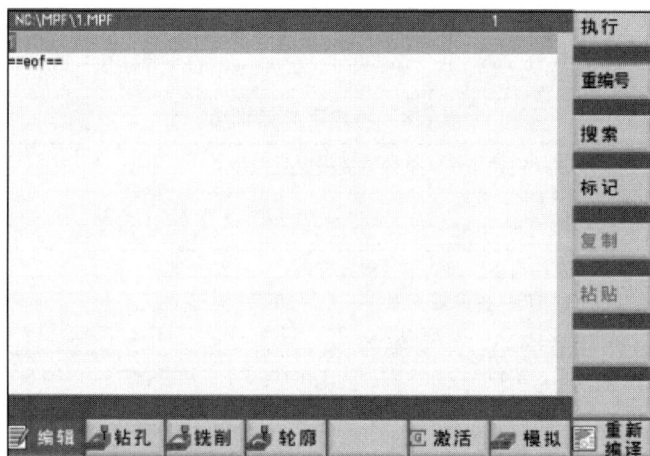

图 8-4　程序页面

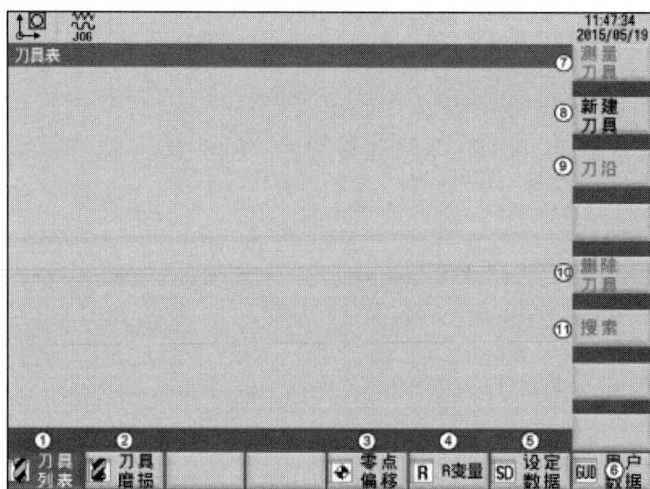

图 8-5　偏置设定页面

显示的图形可以放大/缩小，画图之前，必须设定图形参数。

按编辑键进入图形页面，有图形参数和图形两种显示方式，通过相应软键切换显示。

⑤ 报警页面。系统出错报警时，在 LCD 的最下面一行闪烁显示报警信息。此时按下，显示报警页面，在此页面中有最新报警、最早报警、驱动报警、报警日志、远程诊断等各个操作软键，通过相应软键进行页面切换查看其功能，如图 8-6 所示。

⑥ 系统页面。按 🔼 上档 + 🔺 系统诊断 键进入显示页面，此操作区包括设置和分析 NCK、PLC 和驱动所需的功能。起始屏幕显示了机床配置数据和可用软键。如图 8-7 所示。

⑦ 帮助页面。按 ⓘ 帮助 进入帮助显示页面，页面显示方式：制造商手册、当前主题、搜索、目录等，可通过相应软键查看。

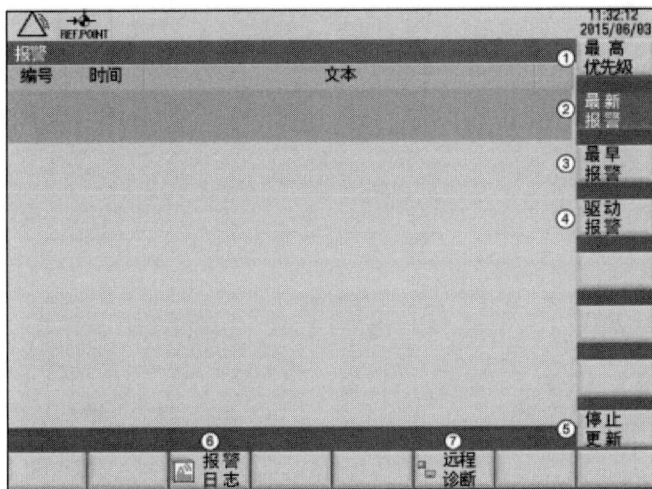

图 8-6 报警页面

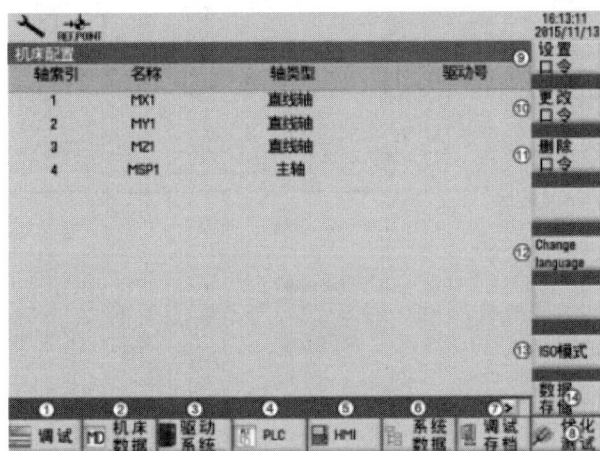

图 8-7 系统页面

8.2.2 程序编辑（新建）

编辑程序时包括程序的新建，字符的插入、修改、删除、复制、粘贴、替换。此外，还包括删除完整的程序及自动插入顺序号。

（1）新建程序

在程序、检测或文件列表页面下均可新建程序。具体操作步骤如下。

① 在程序页面新建程序及其操作步骤。按 [TAB] 进入编辑操作方式，按 [程序管理] 进入程序页面。

在输入栏输入程序名，如图 8-8 所示。

按面板确认键，程序新建完成，当前页面更新为新建程序页面，如图 8-9 所示。

② 在检测页面新建程序及其操作步骤。在检测页面新建程序的操作方法与上述在程序页面新建程序的操作方法相同。

图 8-8　程序页面

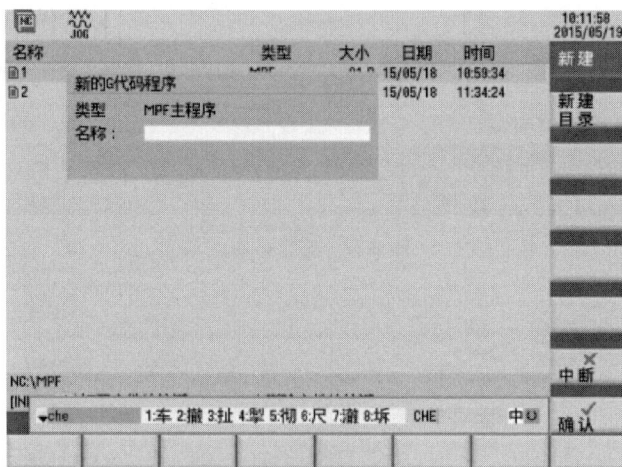

图 8-9　新建程序页面

（a）先按 ![TAB]进入编辑操作方式，按 ![程序测试]进入检测页面。

（b）然后在输入栏输入程序名，例如 O0746，按确定键，即完成新建程序，当前页面更新为新建程序页面。

③ 在文件列表页面新建程序及其操作步骤。按 ![TAB]进入编辑操作方式，按 ![程序管理]再进入文件列表页面。

在输入栏输入程序名，如图 8-10 所示。

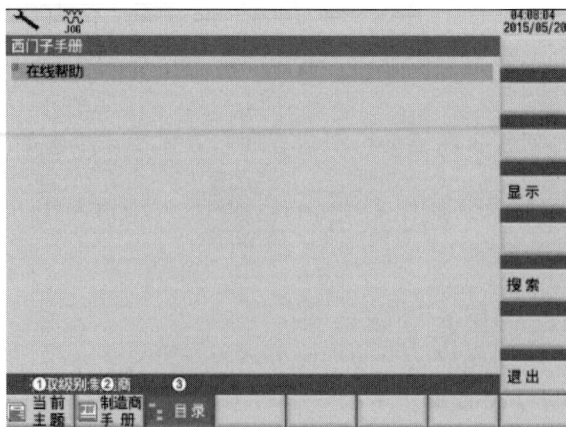

图 8-10　程序本地目录

按软键加载程序或按面板键，新建的程序被加载，如图 8-11 所示。

图 8-11　程序加载

(2) 编辑程序

系统可以通过操作面板对新建的程序进行编辑、选择或删除等操作。

编辑程序的操作方法如下。

① 程序编辑需在编辑方式下进行。按照新建程序操作步骤操作，进入新建程序页面。

② 在输入栏输入指令代码或各轴移动指令。按操作面板换行键将指令分行，最后按确认键，程序编辑完成，如图 8-12 所示。

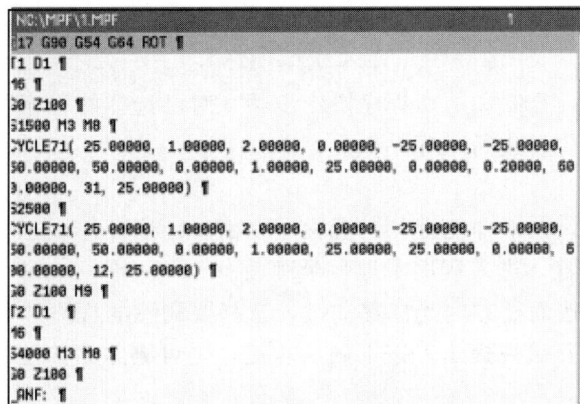

图 8-12　程序编辑

③ 字符的插入、替换和删除操作如下。

a）插入。

（a）选择操作方式，按手动键。

（b）进入文件列表页面，按方向键移动光标，选择要编辑的程序，按确定软键或面板确定键加载程序。

（c）检索需要修改的字符。

（d）插入可分为字符的插入和行段的插入。

字符的插入：检索要插入的地址段，按面板方向光标移动键选定好后，在输入栏中输入字符，再按面板方向光标移动键，将字符插入指定的程序段中。行段的插入：检索要插入的地址段，按面板方向光标移动键，将光标移动到程序的分号处，在输入栏中编辑要插入的程序段，按面板方向光标移动键，程序段将自动插入程序中。

b) 替换。

(a) 在程序编辑画面中搜索要被替换的字符。

(b) 在输入栏中输入将要替换的字符。

(c) 按面板确定键，将原有的字符替换。

c) 删除。

(a) 在手动方式下，进入程序编辑画面。

(b) 按面板方向光标移动键或翻页键，将光标移至字符删除处，选中要删除的字符。

(c) 按面板确定键，完成删除。

④ 程序的复制、剪切、粘贴、删除操作如下。

a) 复制多行程序。

(a) 在手动方式下，加载程序。

(b) 按翻页键或者按面板方向光标移动键，将光标移动到复制的目标开始行。

(c) 按面板方向光标移动键再按翻页键，移动至复制的最终行。

(d) 按软键复制，移动光标，再按软键粘贴，复制好的内容就会粘贴在光标所在行的前一行，复制程序步骤完成。

b) 剪切程序。

(a) 按照复制多行程序的操作步骤（a）～（c），将要剪切的多行程序段选择好。

(b) 按剪切软键，按文件列表软键进入文件列表页面，新建一个程序并加载程序，按软键粘贴，剪切程序步骤完成。

c) 粘贴程序。

(a) 按照上述介绍的复制和剪切程序操作步骤，对已选择的程序段进行粘贴。

(b) 粘贴将在指定位置进行程序粘贴。

d) 删除程序。

(a) 在手动方式下，按下功能键，出现程序画面。

(b) 按程序管理软键，进入程序本地目录画面。

(c) 按翻页键或者按面板方向光标移动键，选择要删除的程序。

(d) 按面板确认键，出现提示，按下确认软键，则可删除当前选中的程序。

8.2.3 常用手动操作

手动操作方式主要包括手动进给、主轴控制及机床面板控制等。

(1) 坐标轴移动

在手动操作方式下，可以使各轴以手动进给速度或手动快速移动速度运行。

① 手动进给。可使 X 轴做正向或负向移动，松开按键时轴移动停止，且可调整进给倍率以改变进给的速度，其他轴移动方法相同。本系统支持手动五轴同时移动，并且可以五轴同时回参考点。

② 手动快速移动。按下 ，键上的指示灯亮表示进入手动快速移动状态，再按手动

进给轴键，各轴以快速运行速度移动。手动快速移动在手动单步时是无效的。

③ 手动进给、手动快速移动速度选择。手动快速移动键指示灯未点亮时，即处于手动进给状态，可通过进给倍率旋钮来调节轴的移动速度。按下 指示灯点亮时，即处于手动快速移动状态，可通过这 4 个快速倍率按键来调节轴的快速移动速度。快速倍率有 F0、25%、50%、100%四挡。

(2) 有轴控制

① 主轴顺时针转（M03）。在录入方式下给定转速，手动/手脉/单步方式下，按下 ，主轴顺时针方向转动。

② 主轴逆时针转（M04）。在录入方式下给定转速，手动/手脉/单步方式下，按 ，主轴逆时针方向转动。

③ 主轴停止（M05）。手动/手脉/单步方式下，按下 ，主轴停止转动。

④ 主轴准停。手动/手脉方式下，按下 ，主轴旋转到固定的角度后准确停止，按 或执行主轴停止、主轴旋转都可以解除主轴准停。

(3) 其他手动操作

① 冷却液控制。 功能键可使冷却液在开与关之间进行切换。指示灯亮为开，指示灯灭为关。

② 润滑控制。按下立即接通，延时自动断开。指示灯亮为接通，指示灯灭为断开。

8.2.4 自动操作

(1) 自动运行程序的操作

自动、编辑方式下都可以加载程序。

① 按 或 进入相应的操作方式。

② 按文件列表键进入文件列表页面，移动光标找到目标程序名。

③ 按操作软键进入下一页面，再按加载程序，系统即加载目标程序。

④ 按 进入自动操作方式。也可以移动光标，选择程序中要运行的某一行，再进入自动运行。

(2) 启动程序

选择好要启动的程序后，按下 ，开始自动运行程序，可切换到位置、检测、图形等页面下观察程序运行情况。程序的运行是从光标的所在行开始的，所以在自动运行程序前最好先检查一下光标是否在需要运行的程序行上，若要从起始行开始而此时光标不在此行，按复位键，光标即返回到起始行，此时再按 ![程序测试] 实现从起始行开始运行程序。

（3）自动运行的停止

在程序自动运行中，要使自动运行的程序停止，系统提供了六种方法。

① 程序暂停（M00）。含有 M00 的程序段执行后，程序暂停运行，模态信息全部被保存起来。按 ![程序测试] 后，程序继续执行。

② 程序选择停（M01）。程序运行前，如果按下 ![程序测试]，当程序执行到含有 M01 的程序段后，程序暂停运行，模态信息全部被保存起来。按 ![程序测试] 后，程序继续执行。如果没有按下 ![程序测试]，则视为没有 M01 来执行。

③ 按暂停键。自动运行中按 ![END 结束] 后，机床为下列状态：

（a）机床进给减速停止。

（b）在执行暂停（G04 指令）时，继续暂停。

（c）其余模态信息被保存。

（d）按 ![程序测试] 后，程序继续执行。

④ 按复位键。

（a）在 MDI 或编辑模式下，按下复位键，光标跳到程序头停下，当页面上显示复位字样时，复位才有效。

（b）按 ![循环启动] 后，程序从头开始执行。系统参数 1031.0＝0 时，在自动模式下连续运行时按下复位键，光标停留在当前行，按 ![循环启动] 后，程序从当前行开始运行。

⑤ 按急停按钮。

⑥ 模式切换方式。

SIEMENS 808D 机床控制面板用于选择机床操作模式：手动、MDA、自动。

（4）自动运行中的主轴速度控制

自动运行中，当选择模拟量控制主轴速度时，可修调主轴速度。自动运行时，可使用主轴旋钮来调主轴倍率而改变主轴速度，主轴倍率可实现 50％～120％ 共 8 级实时调节。主轴的实际速度＝程序指令速度×主轴倍率。最高主轴速度由系统参数设定。超过参数设定数值时则以此速度旋转。

（5）自动运行中的进给速度控制

在自动运行时，可以通过修调进给倍率来改变运行时的移动速度。通过旋转旋钮来改变进给倍率，进给倍率可实现 0％～200％ 共 21 级实时调节。

（6）程序测试

可执行零件程序而不移动进给轴与主轴。这样就能检查零件程序的编程、进给轴位置以及辅助功能的输出情况。该软键的功能同按下 MCP 上 的功能。

（7）单程序段模式

系统可在执行完每个程序段后中断工件加工。这样就能按程序段检查加工结果及单个加工步骤了。按下 MCP 上的 ，使用 可执行下一程序段，对于螺纹程序段（G33），只有激活了空运行进给率之后才能在程序执行到当前螺纹程序段末尾时停止。

（8）辅助功能锁

 激活时，可执行零件程序并禁用主轴及所有辅助功能（见表 8-9）。

表 8-9　禁用主轴及辅助功能地址

辅助功能	地址
刀具选择	T
刀具补偿	D,DL
进给率	F
主轴转速	S
M 功能	M
H 功能	H

8.2.5　程序编辑

可使用图 8-13 标出的按键对编辑器中显示出的程序进行创建和编写。

在程序页面下，可查找、新建、选择、修改、复制、删除程序，也可实现程序的导入、导出处理。

新建程序：

① 新程序通过程序管理来创建。可以通过使用 PPU 上的按键选择程序管理。

② 选择 NC 作为程序的存储位置，能够在 NC 中创建程序。

③ 可使用 PPU 上屏幕右侧的软键新建来创建一个新程序。如图 8-14 所示。

可以选择新建或新建目录，选择新建建立的是一个程序，选择新建目录建立的是一个文件夹，如图 8-15 所示。

打开程序文件后，可以对程序文本进行编辑。程序文本编辑后，系统会自动将其保存。

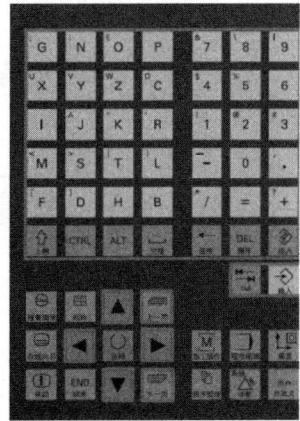

图 8-13　程序编辑器

8.2.6　工件坐标系及刀具长度补偿

（1）G54～G59 建立工件坐标系

G54～G59 建立坐标系是在机床坐标系的基础上建立的，在 G54～G59 工件坐标系里，输入工件与机床坐标的偏置，让系统记忆起来，再编写程序时只需调出工件坐标系。

格式：

G54X＿Y＿Z＿

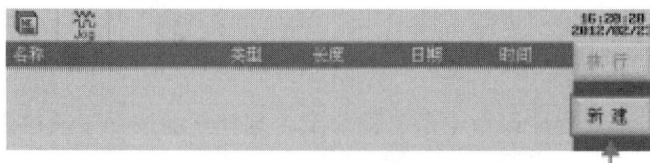

图 8-14　程序新建页面

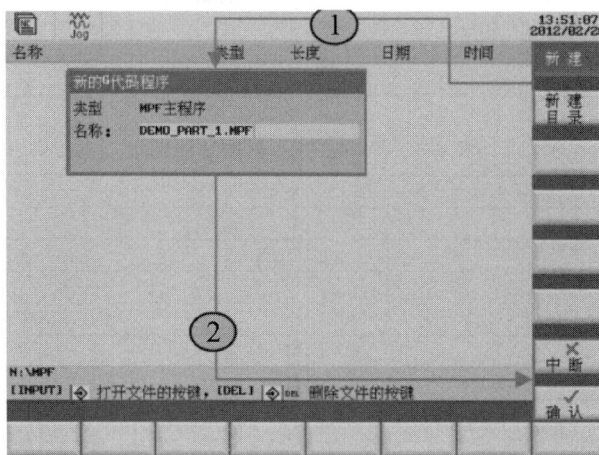

图 8-15　新建程序

（2）工件坐标系界面操作说明

按下软键按钮工件坐标系进入测量工件页面并设置零偏，如图 8-16 所示。

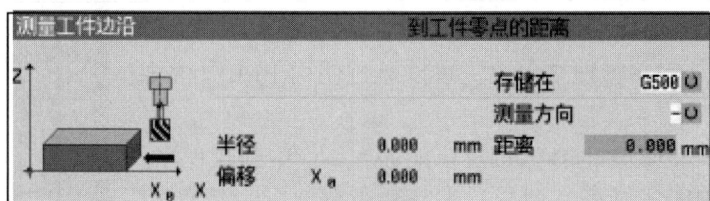

图 8-16　偏置设定

进行如下操作：

① 进入录入/编辑操作方式。

② 按上下键移动光标，使它移到要变更的项目上。

③ 按下操作软键，进入图 8-17 所示画面。

EXT（外部坐标系）是基本偏置，用户可以通过面板键或者＋输入软键设置，G 代码设置刀具补偿量，通过面板键或软键设置 G54～G59 操作。

（3）机床回参考点

机床启动后，系统默认处在回参考点的操作模式（图 8-18）。

如果进给轴未回参考点，可观察到图 8-19 中左侧标注的圆圈图标，该图标表示目前进给轴处于未回参考点状态。

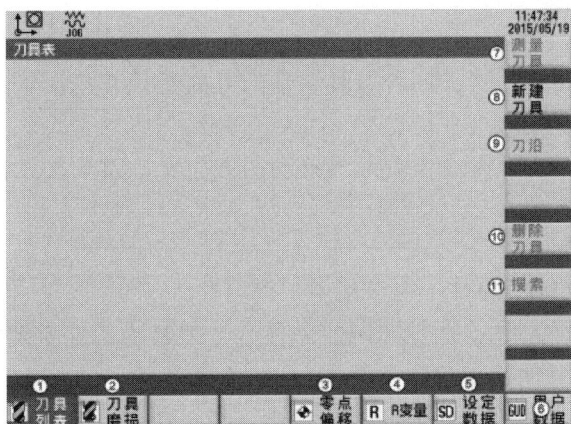

图 8-17　偏置设定操作页面

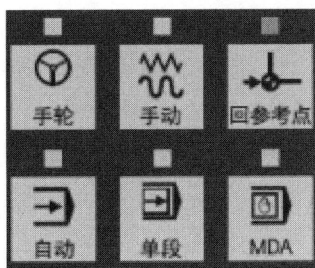

图 8-18　回参考点模式

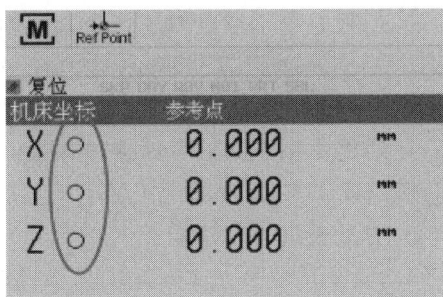

图 8-19　参考点坐标

通过对应的轴移动键（图 8-20）来对进给轴执行回参考点操作。移动方向与移动键均由机床制造商来定义。

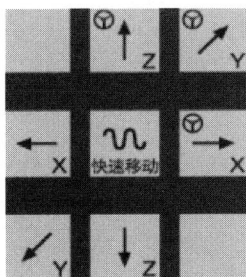

图 8-20　轴移动键

（4）刀具偏置测量

将刀尖移动至可测数值设定点，在偏置页面对应刀补号输入设定点数值，按下测量键，系统将根据坐标系计算出刀具偏置补偿值。

操作步骤：移动黄色光标至对应的偏置表格中，在输入栏键入设定点数值。

例：设定 1 号刀偏置。

刀尖移动至工件某直径处，假定该直径经测定为 $\phi50$mm，在偏置页面将光标移至 1 号刀 X 偏置栏，在输入栏键入 50，再按测量键即完成 1 号刀 X 偏置测量。1 号刀 Z 偏置测量同理。

（5）刀具半径补偿功能

① 功能及目的。加工中心走刀轨迹是刀具中心轨迹。刀具中心轨迹跟工件轮廓是不重合的，偏距一个刀具半径。如果不用刀具半径补偿功能，编程时就要先计算出刀具中心轨迹的各节点坐标，再按刀具中心轨迹的坐标来编程，这会加大编程的难度及工作量。如果使用刀具半径补偿功能，编程时直接按照图纸尺寸编程即可，我们只需事先在数控系统里设置刀具半径值。运行程序时系统会自动执行偏置工件轮廓一个刀具半径的刀具轨迹。

② 刀具半径补偿指令 G41/G42。

a）指令格式。

G41 D__：刀具半径左补偿。顺着刀具移动的方向看，刀具在工件左侧，使用刀具半径左补偿。

G42 D__：刀具半径右补偿。顺着刀具移动的方向看，刀具在工件右侧，使用刀具半径右补偿。

G40：取消刀具半径补偿。

D__表示调用的刀补号，如 D1 表示调用 1 号刀补。

b）功能说明。用半径为 R 的刀具切削工件 A，刀具中心路径为 B，路径 B 距离 A 为 R。刀具偏移工件 A 半径的距离称为补偿。

编程人员用刀具半径补偿模式编制加工程序，加工中，测定刀具直径并录入 CNC 的存储器，刀具路径变成补偿路径 B。

c）刀具半径补偿功能的作用。

（a）编程时可不考虑刀具半径，按图纸尺寸编程。

（b）当刀具半径发生变化时，不必重新修改程序，只需更改在系统设置的刀具半径值。

（c）通过调用不同的刀具半径补偿值，可用同一程序、同一刀具进行粗加工和精加工。

（d）G41/G42 指令必须跟随 G0、G1 指令使用才有效。

（6）刀具长度补偿功能

① 功能及目的。在实际加工当中经常需多把刀具进行连续加工，我们可事先将多把刀具相对于基准刀具的装夹长度偏差值测量出来，再把偏差值输入系统存储长度偏差值的刀补号中。编辑程序时就不用考虑刀具的装夹长度偏差值了，切换工作刀具时，只需调用相对应的刀补。

② 指令格式。

G43 H__

G44 H__

G49

G43：刀具长度正补偿。

G44：刀具长度负补偿。

G49：取消刀具长度补偿。

H__为调用的刀补号，例如 H1 表示调用数控系统的 1 号刀补，补偿值需在执行程序前输入数控系统的 1 号刀刀具长度补偿处。

③ 功能说明。刀具长度补偿的移动量计算如下。

执行 G43 或 G44 的刀具长度补偿开始指令，及 G49 的刀具长度补偿取消指令时，根据图 8-21 计算移动量。

程序指令 Z 轴移动量说明如下。

G43 Zz Hh1，z＋(h1)：刀具补偿量仅在＋方向补偿。

G44 Zz Hh1，z－(h1)：刀具补偿量仅在－方向补偿。

G49 Zz，z－(＋)(h1)：补偿量取消。

h1 表示补偿编号 h1 的补偿量。

	X mm	Y mm	Z mm	X ↻	Y ↻	Z ↻
G500	0.000000	0.000000	0.000000	0.000	0.000	0.000
G54	0.000000	0.000000	0.000000	0.000	0.000	0.000
G55	0.000000	0.000000	0.000000	0.000	0.000	0.000
G56	0.000000	0.000000	0.000000	0.000	0.000	0.000
G57	0.000000	0.000000	0.000000	0.000	0.000	0.000
G58	0.000000	0.000000	0.000000	0.000	0.000	0.000
G59	0.000000	0.000000	0.000000	0.000	0.000	0.000
程序	0.000000	0.000000	0.000000	0.000	0.000	0.000
比例	1.000000	1.000000	1.000000			
镜像	0	0	0			
共计	0.000000	0.000000	0.000000	0.000	0.000	0.000

图 8-21　刀具长度补偿的移动量

如上述的运算所示，不论使用的是绝对值指令还是增量值指令，实际的终点均为编程的移动指令的终点坐标进行指定补偿量补偿后的坐标值。接通电源时即进入 G49（刀具长度补偿取消）模式。

(7) 刀具补偿编号

① 指定刀具补偿编号的地址。

（a）H 用于刀具长度补偿，D 用于刀具位置补偿及刀具半径补偿。

（b）指定一次之后，在指定新的 H 或 D 指令之前，刀具补偿编号不会变化。

（c）各补偿编号对应的补偿量，预先通过偏置设定页面加以设定。

② 设定和显示刀具偏置值的步骤。

a）按下功能键 ，按下  显示刀具补偿画面。

b）通过翻页键和光标键将光标移到要设定和改变补偿值的地方，或者输入补偿号码，并按下搜索软键来找到补偿号。

c）设定补偿值。输入一个值并按下面板按键  即补偿值被设定。＋输入键可以实现改变刀补值功能，如图 8-22 所示。

刀具磨损 ＜ * 增量 输入 ＞			磨损	
类型	T	D	长度	半径
	1	1	0.200	0.000
		2	0.000	0.000

图 8-22　刀具磨损补偿设定

如当前 X 为 102.1，要改变为 100，可通过两种方法来实现：

（a）直接写入 100，再按面板按键 。

（b）写入－2.1，再按软键＋输入。

软键测量将根据当前机械坐标、工件坐标以及输入的数值计算出刀具偏置值。

8.2.7 程序举例

如图 8-23、图 8-24 所示。

目标程序工件示意图

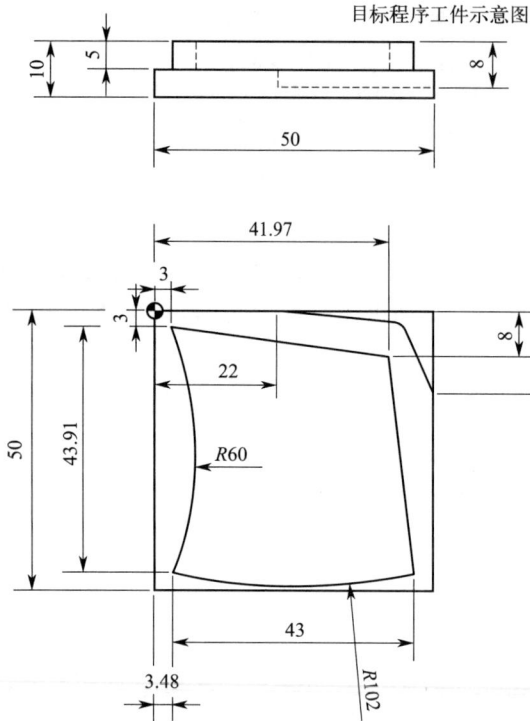

图 8-23 铣削工件示意图

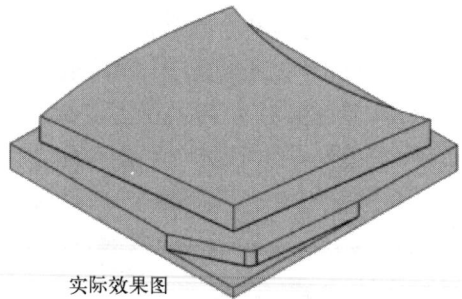

图 8-24 实际效果图

相关刀具信息：T1 铣刀 D50，T2 铣刀 D12，T4 铣刀 D10。程序如下。

N10 G17 G90 G60 G54	N10
N20 T1 D1；FACEMILL D50	N20 1 号刀为平面铣刀，直径 50mm
N30 M6	N30
N40 S3500 M3	N40
N50 G0 X0 Y0	N50 回到工件零点
N60 G0 Z2	N60
；======Start face milling========	；=========开始端面铣削=========
N70 CYCLE71（50，1，2，0，0，0， 50，−50,，1，40,，0.1，300，11,）	N70 起点（X0，Y0），长宽均为 50mm，进给率 300mm/ min，精加工余量 0.1mm，沿平行于 X 轴的方向进行单一 方向上的粗加工
N80 S4000 M3	N80
N90 CYCLE71（50，0.1，2，0，0，0， 50，−50,，1，40,，0，250，32,）	N90 起点（X0，Y0），长宽均为 50mm，进给率 250mm/ min，精加工余量 0，沿平行于 X 轴方向进行可交替方向的 精加工
；======Start contour milling=======	；=========开始轮廓铣削=========
N100 T2 D2；END MILL	N100 2 号刀为端铣刀
N110 M6	N110
N120 S3500 M6	N120
N130 CYCLE72（" CON1：CON1 _ E"，50，0，2，−5， 2，0.1，0.1，300，300，11，42，1，4，300，1，4）	

; ============Start path milling with radius compensation=============
N140 T4 D1 ；ENDMILL D10
N150 M6
N160 S4000 M3
N170 G0 X55 Y-15
N180 G0 Z2
N190 G1 F300 Z-8
N200 G42 G1 Y-15 X50
N210 G1 X44 Y-2 RND＝2
N220 G1 Y0 X22
N230 G40 Y30
N240 M30

N130 轮廓切削深度 5mm，所有精加工余量均为 0.1mm，表面加工与切深方向进给率均为 300mm/min，以 G42 激活补偿，使用 G1 的中间路线进行粗加工，接近路径为沿直线切线，长度 4mm，返回时的进给率、路径、长度与接近时参数一致
； ======开始带半径补偿的轨道铣削=======
N140 4 号刀为端铣刀，直径 10mm
N150
N160
N170
N180
N190
N200 G42 激活刀具半径补偿
N210 以（X44，Y-2）处为起点，插入半径为 2mm 的倒圆
N220（X22，Y0）处为倒圆终点
N230 G40 取消刀具半径补偿
N240

; * * * * * * * * CONTOUR * * * * * * * * *
CON1：
; ♯7 _ _ DIgK contour definition begin
-Don't change !；＊GP＊；＊RO＊；＊HD＊
G17 G90 DIAMOF；＊GP＊
G0 X3 Y3；＊GP＊
G2 X3.27 Y-40.91 I＝AC（－52.703）J＝AC（－19.298）；＊GP＊
G3 X46.27 Y-47 I＝AC（38.745）J＝AC（54.722）；＊GP＊
G1 X42 Y-8；＊GP＊
X3 Y3；＊GP＊
; CON, 0, 0.0000, 4, 4, MST：0, 0, AX：X, Y, l, J；＊GP＊；＊RO＊；＊HD＊
; S, EX：3, EY：3；＊GP＊；＊RO＊；＊HD＊
; ACW, DIA：0/35, EX：3.27, DEY：-43.91, RAD：60；＊GP＊；＊RO＊；＊HD＊
; ACCW, DIA：0/35, DEX：43, EY：-47, RAD：102；＊GP＊；＊RO＊；＊HD＊
; LA, EX：42, EY：-8；＊GP＊；＊RO＊；＊HD＊
; LA, EX：3, EY：3；＊GP＊；＊RO＊；＊HD＊
; ♯End contour definition end -Don't change !；＊GP＊；＊RO＊；＊HD＊
CON1 _ E；；＊＊＊＊CONTOUR ENDS＊＊＊

本段为轮廓铣削 CYCLE72 循环编写完毕之后，由系统自动生成的附加描述信息，不影响系统的运行。

8.3 在线测量装置

在线测量装置采用三坐标测量原理，利用机床系统在线辅助，有效地使用现有坐标，直

接进行零件曲面测量，对测量结果进行比对并出报告。

在线测量优点：

① 不需要拆放零件到三坐标测量机上，可在机床上面一次完成，提高效率。

② 不需要专业三坐标操作人员，CNC 操作人员一人就可以完成，降低成本。

③ 测量技术成熟稳定。

简单来说测量系统由接触触发式测头、信号传输系统和数据采集系统组成，测量系统是数控加工中心在线检测系统的关键部分，它直接影响着在线检测的精度。其中关键部件为测头，使用测头可在机床加工过程中进行尺寸测量。

📖 本章小结

1. 一个完整的程序由程序名、程序内容和程序结束三部分组成。程序的内容则由若干程序段组成，程序段由若干字组成，每个字又由字母和数字组成。

2. 加工中心程序是由以 O×××× （程序名）开头、以 M30 结束的若干行程序段构成的。

3. G 代码是规定程序内各程序段动作模式的指令。

4. 在同一段加工中心程序中，既有 M 指令又有其他指令时，M 指令与其他指令执行时的先后次序由机床系统参数设定。

5. S 指令代码具有控制主轴转速的功能，亦称为 S 功能，由地址 S 和其后缀数字组成。

6. 刀具功能是系统进行选刀或换刀的功能指令，亦称为 T 功能。刀具功能用地址 T 及后缀的数字来表示，加工中心常用 T2 位数法刀具功能指定刀具号。

7. 程序的运行是从光标当前所在程序行开始的，所以在按下自动运行键前最好先检查一下光标是否在需要运行的程序行上，如果要从程序起始行开始运行程序，可在编辑方式下，按下复位键，光标返回到程序起始行，切换自动方式，按下循环启动键，可实现从起始行运行程序。

8. 在机床锁住状态时机床虽然不移动，机床坐标显示值也不更新，但 CNC 内部依然会根据移动指令计算出的机床坐标值执行、存储行程极限检测。

9. 在自动操作方式下，按辅助锁键，此时 M、S、T 代码指令不执行。

10. MDI 的运行一定要在录入操作方式下才能进行。

11. G54～G59 坐标系的建立是在机床坐标系的基础上建立的。

12. 加工中心走刀轨迹是刀具中心轨迹，刀具中心轨迹跟工件轮廓是不重合的，偏距一个刀具半径，此时可以使用刀具半径补偿功能或编程时计算出刀具中心轨迹的各节点坐标再按刀具中心轨迹的坐标来编程。

13. 加工中心修改参数需要操作权限等于或高于 3 级 （安装调试密码），输入相应的密码可获取相应等级的操作权限。

14. 在线测量装置采用三坐标测量原理，利用机床系统在线辅助，有效地使用现有坐标，直接进行零件曲面测量，对测量结果进行比对并出报告。

15. 在线测量装置由测头刀柄、测头本体、测针、无线接收器和标定环规组成。

16. 安装测针时，使用测针扳手轻轻锁紧，注意用力过度会造成测头损坏。

 习题 ————————————————

一、填空题

1. 在编程前首先要进行零件的加工工艺分析，确定（　　　　　）、刀具的运动轨迹、位移量、切削参数（切削速度、进给量、背吃刀量）以及各项辅助功能（换刀、主轴正反转、切削液开关等）。

2. 一个完整的加工中心程序由（　　　　）、（　　　　）和（　　　　）三部分组成。

3. 加工中心程序结束需使用 M30 指令，数控系统执行 M30 后会向总控系统发送（　　　）信号。

4. S 指令代码用来控制（　　　　），亦称为 S 功能，由地址 S 和其后缀数字组成。

5. 测量系统由（　　　　）、（　　　　）和（　　　　）组成。

二、选择题

1. 加工中心转速 S 代码的单位是（　　　）。

A. r/s　　　B. r/min　　　C. r/h　　D. 以上都不正确

2. 以下 M 代码中，（　　　）表示主轴顺时针转动。

A. M03　　　B. M04　　　C. M05　　D. M30

3. 下列说法错误的是（　　　）。

A. 在程序自动运行中，按下复位键可使自动运行的程序停止

B. 在程序自动运行中，按下暂停键可使自动运行的程序停止

C. 在程序自动运行中，按下急停键可使自动运行的程序停止

D. 在程序自动运行中，按下选择停键可使自动运行的程序停止

4. 下列 G 代码中，（　　　）是刀具半径左补偿。

A. G41　　　B. G42　　　C. G43　·　D. G44

三、简答题

1. 加工中心刀具长度补偿功能作用是什么？

2. 加工中心刀具半径补偿功能作用是什么？

3. 在线测量装置的优点有哪些？

扫码查答案

第 9 章
雕刻机编程与操作

XD-500MZ 雕刻机是一种中小规格、高效能直线导轨加工机床，采用维宏控制系统，可完成铣、钻、铰、攻丝等多种工序的加工，若选用数控转台，可扩大为四轴控制，实现多面加工，广泛应用于汽车、军工、航天航空等领域的典型零件的高速精密加工和复杂型面的轮廓加工。

9.1 雕刻机编程基础

9.1.1 数据准备

PEPS 软件能够直接读入 UG、CATIA、PRO-E 等文件，也可以读入 DXF、IGS、STEP 等格式的文件，所以我们不需要对模型进行特殊的转换。值得一提的是该软件读入模型时只认模型的绝对坐标，而对汽模来讲，一般模型的绝对坐标是汽车车身的坐标。虽然在 PEPS 软件中通过一系列的移动、旋转指令也可以将模型转到合适的位置，但不如在 UG、CATIA 等软件中改快且直观，所以有人建议将原有模型的相对坐标转换成绝对坐标。

9.1.2 编程与仿真

如前所述，由于软件与机床捆绑销售，且预设了机床的所有参数，所以在导入数模后，我们只需要做简单的操作就可以使产品 2/3 数模移到预定位置（一般是机床中心），考虑到工件在切割过程中可能变形，所以我们要按一定的顺序进行切割，即先孔后轮廓，先内后外，依次选取加工步骤，只要我们选择完成，软件就会自动计算出程序。原则上软件会自动完成，不过切、不碰撞、不超程，但有时候也需要手工修改，不过该软件还是比较智能化的，且容易操作，只需要简单的几步就可以将程序修正完成。程序计算后，我们就可以对程序进行仿真加工了。

程序分为模拟程序和加工程序两个。

（1）模拟程序（test. nc）

运行前提条件：毛坯件库位托盘内不放毛坯件，对应车床机器人选择程序名为 test. nc 的程序。如表 9-1 所示。

表 9-1　程序解析表 1

test. nc	主程序名称
M600	程序开头
G0 X-5 Y-5 Z-5	加工程序
G01 X-200 Y-200 Z-70 F1000	
G0 X0 Y0Z0	
M601	程序结尾
M99	程序循环

程序中的加工程序部分可根据不同的工件或加工要求自己编写。其他程序为机器人和机床之间的通信程序，禁止更改。

（2）加工程序（123.nc）

运行前提条件：毛坯件库位托盘内放毛坯件，对应车床机器人选择程序名为 123.nc 的程序。如表 9-2 所示。

表 9-2　程序解析表 2

加工程序样例	
123. nc	主程序名称
M600	程序开头
…	加工程序
M601	程序结尾
M99	程序循环

程序中的加工程序部分可根据不同的工件或加工要求自己编写。其他程序为机器人和机床之间的通信程序，禁止更改。

9.1.3　雕刻机常用 G 代码

G 代码功能简述：G00——快速定位；G01——直线插补；G02——顺时针方向圆弧插补；G03——逆时针方向圆弧插补；G04——定时暂停；G05——通过中间点圆弧插补；G07——Z 样条曲线插补；G08——进给加速；G09——进给减速；G10——数据设置；G20——子程序调用；G22——半径尺寸编程方式；G23——直径尺寸编程方式；G24——子程序结束；G25——跳转加工；G26——循环加工；G30——倍率注销；G31——倍率定义；G32——等螺距螺纹加工，英制；G33——等螺距螺纹加工，公制；G331——螺纹固定循环；G53——以程序段方式取消当前可设定零点偏移和可编程零点偏移；G500——取消可设定零点偏移/框架（G54～G599），直至下一次调用；G54——设定工件坐标系一；G55——设定工件坐标系二；G56——设定工件坐标系三；G57——设定工件坐标系四；G58——设定工件坐标系五；G59——设定工件坐标系六；G60——准确路径方式；G64——连续路径方式；G70——英制尺寸，in；G71——公制尺寸，mm；G74——回参考点（机床零点）；G75——返回编程坐标零点；G76——返回编程坐标起始点；G81——外圆固定循环；G90——绝对尺寸；G91——相对尺寸；G92——预制坐标；G94——进给率，每分钟进给；G95——进给率，每转进给。

功能详解如下。

(1) G00——快速定位

格式：

G00 X（U）__Z（W）__

说明：

① 该指令使刀具按照点位控制方式快速移动到指定位置。移动过程中不得对工件进行加工。

② 所有编程轴同时以参数定义的速度移动，当某轴走完编程值时便停止，而其他轴继续运动。

③ 不运动的坐标无须编程。

④ G00 可以写成 G0。

例：

G00 X75 Z200

G0 U-25 W-100

先是在 X 向和 Z 向同时走 75 快速到 A 点，接着在 Z 向再走 200 快速到 B 点。

(2) G01——直线插补

格式：

G01 X（U）__Z（W）__F__（mm/min）

说明：

① 该指令使刀具按照直线插补方式移动到指定位置。移动速度是由 F 指令定义的进给速度。所有的坐标都可以联动运行。

② G01 也可以写成 G1。

例：

G01 X40 Z20 F150

两轴联动从 A 点到 B 点。

(3) G02——顺圆插补

格式 1：

G02 X（U）__Z（W）__I__K__F__

说明：

① X、Z 在 G90 时，圆弧终点坐标是相对编程零点的绝对坐标。在 G91 时，圆弧终点是相对圆弧起点的增量值。无论在 G90 还是在 G91，I 和 K 均是圆弧终点的坐标值。

I 是 X 方向值，K 是 Z 方向值。圆心坐标在圆弧插补时不得省略，除非用其他格式编程。

② G02 指令编程时，可以直接编过象限圆、整圆等。

注意：过象限时，会自动进行间隙补偿，如果参数区未输入间隙补偿或参数区与机床实际反向间隙悬殊，都会在工件上产生明显的切痕。

③ G02 也可以写成 G2。例：

G02 X60 Z50 I40 K0 F120

格式 2：

G02 X（U）__Z（W）__R（＋/－）__F__

说明：

① 不能用于整圆的编程。

② R 为工件单边 R 弧的半径，带符号，"＋"表示圆弧角小于 180°；"－"表示圆弧角大于 180°。其中，"＋"可以省略。

③ 它以终点坐标为准，当终点与起点的长度值大于 2R 时，则以直线代替圆弧。

例：

G02 X60 Z50 R20 F120

格式 3：

G02 X（U）__Z（W）__CR__（半径）F__

格式 4：

G02 X（U）__Z（W）__D__（直径）F__

这两种编程格式基本上与格式 2 相同。

(4) G03——逆圆插补

说明：除了圆弧旋转方向相反外，格式与 G02 指令相同。

(5) G04——定时暂停

格式：

G04__F__ 或 G04__K__

说明：加工运动暂停，到时间后，继续加工。暂停时间由 F 后面的数据指定，单位是 s，范围是 0.01～300s。

(6) G05——通过中间点圆弧插补

格式：

G05 X（U）__Z（W）__IX__IZ__F__

说明：

X，Z 为终点坐标值；IX，IZ 为中间点坐标值。其他内容与 G02/G03 的相似。

例：

G05 X60 Z50 IX50 IZ60 F120

(7) G08/G09——进给加速/减速

格式：

G08

说明：它们在程序段中独自占一行，在程序中运行到这一段时，进给速度将增加 10％。如要增加 20％，则需要写成单独的两段。

(8) G22(G220)——半径尺寸编程方式

格式：

G22

说明：在程序中独自占一行，系统以半径方式运行，该程序下面的数值也是以半径为准的。

(9) G23(G230)——直径尺寸编程方式

格式：

G23

说明：在程序中独自占一行，系统以直径方式运行，在程序下面的数值也是以直径为准的。

（10）G25——跳转加工

格式：

G25 LXXX

说明：当程序执行到这段程序时，就转移到它指定的程序段。XXX 为程序段号。

（11）G26——循环加工

格式：

G26 LXXX Q＿＿

说明：当程序执行到这段程序时，它指定的程序段作为一个循环体。循环次数由 Q 后面的数值决定。

（12）G30——倍率注销

格式：

G30

说明：在程序中独自占一行，与 G31 配合使用，注销 G31 的功能。

（13）G31——倍率定义

格式：

G31 F＿＿

（14）G32——等螺距螺纹加工（英制）/G33——等螺距螺纹加工（公制）

格式：

G32/G33 X（U）＿ Z（W）＿ F＿＿

说明：X、Z 为终点坐标值，F 为螺距。

9.2　雕刻机基础操作

9.2.1　初始操作基础

（1）开机

打开总电源开关（如图 9-1，在加工中心右后方控制柜门上，将总电源开关旋至 ON），打开稳压器电源开关（两手同时按下并排的绿色稳压器开关），打开雕刻机电源开关（按下 ON 启动键），等到刀具库门关闭后，打开紧急停止开关（开机完闭）。

（2）原点复位

按下 MONITOR 键把显示屏转换到主画面，再调至相对值画面。把控制面板上的模式选择至手轮进给，用手轮把三个轴（X，Y，Z）都摇到负数。模式选择原点复位，然后按下控制面板上的原点复位键（机器会自动复位到原点）。

注意事项：使用手轮移动三个轴（X，Y，Z）时要特别注意主轴的位置及动向，避免撞击。

（3）温机

复位后机器需要待机 15min（自动润滑主轴）。15min 后按下转数指令（S 键）输入转

数（7000 转）。按下主轴启动指令（M 键）输入
03，再按下输入键（INPUTCALC），控制面板
的模式选择 DNC 传输。主轴开始运转（运转温
机时间 15min）。

（4）板材上机台

用抹布将磁台表面及板材背面擦干净，再用
气枪仔细吹一下，检查一下确定无杂质、残胶与
铁屑后把板材定位在磁台上并锁死。

注意事项：磁台表面与板材背面一定要干净
平整，不干净平整会直接影响到刀模的平整度。

（5）更改加工厚度

按下 TOOL PARAM 键，显示屏画面出现机
械坐标值和设定机械工作坐标值。机械坐标值
G54 上的 X 与 Y 的机械值是这两轴的工作原点

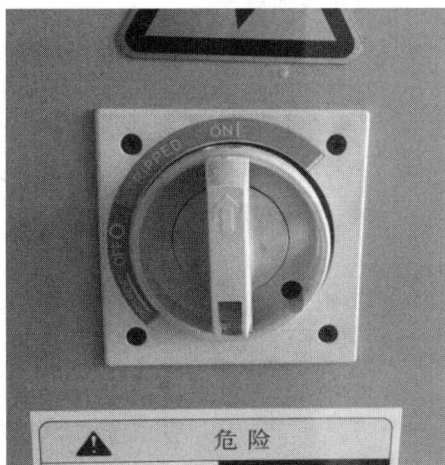

图 9-1　加工中心总电源开关图

值，是固定值不用更改。坐标值 G54 上的 Z 值为要加工材料的厚度，加工不同厚度的材料
设定不同的厚度参数。如：1.2mm 厚的材料就在 G54 的 Z 值上输入 1.25（设定厚度一般要
在原基础上再加个 0.05，避免有些材料偏厚）。

注意事项：设定 Z 值后一定要检查下是否正确，设定错误会导致刀模直接报废，甚至
磁台表面损坏。

（6）调图与修改图形

电脑调出要加工的 DXF 图档，把图形搬移到机器上的相应工作原点，对照工单、图纸
和客户特殊要求把一些需要修改以及需要封闭的图形修改好。

注意事项：

① 认真修改图形，改好图形后仔细检查是否修改正确，是否有漏掉或多出来的图形和线段。

② 发现图形有问题或工单未写清楚的应马上向相关部门反映，弄清楚之后再做。

（7）试位

装上一把直径为 2mm 的铣刀，在电脑刀具库中选取刀具，在需要加工图形的最两端各
选取一个图形（因菲林公差最大的地方是最两端的位置，如果两端的位置准了，中间的位置
一定也是准的），选取刀具加工方向（顺时针外部或顺时针内部），进行 3D 雕刻编程：加工
道次（1），方法（几何图形），要雕刻的图形（选取），转角路径（弧形），快速位移高度
（10），快速下到材料表面（1），材料顶部高度（0），最后切削深度（−0.001），切削次数
（1），最大挑角夹角（160），刀具号码（1），补正号码（1），有效直径（不用动数值，电脑
自己预算），主轴转数（12000），切深进给（60），切削进给（3000），留料量（0.1），悬高
公差（0.0001），每段挑角路径长度（不用动数值，电脑自己预算），选取要试位的那两个图
形，鼠标右击（编程完成）。电脑（输出 NC）选取适合机床的后处理文件，并将程序命令
输出到机床，选择输入的程序文件，启动文件以切削掉产品上的防腐漆为例来查看位置（如
看不清就把机器 G54 上的 Z 坐标设定的材料厚度降低 0.02 左右，还看不清就再降，以能看
清为标准），位置有偏差时使用搬移功能来搬移电脑上的图形坐标，以向左为减、向右为加、
向上为加、向下为减搬至与要加工产品的相对应位置，搬移好后再重选两个图形重新试下位
置，位置对应上就好了。

（8）产品表面铣平

删除上次路径（每次再编程时一定要把上次的路径删除），所有图形刀具加工方向选取（顺时针中心），框选要加工的图形生成加工方向，循边铣削编程：加工道次（1），补正功能（不用改），转角路径（弧形），下刀深度（改为0），快速位移高度（10），快速下到材料表面（1），材料顶部高度（0），最后切削深度（0），切削次数（1），刀具号码（1），补正号码（1），有效直径（不用动数值，电脑自己预算），主轴转数（12000），切深进给（60），切削进给（3000），留料量（0）。确定后选取所有要加工的图形，鼠标右击生成切削路径。然后点路径手动排序，按照先后顺序手动排好序，输出 NC 到机器加工（如果产品表面未铣平还有防腐漆，就把机器 G54 上的 Z 坐标值下降 0.02，直到产品表面铣白铣平）。

（9）用游标卡尺测量腐蚀的实际刀高

例测值为 0.75mm，客户要求刀高为 0.8mm，加工的时候下刀深度即设为 0.75mm。

注意事项：下刀过深容易起毛刺，下刀过浅会使台阶过高，所以下刀深度不能太深也不能太浅。

9.2.2 粗加工

第一刀：磨一把厚度 1.5mm 左右、角度 40°的成型刀具。按图形需求选取加工方向，框选要加工的图形生成加工方向。3D 雕刻编程：加工道次（1），方法（几何图形），要雕刻的图形（选取），转角路径（弧形），快速位移高度（10），快速下到材料表面（1），材料顶部高度（0），最后切削深度（-0.75），切削次数（1），最大挑角夹角（160），刀具号码（1），补正号码（1），有效直径（不用动数值，电脑自己预算），主轴转数（25000），切深进给（30），切削进给（600），留料量（0.1），悬高公差（0.0001），每段挑角路径长度（不用动数值，电脑自己预算）。按确定，选取所有要加工的图形，鼠标右击生成加工路径。再改变所有图形的内外加工方向，3D 雕刻编程同上，选取只编好一侧路径的图形把另一侧的路径也编上。然后点路径自动排序，控制面板上的切削进给打到 100%，输出 NC 到机器开始加工。

第二刀：磨一把厚度 1mm 左右、角度 40°的成型刀具。按图形需求选取加工方向，框选要加工的图形生成加工方向。3D 雕刻编程：加工道次（1），方法（几何图形），要雕刻的图形（选取），转角路径（弧形），快速位移高度（10），快速下到材料表面（1），材料顶部高度（0），最后切削深度（-0.75），切削次数（1），最大挑角夹角（160），刀具号码（1），补正号码（1），有效直径（不用动数值，电脑自己预算），主轴转数（25000），切深进给（50），切削进给（600），留料量（0.05），悬高公差（0.0001），每段挑角路径长度（不用动数值，电脑自己预算）。按确定，选取所有要加工的图形，鼠标右击生成加工路径。再改变所有图形的内外加工方向，3D 雕刻编程同上，选取只编好一侧路径的图形把另一侧的路径也编上。然后点路径手动排序，按照顺序手动将路径排好序，控制面板上的切削进给打到100%，输出 NC 到机器开始加工。

第三刀：磨一把厚度 0.6mm 左右、角度 40°的成型刀具。按图形需求选取加工方向，框选要加工的图形生成加工方向。3D 雕刻编程：加工道次（1），方法（几何图形），要雕刻的图形（选取），转角路径（弧形），快速位移高度（10），快速下到材料表面（1），材料顶部高度（0），最后切削深度（-0.75），切削次数（1），最大挑角夹角（160），刀具号码（1），补正号码（1），有效直径（不用动数值，电脑自己预算），主轴转数（25000），切深进给（50），切削进给（600），留料量（0.02），悬高公差（0.0001），每段挑角路径长度（不用动数值，电脑自己预算）。按确定，选取所有要加工的图形，鼠标右击生成加工路径。再改变所有图形的内外加工方向，3D雕刻编程同上，选取只编好一侧路径的图形把另一侧的路径也编上。然后点路径手动排序，按照上次排序反过来将路径排好序，控制面板上的切削进给打到100%，输出NC到机器开始加工。

第四刀：磨一把厚度0.4mm左右、角度40°的成型刀具。按图形需求选取加工方向，框选要加工的图形生成加工方向。3D雕刻编程：加工道次（1），方法（几何图形），要雕刻的图形（选取），转角路径（弧形），快速位移高度（10），快速下到材料表面（1），材料顶部高度（0），最后切削深度（−0.75），切削次数（1），最大挑角夹角（160）；刀具号码（1），补正号码（1），有效直径（不用动数值，电脑自己预算），主轴转数（25000），切深进给（50），切削进给（600），留料量（0.02）（如果刀线还不是很细，就相对稍降留料量），悬高公差（0.0001），每段挑角路径长度（不用动数值，电脑自己预算）。按确定，选取所有要加工的图形，鼠标右击生成加工路径。再改变所有图形的内外加工方向，3D雕刻编程同上，选取只编好一侧路径的图形把另一侧的路径也编上。然后点路径手动排序，按照上次排序反过来将路径排好序，控制面板上的切削进给打到100%，输出NC到机器开始加工。

第五刀：磨一把厚度在0.2~0.3mm之内、角度40°的成型刀具。按图形需求选取加工方向，框选要加工的图形生成加工方向。3D雕刻编程：加工道次（1），方法（几何图形），要雕刻的图形（选取），转角路径（弧形），快速位移高度（10），快速下到材料表面（1），材料顶部高度（0），最后切削深度（−0.75），切削次数（1），最大挑角夹角（160），刀具号码（1），补正号码（1），有效直径（不用动数值，电脑自己预算），主轴转数（25000），切深进给（50），切削进给（600），留料量（如果刀线很细了，达到修刀锋要求了，留料量就加0.01，即留料量0.03单修挑角部分。如刀线还有点宽，就再相对稍降留料量），悬高公差（0.0001），每段挑角路径长度（不用动数值，电脑自己预算）。按确定，选取所有要加工的图形，鼠标右击生成加工路径。再改变所有图形的内外加工方向，3D雕刻编程同上，选取只编好一侧路径的图形把另一侧的路径也编上。然后点路径手动排序，按照上次排序反过来将路径排好序，控制面板上的切削进给打到80%，输出NC到机器开始加工。

9.2.3 精加工

第一刀：磨一把厚度0.1mm左右、角度为50°的成型刀具，按图形需求选取加工方向，框选要加工的图形生成加工方向。3D雕刻编程：加工道次（1），方法（几何图形），要雕刻的图形（选取），转角路径（弧形），快速位移高度（10），快速下到材料表面（1），材料顶部高度（0），最后切削深度（−0.4），切削次数（1），最大挑角夹角（160），刀具号码（1），补正号码（1），有效直径（不用动数值，电脑自己预算），主轴转数（25000），切深进给（50），切削进给（600），留料量（0，如磨的刀具偏大，就留0.02），悬高公差（0.0001），每段挑角路径长度（不用动数值，电脑自己预算）。按确定，选取所有要加工的图形，鼠标右击生成加工路径。再改变所有图形的内外加工方向，3D雕刻编程同上，选取只编好一侧路径的图形把另一侧的路径也编上。然后点路径手动排序，按照表面铣平的顺序排好序，G54上的Z值加0.03（如原来是1.2，即设为1.23），控制面板上的切削进给打到100%，输出NC到机器开始加工。先修完一模停止机器，主轴复位到原点看一下是否修到刀锋，是否已出刀锋。如已出刀锋，把量刀程式删除，输出NC到机器继续加工。如还未出刀锋，就把 G54 上的 Z 值降 0.02，量刀程式删除，输出 NC 到机器继续加工。如还未出刀锋就一直降至出刀锋，确定出刀锋后继续加工。

第二刀：磨一把厚度 0.1mm 左右、角度为 50°的成型刀具，按图形需求选取加工方向，框选要加工的图形生成加工方向。3D 雕刻编程：加工道次（1），方法（几何图形），要雕刻的图形（选取），转角路径（弧形），快速位移高度（10），快速下到材料表面（1），材料顶部高度（0），最后切削深度（−0.4），切削次数（1），最大挑角夹角（160），刀具号码（1），补正号码（1），有效直径（不用动数值，电脑自己预算），主轴转数（25000），切深进给（50），切削进给（600），留料量（0，如磨的刀具偏大，就留 0.02），悬高公差（0.0001），每段挑角路径长度（不用动数值，电脑自己预算）。按确定，选取所有要加工的图形，鼠标右击生成加工路径。再改变所有图形的内外加工方向，3D 雕刻编程同上，选取只编好一侧路径的图形把另一侧的路径也编上。然后点路径手动排序，按照表面铣平的顺序排好序，G54 上的 Z 值加 0.03（如原来是 1.2，即设为 1.23），控制面板上的切削进给打到 160%，输出 NC 到机器开始加工。先修完一模停止机器，主轴复位到原点看一下是否修到刀锋，第二刀精修的切削量要越小越好，但还要保证修到刀锋，可以用手来感觉刀锋的倒向来分辨有没有修到刀锋（例如原本刀锋是向外倒的，先修完外部路径停止，如刀锋向内倒了就证明修到了，如还是向外倒就证明没修到），也可以关掉切削液，用肉眼来观察（一般不建议用肉眼观察，肉眼观察到的时候很有可能会切削多了），如已修到刀锋，把量刀程式删除，输出 NC 到机器继续加工。如还未修到刀锋，就把 G54 上的 Z 值降 0.02，量刀程式删除，输出 NC 到机器继续加工。如还未修到刀锋就一直降至修到刀锋，确定修到刀锋后继续加工。

第二刀修完后就修第三刀（方法同第二刀），控制面板上的切削进给打到 200%。第三刀修完后用笔式显微镜检查刀锋，如刀锋还有毛刺、刀锋太倒或刀锋不是很锋利，就重传第三刀的程式再跑一下刀锋。

9.2.4　铣定位孔

铣定位孔步骤如下。

选一把厚度为 1.5mm 铣刀，按照所做刀模的实际底板厚度对机器上的 G54 的 Z 值进行修改（例如此刀模总高是 1.2mm，刀高现在下 0.75mm，那么它的底板厚是 0.45mm），机器上 G54 的 Z 值修改为 0.45。选取刀具加工方向（顺时针，内部），选择要加工的孔。循边铣削编程：（垂直）选取，加工道次（1），补正功能（APS 刀径中心），转角路径（弧形），快速位移高度（10），快速下到材料表面（1），材料顶部高度（0），最后切削深度（提高0.01，即设为−0.44），切削次数（铣孔的一次切削量是 0.05，0.44 的板厚就设为 9 次），切削深度（相等），刀具号码（1），补正号码（1），有效直径（1.5），主轴转数（12000），切深进给（30），切削进给（2000），留料量（0，可根据客户公差要求和铣刀的实际公差来适当调整留料量）。选取所有要加工的孔，鼠标右击生成加工路径，按照顺序手动排序，机器切削进给 100%，机器程式启动，电脑输出 NC 到机器开始加工。

9.2.5　切板

选一把厚度 1mm 左右、40°的成型刀，机器上 G54 的 Z 值不变。选取刀具加工方向（顺时针，外部），选取所有要切削的板边。循边铣削编程：（垂直）选取，加工道次（1），补正功能（APS 刀径中心），转角路径（弧形），快速位移高度（10），快速下到材料表面（1），材料顶部高度（0），最后切削深度（提高 0.03，即设为−0.42），切削次数（1），刀具号码（1），补正号码（1），有效直径（不用动数值，电脑自己预算），主轴转数（25000），切深进给（30），切削进给（600），留料量（0）。选取所有要切削的板边，鼠标右击生成加工路径，按照顺序手动排序，机器切削进给 100%，机器程式启动，电脑输出 NC 到机器开始加工。

注意事项：

① 严格按照统一制作流程制作，不懂多问。

② 每次编完一套程式一定要多检查程式数据是否正确，路径有没有问题。

③ 出货产品禁止未经过主管或组长认可而更改制作流程。

④ 操作中如果刀具偏小没有切削到，需停止降刀或设定留料量时应多加注意。先按下暂停键，原点复位后，按下停止键（主轴停止），把电脑未传完的程式删除，降刀，降留料量重编程式后，输出 NC 到机器（删除量刀程式），程式启动，开始传送路径到机器执行。

⑤ 机器运转中不要乱碰机器按键。

⑥ 使用气枪吹铁屑时要特别小心，眼睛离远一点，以免把铁屑吹到眼睛里。

⑦ 传输程式时一定要记住先按程式启动，后按电脑程式传送。

⑧ 机器运转中，请关闭机器门。

⑨ 每次开始加工时检查切削液喷射是否正常、是否对准刀尖。

9.2.6　打磨板边，清洗刀模

刀模切下来后用台式砂轮机把板边打磨光滑，用小型打磨机将定位孔底部毛边打磨掉，用定位针测一下定位孔的大小（如偏小就用同等尺寸的铣刀阔一下）。

用气枪将刀模上的铁屑和异物吹干净，加清洗剂进行清洗，用气枪将刀模吹干。

注意事项：

① 刀模在此过程中一定要稳拿稳放，一次少拿一点，避免刀模碰坏或掉到地上摔坏。

② 清洗刀模时，仔细检查毛刷、木板和刀模上有无异物以及铁屑，避免造成刮伤。

③ 用气枪吹刀模时一定要紧握刀模，防止刀模被吹掉落地摔坏。

操作安全注意事项如下。

① 工作时不允许戴手套操作机床；不要移动或损坏安装在机床上的警告标牌；注意不要在机床周围放置障碍物，工作空间应足够大。

② 某一项工作如需要两人或多人共同完成时，应注意相互间的协调一致；不允许采用压缩空气清洗机床、电气柜及 CNC 单元。

③ 机床开始工作前要有预热，认真检查润滑系统工作是否正常，如机床长时间未开动，可先采用手动方式向各部分供油润滑；雕刻前及雕刻过程中必须检查并确认电机的冷却系统（水泵）和润滑系统（油泵）是否正常工作。

④ 使用的刀具应与机床允许的规格相符，有严重破损的刀具要及时更换、调整，所用工具不要遗忘在机床内；刀具安装好后应进行一、二次试切削；检查卡盘夹紧工作的状态。

⑤ 装夹工件时，必须遵循装实、装平、装正的原则，严禁在悬空的材料上雕刻；装刀具前须将卡头内杂物清理干净。

⑥ 刀具装卡时，一定先将卡头旋入锁紧螺母内放正，并一起装到电机轴上，再将刀具

插入卡头，然后再用上刀扳手慢慢锁紧螺母，装卸刀具时，松紧螺母禁用推拉方式，要用旋转方式，X、Y轴起刀点不能更改。

⑦ 依次关掉机床操作面板上的电源和总电源；卸刀时严禁用扳手敲打卡头；加工完毕要关闭机床电源，工件送检，收拾工具，清洁机床和地面。

本章小结

雕刻机编程过程涉及将设计图稿转化为机器可识别的指令，本章介绍了操作雕刻机编程基础和操作能力。在编程时，需精确设定刀具路径、切削深度等参数，以确保雕刻作品的精细度和准确性。

雕刻机操作是将编程好的指令付诸实践的关键步骤。操作人员需熟悉雕刻机的各项功能，掌握正确的操作流程。在操作过程中，应注意安全规范，如佩戴防护眼镜、保持操作区域整洁等，同时，还需密切关注雕刻进度，及时调整参数以应对可能出现的异常情况。

通过不断学习和实践，学员可以不断提升自己的编程和操作水平。

习题

一．选择题

1. 在使用雕刻机时需要佩戴（　　）保护工具。

A. 防护眼镜　　　　B. 手套　　　　　　C. 胶鞋　　　　　　D. 帽子

2. 模型制作时用的电脑雕刻机有（　　）。

A. 软件式雕刻机　B. 激光式雕刻机　　C. 机械式雕刻机　　D. 手动式雕刻机

3. 以下（　　）属于激光雕刻机的主要特点。

A. 速度快　　　　　B. 精度高　　　　　C. 污染大　　　　　D. 噪声小

4. 雕刻机的主轴转速一般为（　　）。

A. 5000r/min　　　　B. 5000～10000r/min　C. 15000～40000r/min　D. ＞50000r/min

二．简答题

1. 普通雕刻机与激光雕刻机有什么区别？

2. 简述雕刻机的分类。

扫码查答案

第 10 章
AGV 运输小车设置与操作

AGV 是自动导引车（automated guided vehicle）的英文缩写，指装备电磁或光学等自动导航装置，能够沿着布置好的导航路线自动运行，且具有多级安全防护，能够以多种负载形式运输、移载、承载物料或装备的无人运输车。AGV 是移动机器人的范畴，在工厂、车间、巡检、安防等领域有着广泛的应用前景。

10.1　AGV 运输小车设置基础

现今的 AGV 基本上由导向模块、行走模块、导向传感器、微处理器、通信装置、移载装置和蓄电池等构成，其中，微处理器是车的控制核心部分，它把车的各个部分有机地联系在一起，它不仅控制整个车的运行，而且还通过通信系统接收地面管理站传来的各种指令，并不断地把车的所处位置、运行状况等信息返回给地面管理站。通信装置根据车的通信方式不同可以是红外通信、感应通信、无线电通信等。移载方式有手动和自动两种，根据需要可以配置货叉、升降平台、辊子输送机、外伸型货叉、机械手等设备。一定数量的 AGV 在地面设施的支持下，按工序完成一定的物料输送任务，可构成 AGV 系统。

目前使用 AGV 进行教学演示、车间自动化及物流配送的用户对 AGV 产品反应良好！该产品也广泛应用于烟草、汽车制造、家电、金融系统等多个领域。AGV 的上市标志着科技突飞猛进，让现代化工业城市又向前迈进了一大步，也将是现代化工业企业自动化发展的必然趋势。

① 较高的柔性。只要改变一下导向程序，就可以很容易地改变、修正和扩充 AGV 的移动路线。相比之下改变固定的传送带运输线或有轨小车的轨道的工作量要大得多。

② 实时监视和控制。可控制计算机实时地对 AGV 进行监视，如果 FMS（柔性制造系统）根据某种需要，要求改变进度表或作业计划，则可很方便地重新安排小车路线。此外，还可以为紧急需要服务，向计算机报告负载的失效、零件错放等事故。如果采用的是无线电控制，可以实现 AGV 和计算机之间的双向通信。不管小车在何处或处于何种状态，运动或者静止，计算机都可以用调频法通过它的发送器向任一特定的小车发出命令，且只有指定的那一台小车才能读到这个命令，并根据命令完成某一地点到另一地点的移动、停车装料、卸料、再充电等一系列的动作。另一方面小车能向计算机发出信号，报告小车的状态、小车故

障、蓄电池状态等。

③ 安全可靠。AGV 能以低速运行，一般在 $10\sim70\mathrm{m/min}$ 范围内运行。通常 AGV 由微处理器控制，能同本区的控制器通信，可以防止相互之间的碰撞。有的 AGV 上面还安装了定位精度传感器或定中心装置，可保证定位精度达到 $\pm30\mathrm{mm}$，从而避免了在装卸站或在运动过程中小车与小车之间发生碰撞以及工件卡死的现象。此外，使用电池提供动力，运行过程中无噪声、无污染，可以应用在许多要求工作环境清洁的场所。

技术优势：

① 磁导航技术，经典、稳定、可靠；

② 现场柔性高，巡线轨迹易布置；

③ 原地旋转，可以在狭小空间使用；

④ 自主知识产权，性价比和开放度极高；

⑤ 开放丰富的二次开发（系统集成）的软硬件接口。

技术参数见表 10-1。

表 10-1 技术参数

项目	指标/参数	备注/说明
导航方式	磁导航	地面铺设磁条
控制方式	一体化控制器	
驱动电机	无刷电机	
驱动方式	双驱差速	
负载方式	背部皮带移载式 AGV	皮带离地高度 840mm 皮带可用面值 400mm×252mm（长×宽）
运行方向	自动双向运行	手动亦可双向，弧线转弯
最高速度	70m/min	直线、平地运行
转弯半径	0.6m	弧线转弯，可原地旋转
安全防护	雷达＋红外＋弹性机械防撞	远距减速，近距停止，接触停止
节点识别	工业 RFID	
节点动作	支持运动等 30 多个动作	可根据实际情况对功能进行调整
停止精度	±10mm	
越障能力	大于 5mm 沟槽	
通信方式	I/O 通信	
人机交互	4.3 英寸工业触摸屏	含基本显示和操作，以及基本设置
操作器	无线	常用于手工操作
满载运行时间	8h 以上	
平均充电时间	10h	从欠压充至满电

10.2 AGV 运输小车基础操作

（1）启动前的准备工作

AGV 电量显示表变黄时表示电池已欠压，此时请停止使用 AGV，并将配套的专用充电器插在 AGV 的充电口上，然后接入 220V 市电，如图 10-1 所示。如继续使用，电量显示表将会显示红色，此时已到电池输出电压的警戒值，AGV 将不能正常运行（巡线不稳甚至不能启动）。

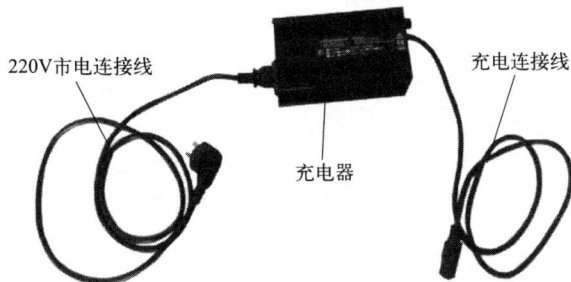

图 10-1　充电连接示意

注意：过放电或长时间过充电会缩短电池的使用寿命。当电池欠压即显示变红时，AGV 将限制自动巡线功能，只能手动操作至充电区。

充电时，务必先关掉 AGV 总电源开关，打开电池舱门，将电池盒与 AGV 的连接断开，将电池盒电缆从 AGV 中抽出，连接到专用充电器即可。充电过程如表 10-2 所示。

表 10-2　充电过程

充电过程	充电方式	电流	电压	充电器 LED 显示表示
充电过程 1	恒流方式	大电流充电	充电至 80%	双红灯亮,代表充电器电源已经接通,电池正在充电;单红灯亮,指示充电器电源已经接通;
充电过程 2	恒压方式	充电电流逐渐下降	充电到最高电压	绿灯亮指示已充满

使用过程中如发现充电器有冒烟、焦味等异常情况应立即切断电源。非专业人士不得擅自拆装充电器，以免发生危险。充电器发生故障，不得擅自维修，必要时返厂修理。充电器只适用于本 AGV，不得用于其他任何设备充电，否则，若发生事故一切后果自负。

（2）安全检查

AGV 运行前请先手动控制 AGV 的前进、后退、左转、右转，试运行过程中，如出现异常，必须迅速按下急停按钮，然后再排查异常。确保各项功能正常后方可投入使用，否则可能会因异常导致事故的发生。

（3）手操遥控器

手操遥控器见图 10-2，使用说明见表 10-3。

（4）启动

顺时针转动电源开关，观察电量显示表是否显示绿色，即电池电量充足，如为黄色或红色，请先充电或者换上电量充足的备用电池再启动 AGV。正常启动后，触摸屏会先显示系统启动中，启动完成后绿色状态灯亮起并均匀闪烁，此时若没有异常方可操作 AGV。

图 10-2　手操遥控器

表 10-3　AGV 遥控器说明

功能	说明	备注
＋前进	停止状态下按一次为手动前进命令,运行状态下,则为加速命令	
一后退	停止状态下按一次为手动后退命令,运行状态下,则为减速命令	
左转	停止状态下,按下则原地左转,松开则停止。手动前进或后退时,按下则向运行方向左转,松开则恢复直行	巡线状态下无效
右转	停止状态下,按下则原地右转,松开则停止。手动前进或后退时,按下则向运行方向右转,松开则恢复直行	巡线状态下无效
停止 2	普通减速停车,位于急停下方的停止键同时为数字 2 键	滑行距离随速度而变
急停 0	紧急情况下使用,按下后不经过减速直接使电机转速变为 0 或电机抱死刹车	正常情况下请勿使用,过度、频繁地使用此功能会缩短电机及减速机寿命
前巡 1	向前巡线启动命令	AGV 需在引导线条上
后巡 3	向后巡线启动命令	AGV 需在引导线条上
雷达 4	打开雷达避障功能,同时红外避障传感器开关被关闭	需配置有雷达避障硬件
红外 5	打开红外避障功能,同时雷达开关被关闭	需配置有红外避障硬件
防撞 6	关闭雷达、红外避障功能,仅保留防撞条检测	需配置有机械防撞硬件
备用 7	本车用于设置路线,按下备用键 3s 内按下相应数字键,再按设置键,可设定下一次启动巡线所走的路线编号,最大支持 12 条路线	选配,路线编号在 AGV 显示屏主页面中间的路线图标中显示
上升 8	对接机构/升降台上升	需先按下对接键再按上升键
对接 9	设置对接机构/升降台上升或下降	需先按下此键再按上升或下降键
下降	对接机构/升降台下降	需先按下对接键再按下降键
设置	复合功能设置键	

(5) 节点设置

RFID 芯片卡即为 AGV 运行的节点。节点配置完成后将 RFID 芯片卡放在 AGV 运行线路的引导线上,并用胶带固定好。触摸屏操作流程如图 10-3～图 10-8 所示。

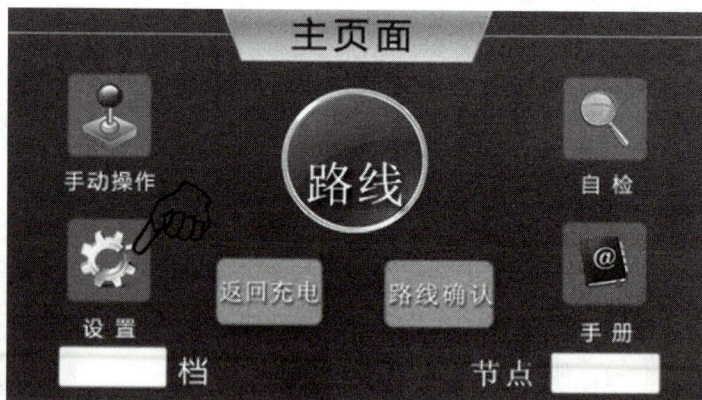

图 10-3　点击设置

功能详解如下。

① 当使用 1 个新的节点时,应在触摸屏上先点击清空,以确保无其他数据。

② 卡片的逻辑方向有往返之分,一般使用"往"。逻辑返用于在同一条线路上反复经过同一张节点卡时,实现"往返"等复杂功能。

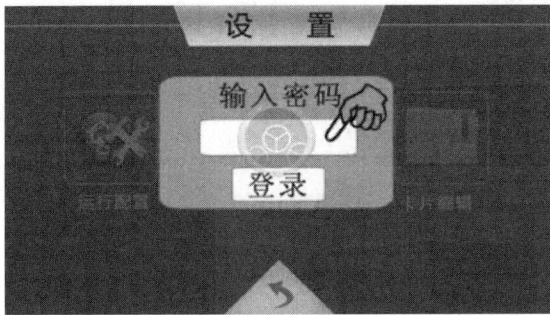

图 10-4　点击密码框

图 10-5　输入密码后登录

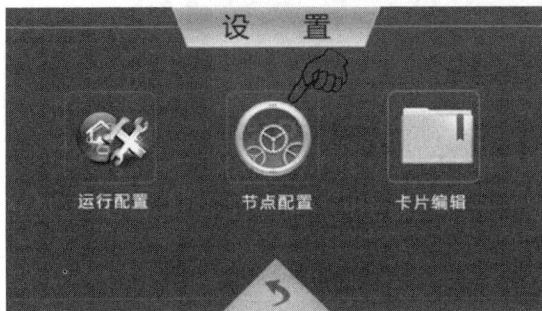

图 10-6　点击节点配置

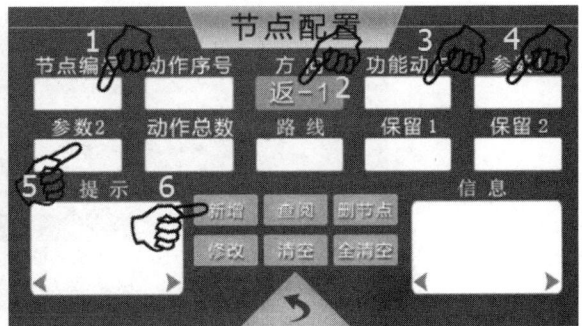

图 10-7　编辑节点动作

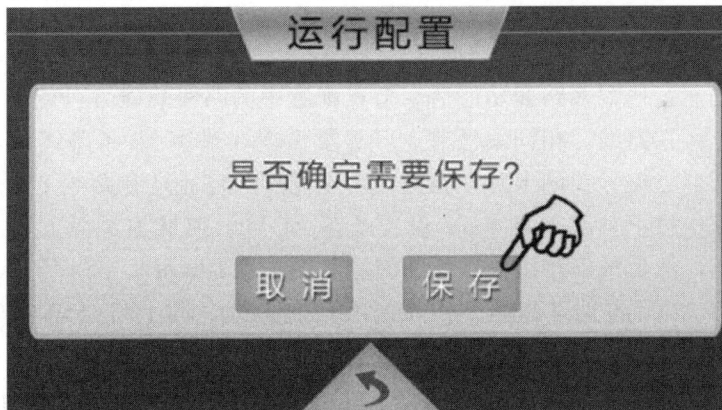

图 10-8　新增动作并保存

③ "往" "返" 由卡片的逻辑换向来切换,逻辑的往、返方向与车体的实际运行方向没有关系。

④ 举例说明如下(见图 10-9)。

(a)沿途有 3 张卡,节点 2♯ 在左端,3♯ 在中间,4♯ 在右端;

(b)需要 AGV 在 2♯ 和 4♯ 之间自动往返运行,并且速度设为 4 挡(图 10-10);

(c)往时,3♯ 节点停 5s 后以 3 挡速度自动启动前巡;

(d)返时,3♯ 节点忽略即不做动作。

往：功能动作、参数1、参数2 　　　往：功能动作、参数1、参数2 　　　往：功能动作、参数1、参数2
无动作 　　　　　　　　　　　　动作0：停止/延时、0、5 　　　动作0：停止/延时、0、2
　　　　　　　　　　　　　　　动作1：前巡、3、0 　　　　　　动作1：左转180°、0、0
　　　　　　　　　　　　　　　　　　　　　　　　　　　　　动作2：前巡、4、0
　　　　　　　　　　　　　　　　　　　　　　　　　　　　　动作3：逻辑换向、1、0

2#　　　　　　　往　　　　　　　　　　3#　　　　　　　　　　　　　　4#

　　　　　　　　　　　　　　　　　　　　　　　　　　　　返

返：功能动作、参数1、参数2 　　　返：功能动作、参数1、参数2 　　　返：功能动作、参数1、参数2
动作0：停止/延时、0、2 　　　　无动作 　　　　　　　　　　　　无动作
动作1：右转180°、0、0
动作2：前巡、4、0
动作3：逻辑换向、0、0

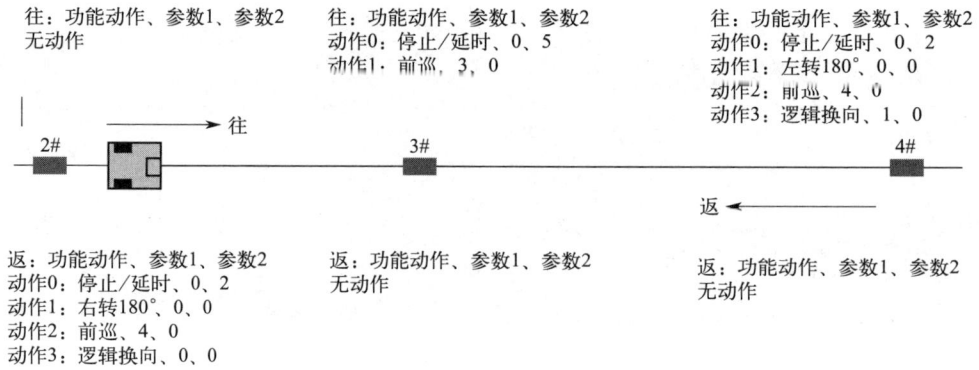

图 10-9　运动路径规划

图 10-10　AGV 支持的动作列表

多路线选择功能：选配多路线功能后，节点配置中的路线功能方可使用，编辑每个节点时需选择当前节点所在路线。相同编号节点可重复出现在最多 12 条路线中，而且可编辑不同节点动作。例如节点编号 1 的卡片，在路线 1 中动作为停止，在路线 2 中速度为 5 挡，当用户使用遥控器依次按下备用＋数字 1＋设置或在 AGV 触摸屏主页面上点击路线按钮输入数字 1 并按下保存，然后按下路线确认按钮时（如图 10-11 所示），将设置 AGV 下次运行在线路 1 模式，此时 AGV 自动巡线至节点 1 时会停止巡线，同上将路线设置为 2 时，AGV 自动巡线至节点 1 时会加速到最快速度。

（6）手操运行

参考手操遥控器的相关内容。

（7）自动运行

自动运行前使用遥控器将 AGV 停在引导线上，点击遥控器前巡或者后巡或按下 AGV 上的巡线按钮来启动 AGV 自动巡线，运行过程中按下 AGV 上的巡线按钮可使 AGV 停止。

（8）工位设置

在 AGV 运行的线路上设置工位节点，用于 AGV 的停靠、装货与卸货。需将相应的 RFID 芯片卡放置在相应的工位前的 AGV 线路上。

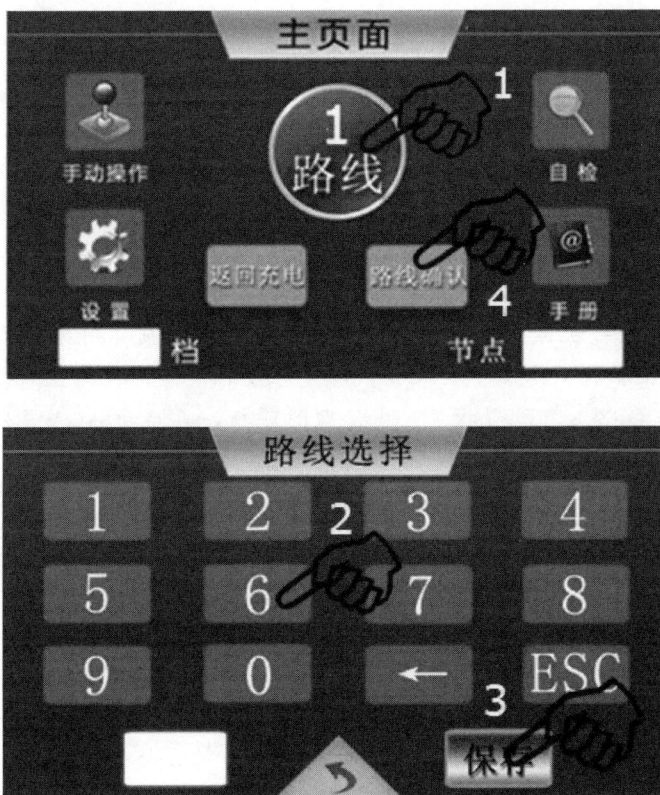

图 10-11　线路选择和输入

(9) 音乐模块操作

AGV 进入自动巡线模式时，音乐模块自动播放提示音，在手动模式与停止状态时不发出声音。在触摸屏上进入设置后在运行配置中选择音乐并调整音量。

(10) 关机

AGV 运行结束，使用遥控器将 AGV 停到 AGV 固定停靠点，切记勿随意停放，停靠后检查电量，如电量已降低应及时充电，以免下次启动后运行时间减少，检查后逆时针转动总开关旋钮关闭 AGV，如需充电应在关机后操作。如需重新启动，应在关机 30s 后再次启用，否则可能会导致电气损坏。关机后不可推行 AGV，快速推行 AGV 可能导致严重的电气损坏。

本章小结

1. 在各个区域内的装载站应位于卸载站之前，尽量使同一区域内的物料装卸量保持平衡，从而减少 AGV 空车运行的时间，提高 AGV 的利用率。

2. 不同区域的物流强度应尽量保持平衡，避免出现 AGV 集中运行的情况，这样可避免交通堵塞，既可简化交通管理，又可提高系统的工作效率。

3. AGV 可能通过一条以上的线路到达目标地，在交通拥挤的"瓶颈"路口，应有 AGV

会让通道以安全行车。

4. 建议 AGV 路线上使用平滑材料；相邻地板之间不宜有高度差，若存在则需填充二者之间的高度差；考虑到小车的电池容量与行走距离，路线的最大坡度一般不宜过大，需要尽量降低斜坡长度及其梯度。

5. 需确认 AGV 控制系统与传送小车在电梯内的数据传输方式，通过布置系统网络和完善电梯模块实现电梯与 AGV 的通信。考虑 AGV 运转效率及安全性等问题，经过设计，AGV 在接近电梯时，电梯将识别小车并打开厢门；AGV 在电梯运输时，电梯控制模块转化成专用梯状态，直至抵达系统指定楼层后 AGV 驶离电梯。

6. 在设备启动前检查机械、电气部件是否有损坏，若有损坏则勿启动设备。

7. AGV 料架禁止拍打、挤压、坐人等，以免导致料架变形或发生人员摔伤等安全事故。

8. 若 AGV 行车线路上有障碍物，应先清理障碍物，再启动 AGV，以免发生碰撞事故。

习题

一、选择题

1. AGV 的优点是（　　　）。

A. 自动化程度高　　　B. 充电自动化　　　C. 美观　　　D. 方便，减少占地

2. AGV 组成部分包括（　　　）。

A. 蓄电池与充电系统　B. 驱动转向机构　C. 动力装置与安全辅助装置　D. 移载机构

3. AGV 的全向轮具有（　　　）个自由度。

A. 2　　　　　　　　B. 3　　　　　　　C. 3　　　　　D. 5

二、简单题

1. 什么是 AGV？

2. AGV 应用在哪些领域？

3. AGV 有哪些引导方式？

4. 简述 AGV 基本结构及其系统组成。

扫码查答案

第 11 章
智能制造技术综合实验平台自动化加工

智能制造技术综合实验平台通过人工操作 MES 系统，进行订单下发，机器人接收到 MES 系统发出的相关信号后执行取料、机床上料、放料、读写 RFID 芯片卡等动作，数控机床则根据接收到的信号进行切削加工并使用在线测量装置对指定零件的加工尺寸进行在线测量。开始自动化加工后只需人工进行订单下发操作，但实现自动化加工前需要对设备进行调试及设置。

11.1 设备调试

设备通电前需对设备进行检查，观察单元中各设备状态是否正常，确认设备状态正常后才可以给设备通电。进行自动化生产运行前需要对单元中的数控机床、工业机器人、MES 系统等进行调试。

(1) 数控机床调试

① 数控机床主电源接通前，应检查电柜内的电气元件和线路是否正常，检查正常后关闭电柜门并锁好。

② 通电前检查数控机床气动回路连接是否正常、气动回路压力值是否正常（一般使用 0.4～0.6MPa）。

③ 检查数控机床润滑系统油量是否充足。

④ 数控机床上电后注意检查急停、限位、回零功能是否正常。

⑤ 检查数控机床导轨润滑功能是否正常。

⑥ 检查数控机床气动门动作及相关到位检测信号是否正常。

⑦ 检查数控机床气动、液压卡盘动作及相关到位检测信号是否正常，卡爪能否牢固夹紧工件。

⑧ 检查数控机床主轴功能、主轴转速是否正常。

⑨ 检查数控机床自动换刀功能是否正常。

⑩ 根据待加工零件图进行刀具准备及刀具安装。

⑪ 将已安装的刀具进行对刀操作，建立工件坐标系。

⑫ 对加工中心在线检测装置进行安装与标定。

⑬ 根据零件图进行程序编辑，程序编辑根据实际情况可选择手工编程或使用 CAD/CAM 软件自动编程，编程需注意程序的格式要求。

⑭ 将编辑完成的加工程序导入数控系统进行样件加工，通过样件验证程序的合理性、加工工艺的正确性，并根据加工效果进行程序、工艺优化。

⑮ 根据样件加工尺寸对数控机床进行刀补调整。

（2）工业机器人调试

① 工业机器人主电源接通前，应检查电柜内的电气元件和线路是否正常，检查正常后关闭电柜门并锁好。

② 通电前检查工业机器人气动回路连接是否正常，气动回路压力值是否正常（一般使用 0.4～0.6MPa）。

③ 工业机器人上电后注意检查急停、限位功能是否正常。

④ 检查工业机器人气动手爪动作是否正常，能否牢固夹紧工件，各到位检测信号反馈是否正常。

⑤ 根据工业机器人 I/O 信号表对工业机器人 I/O 信号进行测试，检查其功能是否正常。

⑥ 根据工业机器人作业流程进行示教编程。

⑦ 对示教完成的工业机器人程序进行示教检查，对程序进行调整优化。

（3）MES 系统调试

① 启动 MES 系统。

② 用户注册并登录 MES 系统。

③ 导入 MES 系统变量表（非初次使用 MES 系统不用重复导入变量表），导入变量表后重启 MES 系统并重新登录。

④ 根据控制系统网络拓扑图，检查 MES 系统与单元中各设备的网络连接及各设备的 IP 地址设置是否正确。

⑤ MES 系统与各设备的数据交互测试，测试项目如下。

（a）设备测试：数控机床与 MES 系统的数据交互测试。

（b）机械手测试：工业机器人与 MES 系统的数据交互测试。

（c）仓库测试：立体仓库与 MES 系统的数据交互测试。

（d）摄像头配置测试。

（e）手动试切测量结果测试。

⑥ 生成订单及工艺排程：将按规定命名的数控机床加工程序导入 MES 系统指定的文件夹生成生产订单，并根据工艺要求进行工艺排程。

⑦ 尺寸设置：根据待加工零件图纸要求对各个订单零件进行在线测量的尺寸进行理论尺寸及上、下偏差设置。

⑧ 仓库上料及订单绑定：根据订单要求人工将毛坯件放置到仓库指定库位，并在 MES 系统仓库管理页面对相应的库位进行订单绑定（图 11-1）。

⑨ 可视化系统调试：将智能制造技术综合实验平台的运行数据（机床状态、机器人状态、仓库状态以及产品 RFID 数据信息等）通过 MES 系统，在可视化系统上显示。完成摄像头的功能调试，实现与 MES 的通信。通过摄像头完成对工件的检测。

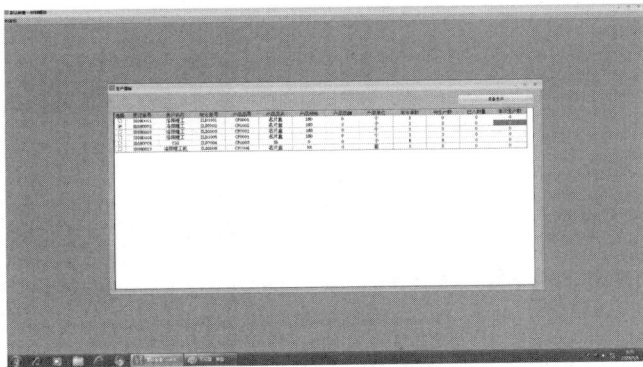

图 11-1 订单设置

11.2 自动化加工

完成智能制造技术综合实验平台调试准备工作后可以开始零件自动化加工，自动化加工操作流程如下。

① 对各个单元进行送电操作。

② 原料库：三个断路器依次打开送电，并在库位内放入物料托盘（托盘有物料），将数控车床、加工中心、雕刻机切换到自动方式。

③ 示教工业机器人运动到作业原点位置。

注意：回零时一定要使机器人在原点传感器的左侧，如回零时在原点右侧，机器人右行会触发超限位报警，当超限位报警时，可以按下 WinCC 上的加工站复位按钮，然后按下加工机器人左行按钮使机器人移动到原点左侧，再进行回零。

机器人系统启动后，加工机器人控制器和示教器开关全部转到再现模式，并在示教器上按下 A 键＋运行/暂停键，再按下 A 键＋马达开/高速键，然后把示教器放到原位置。送上气源后车床和加工中心按系统启动按钮上电，等两台西门子数控系统启动后加工中心和雕刻机进行回零操作。等两台机床回零完成后，在车床按下自动按钮，在加工中心按下自动按钮，雕刻机选择需要运行的加工程序（模拟程序名称 123）再按下自动按钮。装检站机器人系统启动后，装检机器人控制器和示教器开关全部转到再现模式，并在示教器上按下 A 键＋运行/暂停键，再按下 A 键＋马达开/高速键，然后把示教器放到原位置。

④ 使小车在磁条路线上方（最好使磁条在小车正下方），然后打开小车电源。

⑤ 进入 MES 系统生产界面点击生产按钮，然后点击一键下发按钮，MES 系统向 SCA-DA 系统上传生产任务，SCADA 系统刷新到生产任务时提示生产任务接收成功。

⑥ 在工业 4.0 仿真系统下方点击生产计划刷新按钮，当有生产计划时（开始生产前请先核对各个生产参数），返回主画面，按下一键联动再按下一键复位，当主画面所有设备都显示准备就绪后再按下一键启动按钮，系统进入自动模式。

⑦ 工业机器人切换到再现模式开始运行主程序并等待 SCADA 系统下发相关指令。

⑧ 进入 MES 系统订单管理页面选择待生产的订单，点击开始生产按钮（图 11-2），系统开始下发相关指令，智能制造技术综合实验平台开始自动化加工。

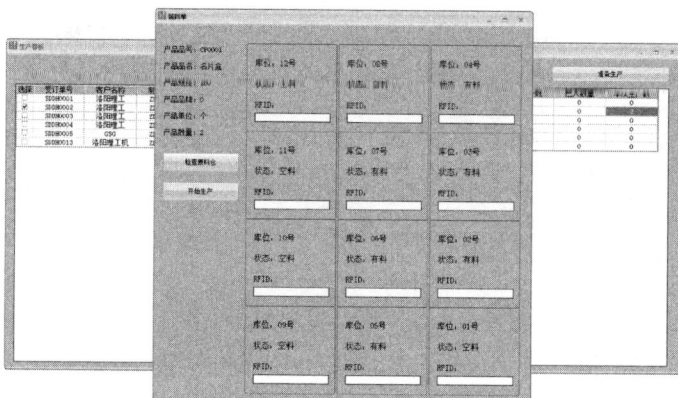

图 11-2　库位检查

注意：当前 MES 系统版本中每个订单工艺都需要手动操作进行订单工艺下发（图 11-3）。

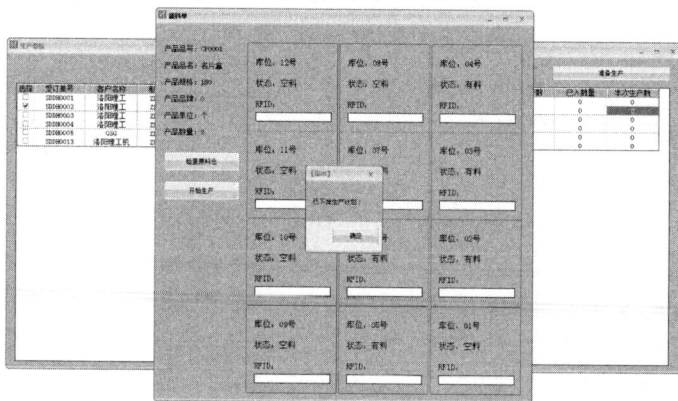

图 11-3　订单下发

⑨ 装检单元完成检测后，SCADA 系统自动判断该订单零件的实际尺寸及零件加工尺寸是否合格，根据检测结果由 AGV 送到成废品库。

（a）检测结果合格，由 AGV 送到成废品库的成品库位。

（b）检测结果不合格，由 AGV 送到成废品库的废品库位，并将 RFID 芯片记录的相关信息传给 MES 系统，以发现哪个工艺环节出现问题，进行整改。

⑩ 当所有订单完成自动化加工，零件都放置到仓库后，进入 MES 系统仓库管理页面查看库位，系统开始下发读 RFID 指令。

⑪ 自动化加工任务完成后，可进入 SCADA 系统设备监控页面点击停止按钮，使总控系统退出自动方式。

11.3　数控机床加工案例

智能制造技术综合实验平台采用离散型构架系统对加工单元进行智能化控制，结合高档数控机床与工业机器人、智能传感与控制装备、智能检测与装配装备、智能物流与仓储装备等智能制造关键技术装备，涵盖了数字化设计技术、数控技术、自动检测技术、自动控制技术、工业机器人技术、智能制造工业网络架构技术、可视化系统技术、智能制造数字化管理技术、智能制造系统仿真技术等诸多现代先进技术。该单元通过多种装备及技术的集成最终实现零件的自动化加工功能。

零件的加工成型由单元中的数控车床及加工中心对材料进行加工切削实现。而进行加工切削前我们需要针对待加工的零件进行工艺分析、刀具准备、加工程序的编辑。下面对一个组合件的数控加工的工艺分析、刀具选择、加工程序的编辑进行分析，该组合件由名片盒底座、笔筒、名片盖三个零件组成，如图 11-4 所示。

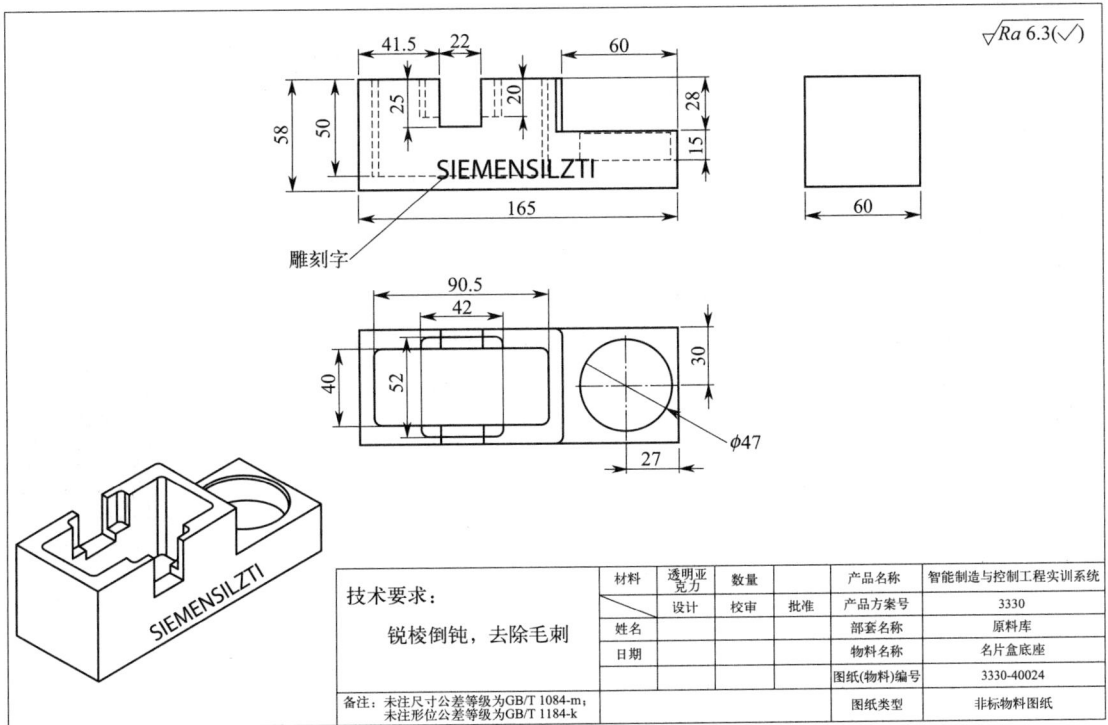

图 11-4　组合件装配图

刀具选择：选用直径 $\phi 10$ 平头铣刀。

加工程序详见第 7~9 章内容。

本章小结

1. 设备通电前需对单元中各设备状态进行检查，确认设备、电源、电压正常后才可通电。

2. 设备通电后要注意检查机器人、机床的夹具是否能牢固夹紧工件，防止发生意外。

3. 自动化加工前应手动加工样件，通过样件验证加工程序的合理性、加工工艺的正确性，并根据加工效果进行程序、工艺优化。

4. 智能制造技术综合实验平台自动化加工前要将数控机床切换到自动方式，工业机器人示教到作业原点位置。

5. 智能制造技术综合实验平台自动化加工时，加工中心完成加工并测量后，MES 系统自动弹出该订单零件的理论尺寸、零件加工实际尺寸以及零件是否合格的判断结果。

习题

一、填空题

1. 数控机床气动回路正常压力值是 （   ）。

2. 数控机床上电后注意检查 （   ）、（   ）、

（   ） 功能是否正常。

3. 自动化加工时需要将数控车床、加工中心切换到 （   ） 方式。

4. 在 MES 系统设备监控页面点击 （   ） 按钮，系统进入自动模式。

5. 零件的加工成型由单元中的数控车床及加工中心对材料进行 （   ）

实现。

二、简答题

1. 编写数控车床及加工中心的程序。

2. 完成自动化加工后，工件检测结果显示为不合格应如何处理？

扫码查答案

参考文献

［1］ 廖常初 . S7-1200 PLC 编程及应用 ［M］. 2 版 . 北京：机械工业出版社，2020.

［2］ 苏硕仕，顾雪艳 . SINUMERIK 808D ADVANCED 车床操作与编程快速进阶 ［M］. 北京：机械工业出版社，2019.

［3］ 崔坚，赵欣 . SIMATIC S7-1500 与 TIA 博途软件使用指南 ［M］. 2 版 . 北京：机械工业出版社，2020.

［4］ 智通教育教材编写组 . 工业机器人与 PLC 通信实战教程 ［M］. 北京：机械工业出版社，2020.

附录
设备接线表

设备接线表如附表 1～附表 4 所示。

附表 1　原料仓储单元（PLC I/O 分配表）

产品品号		LZCP00003330	产品名称		智能制造与控制工程实训系统			
形式	序号	PLC 地址	工艺名称	元件标识	注释	IP 地址	备注	
数字量输入	1	DI0.0	启动	SB1	Ia.0			
	2	DI0.1	复位	SB2	Ia.1			
	3	DI0.2	停止	SB3	Ia.2			
	4	DI0.3	急停	SB4	Ia.3			
	5	DI0.4	1 列 1 层原料库（1）	S01	Ia.4			
	6	DI0.5	1 列 2 层原料库（2）	S02	Ia.5			
	7	DI0.6	1 列 3 层原料库（3）	S03	Ia.6			
	8	DI0.7	1 列 4 层原料库（4）	S04	Ia.7			
	9	DI1.0	2 列 1 层原料库（5）	S05	Ib.0			
	10	DI1.1	2 列 2 层原料库（6）	S06	Ib.1			
	11	DI1.2	2 列 3 层原料库（7）	S07	Ib.2			
	12	DI1.3	2 列 4 层原料库（8）	S08	Ib.3			
	13	DI1.4	3 列 1 层原料库（9）	S09	Ib.4			
	14	DI1.5	3 列 2 层原料库（10）	S10	Ib.5			
	15	DI1.6	3 列 3 层原料库（11）	S11	Ib.6			
	16	DI1.7	3 列 4 层原料库（12）	S12	Ib.7			
	17	DI2.0	叉车气缸伸出检测	S13	Ic.0			
	18	DI2.1	叉车气缸缩回检测	S14	Ic.1			
	19	DI2.2	叉车传送带托盘检测	S15	Ic.2			
	20	DI2.3	垛机 X 轴前进（正）限位	S16	Ic.3			
	21	DI2.4	垛机 X 轴原点	S17	Ic.4			
	22	DI2.5	垛机 X 轴后退（负）限位	S18	Ic.5			
	23	DI2.6	垛机 Y 轴上（负）限位	S19	Ic.6			
	24	DI2.7	垛机 Y 轴原点	S20	Ic.7			
	25	DI3.0	垛机 Y 轴下（正）限位	S21	Id.0			
	26	DI3.1	垛机 X 轴伺服就绪		Id.1			
	27	DI3.2	垛机 Y 轴伺服就绪		Id.2			
	28	DI3.3	垛机 X 轴伺服故障		Id.3			
	29	DI3.4	垛机 Y 轴伺服故障		Id.4			
	30	DI3.5			Id.5			
	31	DI3.6			Id.6			

产品品号	LZCP00003330		产品名称		智能制造与控制工程实训系统			
形式	序号	PLC 地址	工艺名称		元件标识	注释	IP 地址	备注
	32	DI3.7				Id.7		
数字量输出	1	DQ0.0	叉车气缸电磁阀运行		YV1	Qa.0		
	2	DQ0.1	叉车传送带电机运行		KA1	Qa.1		
	3	DQ0.2	垛机 X 轴伺服报警复位			Qa.2		
	4	DQ0.3	垛机 Y 轴伺服报警复位			Qa.3		
	5	DQ0.4	垛机 X 轴伺服急停			Qa.4		
	6	DQ0.5	垛机 Y 轴伺服急停			Qa.5		
	7	DQ0.6				Qa.6		
	8	DQ0.7				Qa.7		
	9	DQ1.0				Qb.0		
	10	DQ1.1				Qb.1		
	11	DQ1.2				Qb.2		
	12	DQ1.3				Qb.3		
	13	DQ1.4				Qb.4		
	14	DQ1.5				Qb.5		
	15	DQ1.6				Qb.6		
	16	DQ1.7				Qb.7		
	17	DQ2.0				Qc.0		
	18	DQ2.1				Qc.1		
	19	DQ2.2				Qc.2		
	20	DQ2.3				Qc.3		
	21	DQ2.4				Qc.4		
	22	DQ2.5				Qc.5		
	23	DQ2.6				Qc.6		
	24	DQ2.7				Qc.7		
	25	DQ3.0				Qd.0		
	26	DQ3.1				Qd.1		
	27	DQ3.2				Qd.2		
	28	DQ3.3				Qd.3		
	29	DQ3.4				Qd.4		
	30	DQ3.5				Qd.5		
	31	DQ3.6				Qd.6		
	32	DQ3.7				Qd.7		

附表 2　原料仓储单元（被控部分接线表）

品号	LZCP00003330		产品名称	智能制造与控制工程实训系统				原料仓储单元	
序号	元件名称	型号	工艺名称	元件标识	起始端子	对应端子	线缆标记	线缆规格	
1	微动开关	SS-54	原料仓-库1	S01	COM	Y1-50P-01	1001		
2					NO	Y1-50P-02	1002		
3	微动开关	SS-54	原料仓-库2	S02	COM	S01-COM			
4					NO	Y1-50P-03	1003		
5	微动开关	SS-54	原料仓-库3	S03	COM	S02-COM			
6					NO	Y1-50P-04	1004		
7	微动开关	SS-54	原料仓-库4	S04	COM	S03 COM		RV0.3	
8					NO	Y1-50P-05	1005		
9	微动开关	SS-54	原料仓-库5	S05	COM	Y1-50P-06	1006		
10					NO	Y1-50P-07	1007		
11	微动开关	SS-54	原料仓-库6	S06	COM	S05-COM			
12					NO	Y1-50P-08	1008		

続表

序号	元件名称	型号	工艺名称	元件标识	起始端子	对应端子	线缆标记	线缆规格
	品号 LZCP00003330		产品名称 智能制造与控制工程实训系统				原料仓储单元	
13	微动开关	SS-54	原料仓-库7	S07	COM	S06-COM		RV0.3
14					NO	Y1-50P-09	1009	
15	微动开关	SS-54	原料仓-库8	S08	COM	S07-COM		
16					NO	Y1-50P-10	1010	
17	微动开关	SS-54	原料仓-库9	S09	COM	Y1-50P-11	1011	
18					NO	Y1-50P-12	1012	
19	微动开关	SS-54	原料仓-库10	S10	COM	S09-COM		
20					NO	Y1-50P-13	1013	
21	微动开关	SS-54	原料仓-库11	S11	COM	S10-COM		
22					NO	Y1-50P-14	1014	
23	微动开关	SS-54	原料仓-库12	S12	COM	S11-COM		
24					NO	Y1-50P-15	1015	
25	微动开关	SS-5GL2	垛机X轴左限位	S16	COM	Y1-50P-16	1016	
26					NO	Y1-50P-17	1017	
27	光电开关(槽型)	GL5-L/28a/115	垛机X轴原点	S17	正极(棕)	Y1-50P-18	1018	
28					信号(白)	Y1-50P-19	1019	
29					负极(蓝)	Y1-50P-20	1020	
30	微动开关	SS-5GL2	垛机X轴右限位	S18	COM	Y1-50P-21	1021	
31					NO	Y1-50P-22	1022	
32	微动开关	SS-5GL2	垛机Y轴上限位	S19	COM	Y1-50P-23	1023	
33					NO	Y1-50P-24	1024	
34	光电开关(槽型)	GL5-L/28a/115	垛机Y轴原点	S20	正极(棕)	Y1-50P-25	1025	
35					信号(白)	Y1-50P-26	1026	
36					负极(蓝)	Y1-50P-27	1027	
37	微动开关	SS-5GL2	垛机Y轴下限位	S21	COM	Y1-50P-28	1028	
38					NO	Y1-50P-29	1029	
39	感应开关	CS1-M-020-A25	叉车气缸伸出检测	S13	正极(棕)	Y1-50P-30	1030	
40					信号(蓝)	Y1-50P-31	1031	
41	感应开关	CS1-M-020-A25	叉车气缸缩回检测	S14	正极(棕)	Y1-50P-32	1032	
42					信号(蓝)	Y1-50P-33	1033	
43	接近开关(电感)	PL-05P	叉车传送带前托盘检测	S15	正极(棕)	Y1-50P-34	1034	
44					信号(黑)	Y1-50P-35	1035	
45					负极(蓝)	Y1-50P-36	1036	
46	电磁阀(气体)	4V110-M5-B	叉车气缸电磁阀运行	YV1	+	Y1-50P-37	1037	
47					−	Y1-50P-38	1038	
48	永磁直流减速电机	ZGA37RG;242i;24V DC;14r/min	叉车传送带电机运行	M1	正极	Y1-50P-39	1039	RV0.3
49						Y1-50P-40	1040	
52					负极	Y1-50P-41	1041	
53						Y1-50P-42	1042	
54	设备电源	预留			24V DC+	Y1-50P-43	1043	
55					0V	Y1-50P-44	1044	
56	塔灯	LTA-2053T-24VDC;FZ-L-3	绿灯	H1	绿色	Y1-50P-45	1045	RV0.3
57			黄灯	H2	黄色	Y1-50P-46	1046	
58			红灯	H3	红色	Y1-50P-47	1047	
59					黑色	Y1-50P-48	1048	
60	设备电源	预留			24V DC+	Y1-50P-49	1049	
61					0V	Y1-50P-50	1050	

附表3 原料仓储单元控制部分接线表1

品号	LZCP00003330		产品名称	智能制造与控制工程实训系统				原料仓储单元		
序号	元件名称	型号	工艺名称	元件标识	起始端	对应端	线缆标记	线缆规格	注释	
1	电源模块	6EP1333-4BA00	PLC电源	PLC1-PM	L1		116	RV1.0		
2					N		119			
3					PE		PE			
4					L+	PLC1-CPU-1L+	122			
5					M	PLC1-CPU-1M	121			
6	CPU(1516-3 PN/DP)	6ES 7516-3AN00-0AB0	CPU	PLC1-CPU	1L+	PLC1-PM-L+		RV0.3		
7					1M	PLC1-PM-M				
8					2L+	PLC1-DI-19	1101			
9					2M	PLC1-DI-20	1102			
10	数字量输入模块	6ES7 521-1BL00-0AB0	输入点 CH0~CH7	PLC1-DI	1	SB1-NO	1103	RV0.3	Ia.0	
11					2	SB2-NO	1104		Ia.1	
12					3	SB3-NO	1105		Ia.2	
13					4	SB4-NC	1106		Ia.3	
14					5	X1-50P-02	1107	RV0.3	Ia.4	
15					6	X1-50P-03	1108		Ia.5	
16					7	X1-50P-04	1109		Ia.6	
17					8	X1-50P-05	1110		Ia.7	
18			输入点 CH8~CH15		11	X1-50P-07	1111	RV0.3	Ib.0	
19					12	X1-50P-08	1112		Ib.1	
20					13	X1-50P-09	1113		Ib.2	
21					14	X1-50P-10	1114		Ib.3	
22					15	X1-50P-12	1115	RV0.3	Ib.4	
23					16	X1-50P-13	1116		Ib.5	
24					17	X1-50P-14	1117		Ib.6	
25					18	X1-50P-15	1118		Ib.7	
26			输入电源		19	PLC1-CPU-2L+		RV0.3		
27					20	PLC1-CPU-2M				
28			输入点 CH16~CH23		21	X1-50P-31	1119	RV0.3	Ic.0	
29					22	X1-50P-33	1120		Ic.1	
30					23	X1-50P-35	1121		Ic.2	
31					24	X1-50P-17	1122	RV0.3	Ic.3	
32					25	X1-50P-19	1123		Ic.4	
33					26	X1-50P-22	1124		Ic.5	
34					27	X1-50P-24	1125	RV0.3	Ic.6	
35					28	X1-50P-26	1126		Ic.7	
36			输入点 CH24~CH31		31	X1-50P-29	1127		Id.0	
37					32	MCX-08-12	1128	RV0.3	Id.1	
38					33	MCY-08-12	1129		Id.2	
39					34	MCX-08-14	1130		Id.3	

品号	LZCP00003330	产品名称	智能制造与控制工程实训系统				原料仓储单元		
序号	元件名称	型号	工艺名称	元件标识	起始端	对应端	线缆标记	线缆规格	注释
40					35	MCY-08-14	1131	RV0.3	Id. 4
41					36		1132		Id. 5
42					37		1133		Id. 6
43					38		1134	RV0.3	Id. 7
44			输入电源		39	PLC1-DO-19	1135		
45					40	PLC1-DO-20	1136		
46			输出点 CH0~CH7		1	X1-50P-37	1137	RV0.3	Qa. 0
47					2	KA1-8	1138		Qa. 1
48					3	MCX-08-01	1139		Qa. 2
49					4	MCY-08-01	1140		Qa. 3
50					5	MCX-08-02	1141		Qa. 4
51					6	MCY-08-02	1142	RV0.3	Qa. 5
52					7	X1-50P-45	1143		Qa. 6
53					8	X1-50P-46	1144		Qa. 7
54			输出电源		9	PLC1-AI-41	1145		
55					10	PLC1-AI-43	1146	RV0.3	
56			输出点 CH8~CH15		11	X1-50P-47	1147		Qb. 0
57					12		1148		Qb. 1
58					13		1149		Qb. 2
59					14		1150	RV0.3	Qb. 3
60					15		1151		Qb. 4
61					16		1152		Qb. 5
62					17		1153		Qb. 6
63					18		1154	RV0.3	Qb. 7
64			输出电源		19	PLC1-DI-39			
65	数字量输出模块	6ES7 522-1BL00-0AB0		PLC1-DO	20	PLC1-DI-40			
66			输出点 CH16~CH23		21		1155		Qc. 0
67					22		1156	RV0.3	Qc. 1
68					23		1157		Qc. 2
69					24		1158		Qc. 3
70					25		1159		Qc. 4
71					26		1160	RV0.3	Qc. 5
72					27		1161		Qc. 6
73					28		1162		Qc. 7
74			输出电源		29	PLC1-DO-39	1163		
75					30	PLC1-DO-40	1164	RV0.3	
76			输出点 CH24~CH31		31		1165		Qd. 0
77					32		1166		Qd. 1
78					33		1167		Qd. 2
79					34		1168	RV0.3	Qd. 3
80					35		1169		Qd. 4
81					36		1170		Qd. 5
82					37		1171		Qd. 6
83					38		1172	RV0.3	Qd. 7
84			输出电源		39	PLC1-DO-29			
85					40	PLC1-DO-30			

品号	LZCP00003330	产品名称	智能制造与控制工程实训系统				原料仓储单元		
序号	元件名称	型号	工艺名称	元件标识	起始端	对应端	线缆标记	线缆规格	注释
86	模拟量输入模块	6ES7 531-7KF00-0AB0	电源	PLC1-AI	41	PLC1-DO-9		RV0.3	24V
87					42	PLC1-AO-41	1173		24V
88					43	PLC1-DO-10			0V
89					44	PLC1-AO-43	1174		0V
90	模拟量输出模块	6ES7 532-5HD00-0AB0	电源	PLC1-AO	41	PLC1-AI-42		RV0.3	24V
91					42	空			24V
92					43	PLC1-AI-44			0V
93					44	空			0V
	V90 伺服驱动器	6SL3 210-5FE10-4UF0	垛机 X 轴电机驱动器	MCX	+24V	24V	24V	RV0.3	24V
					M	0V	0V		0V
94					X8-11 [DO1+]	24V	1178		24V
95					X8-13 [DO2+]	24V	1179		24V
96					X8-06 [DI-COM]	0V	1180		0V
97					X8-07 [DI-COM]	0V	1181		0V
98					X8-01 [DI1]	PLC1-DO-3		RV0.3	DI-RESET
99					X8-02 [DI2]	PLC1-DO-5			DI-EMGS
100					X8-12 [DO1-]	PLC1-DI-32			DO-RDY
101					X8-14 [DO1-]	PLC1-DI-34			DO-FAULT
	V90 伺服驱动器	6SL3 210-5FE10-4UF0	垛机 Y 轴电机驱动器	MCY	+24V	24V	24V	RV0.3	24V
					M	0V	0V		0V
102					X8-11 [DO1+]	24V	1182		24V
103					X8-13 [DO2+]	24V	1183		24V
104					X8-06 [DI-COM]	0V	1184		0V
105					X8-07 [DI-COM]	0V	1185		0V
106					X8-01 [DI1]	PLC1-DO-4		RV0.3	DI-RESET
107					X8-02 [DI2]	PLC1-DO-6			DI-EMGS
108					X8-12 [DO1-]	PLC1-DI-33			DO-RDY
109					X8-14 [DO1-]	PLC1-DI-35			DO-FAULT
110					X8-17 [brake+]	PLC1-DO-12		RV0.3	brake+
111					X8-18 [brake-]	0V	0V		brake-

品号	LZCP00003330	产品名称		智能制造与控制工程实训系统			原料仓储单元		
序号	元件名称	型号	工艺名称	元件标识	起始端	对应端	线缆标记	线缆规格	注释
112	继电器	JQX-13F N DC24V	叉车传送带电机运行	KA1	3	24V	1186	RV0.3	
113					4	0V	1187		
114					5	X1-50P-39	M1-正极	RV0.3	
115						X1-50P-40			
116					6	X1-50P-41	M1-负极		
117						X1-50P-42			
118					7	0V	1188		
119					8	PLC1-DO-2		RV0.3	
120	分线器	FX-50BB-S		X1	X1-50P-01	DY1-24V	1189	RV0.3	
121					X1-50P-06		1190		
122					X1-50P-11		1191		
123					X1-50P-16		1192	RV0.3	
124					X1-50P-18		1193		
125					X1-50P-21		1194		
126					X1-50P-23		1195	RV0.3	
127					X1-50P-25		1196		
128					X1-50P-28		1197		
129					X1-50P-30		1198		
130					X1-50P-32		1199		
131					X1-50P-34		1200	RV0.3	
132					X1-50P-43		1210		
133					X1-50P-49		1211		
134					X1-50P-20	DY2-0V	1201		
135					X1-50P-27		1202	RV0.3	
136					X1-50P-36		1203		
137					X1-50P-38		1204		
138					X1-50P-44		1205		
139					X1-50P-48		1206	RV0.3	
140					X1-50P-50		1207		
149	03.BZWL 00006512	红外栅栏	zt-605	受光器（S）	SW	DY5-1	SW	RV0.5（需要根据说明书确认接线）	L（近）
150					WS	DY5-2	WS		M（中）
151					＋	DY5-3	24V DC		F（远）
152					－	DY5-4	0V		
153					C	DY5-5	C		
154					NC	DY5-6	NC		
155					NO	DY5-7	NO		
156				投光器（T）	SW	DY5-8	短接 DY5-1		
157					WS	DY5-9	短接 DY5-2		
158					＋	DY5-10	24V DC		
159					－	DY5-11	0V		

附表 4 原料仓储单元控制部分接线表 2

品号	LZCP00003330		产品名称	智能制造与控制工程实训系统				原料仓储单元		
序号	元件名称	型号	工艺名称	元件标识	起始端子	对应端子	线缆标号	对应端子	线缆规格
1	复位按钮(绿色)	LAY50-22D-11JG	启动按钮	SB1	COM	D-SUB 15P-1	SB1-COM	DY4-1	24V
2					NO	D-SUB 15P-2	SB1-NO	DY4-2	PLC1-DI-1
3	复位按钮(黄色)	LAY50-22D-11JY	复位按钮	SB2	COM	D-SUB 15P-3	SB2-COM	DY4-3	SB1-COM
4					NO	D-SUB 15P-4	SB2-NO	DY4-4	PLC1-DI-2
5	复位按钮(红色)	LAY50-22D-11JR	停止按钮	SB3	COM	D-SUB 15P-5	SB3-COM	DY4-5	SB2-COM
6					NO	D-SUB 15P-6	SB3-NO	DY4-6	PLC1-DI-3
7	紧急按钮	LAY50-22D-11Z/R	急停按钮	SB4	COM	D-SUB 15P-7	SB4-COM	DY4-7	SB3-COM
8					NC	D-SUB 15P-8	SB4-NC	DY4-8	PLC1-DI-4
9						D-SUB 15P-9		DY4-9	
10						D-SUB 15P-10		DY4-10	
11						D-SUB 15P-11			
12						D-SUB 15P-12			
13	人机界面	6AV2124-0GC01-0AX0		HMI	正极	D-SUB 15P-13	HMI+	DY4-11	24V
14					负极	D-SUB 15P-14	HMI−	DY4-12	0V